“十四五”职业教育国家规划教材

全国测绘地理信息类职业教育“十四五”规划教材

摄影测量

（第4版）

主　编　张　丹　刘广社
副主编　高　琼　陈　琳　胡　泊
　　　　张小苏　孙　亮
主　审　易树柏　李　猷　刘　丽

本书立体化资源

黄河水利出版社
·郑　州·

内容提要

本书根据摄影测量技术的不断发展，结合摄影测量技术在各项工程中的应用，采用项目化设计，全面系统地阐述了摄影测量的基本概念、基本理论、技术和方法，包括摄影与航空摄影实施、单张像片解析、立体像对解析、像片控制测量、像片判读与调绘、解析空中三角测量等内容。

本书适合高等职业院校测绘地理信息相关专业学生使用，也可供测绘工程技术人员阅读参考。

图书在版编目(CIP)数据

摄影测量 / 张丹，刘广社主编. -- 4 版. -- 郑州：黄河水利出版社，2025. 2. --(“十四五”职业教育国家规划教材). -- ISBN 978-7-5509-3939-4

Ⅰ. P23

中国国家版本馆 CIP 数据核字第 202471MQ56 号

策划编辑：陶金志　电话：0371-66025273　E-mail：838739632@qq.com

责任编辑　母建茹　　责任校对　郑佩佩
封面设计　黄瑞宁　　责任监制　常红昕
出版发行　黄河水利出版社
地址：河南省郑州市顺河路 49 号　邮政编码：450003
网址：www.yrcp.com　E-mail：hhslcbs@126.com
发行部电话：0371-66020550
承印单位　河南承创印务有限公司
开　　本　787 mm×1 092 mm　1/16
印　　张　15.25
字　　数　362 千字
版次印次　2025 年 2 月第 1 版　　2025 年 2 月第 1 次印刷

定　　价　43.00 元

第 4 版前言

党的二十大报告指出,教育、科技、人才是全面建设社会主义现代化国家的基础性、战略性支撑。必须坚持科技是第一生产力、人才是第一资源、创新是第一动力,深入实施科教兴国战略、人才强国战略、创新驱动发展战略,开辟发展新领域、新赛道,不断塑造发展新动能、新优势。

本书以科教兴国战略为指引,以"双高计划"建设为契机,以"三教改革"为抓手,根据《教育部关于以就业为导向深化高等职业教育改革的若干意见》中提出的高等职业院校必须把培养学生动手能力、实践能力和可持续发展能力放在突出的地位,促进学生技能的培养,以及教材内容要紧密结合生产实际,并注意及时跟踪先进技术的发展等指导精神编写的。本书可作为高职高专测绘专业的教材,也可作为其他非测绘专业《摄影测量》课程的教材,并可供测绘工程技术人员学习参考。

本书以工学结合,项目引导,教、学、做一体化为原则进行编写,打破了原有教材将基本概念、基本理论、技术和方法分成若干个独立章节的编写模式,以应用为主线,通过设计不同的项目和实例,将理论知识融入每一个实践操作中,以强调职业能力的培养、职业技能的提高来设计教材的结构、内容和形式,充分体现了职业教育的应用特色和能力本位,突出了人才应用能力及创新素质的培养。

本书以为党育人、为国育才为出发点,以知识、技能传授为目标,结合院士事迹、大国工程、中国制造、工匠精神等各类案例素材,引入思政要素,旨在激发学习者不忘初心、牢记使命的民族责任感,勤于探索、与时俱进的创新意识,以及锐意进取、艰苦奋斗的工匠精神。

本书由张丹(黄河水利职业技术学院)和刘广社(黄河水利职业技术学院)担任主编,高琼(黄河水利职业技术学院)、陈琳(黄河水利职业技术学院)、胡泊(黄河水利职业技术学院)、张小苏(河南地矿职业学院)和孙亮(石家庄铁道职业技术学院)担任副主编,易树柏(自然资源部人力资源开发中心)、李猷(湖北国土资源职业学院)和刘丽(广东工贸职业技术学院)担任主审。项目一和附录由董晓燕(黄河水利职业技术学院)编写,项目二、项目六由张丹编写,项目三由高琼编写,项目四由陈琳和张小苏共同编写,项目五由刘广社和孙亮共同编写,项目七由胡泊编写。全书由张丹负责统稿。

由于编者水平有限,书中难免存在错漏之处,热忱希望读者批评指正。

编　者

2025 年 2 月

目 录

项目一 概 述

据人民网报道，中华人民共和国自然资源部与国家文物局开展合作，通过现代摄影测量与遥感技术手段，对我国现存明长城的分布、长度、高程等的测量工作已基本完成。

那么，什么是摄影测量？它和测量学有什么联系呢？下面就让我们一起走进摄影测量的世界吧！

项目综述

学过本项目以后，你就会明白以下问题。

1. 摄影测量学

在不同的时期，摄影测量学有什么不同的定义？

2. 摄影测量的分类

可以从哪几个方面对摄影测量进行分类呢？各种分类的特点是什么？

3. 摄影测量的发展

经过漫长的发展，摄影测量有哪几个发展阶段？每个阶段各有什么特点？

教学目标

1. 知识目标

理解摄影测量学的定义、任务和特点；掌握摄影测量的用途及分类；了解摄影测量的发展历程以及未来发展方向。

2. 思政目标

了解探月工程背后的故事，培养追逐梦想、勇于探索、协同攻坚、合作共赢的“航天精神”；学习院士事迹，培养严谨治学、坚韧不拔、执着探索、担当民族责任的“院士精神”。

一、摄影测量学

（一）摄影测量学的定义、任务与特点

码 1-1 测绘人用生命丈量大地

摄影测量学是影像信息获取、处理、析取和成果表达的一门信息科学。

传统摄影测量学是利用光学摄影机摄取的像片，研究确定被摄物体的形状、大小、空间位置及其性质的理论、技术和方法的一门学科。它的主要研究内容包括获取被摄物体的图像信息，研究信息处理中的理论、设备和方法，以及将处理后的成果用图形、图像或数字形式输出的方法和设备。

现代摄影测量学是根据摄影像片和由各种遥感器从宇宙空间对被测星体以可见光、红外光或微波等辐射能进行遥感所得的各种图像记录，研究对其进行处理、量测与判读的理论和方法，以确定物体的形状、大小、空间位置、性质及其环境信息的一门科学。

码 1-2　经天纬地测绘人访谈

摄影测量的主要任务是测量、制作各种比例尺地形图，建立地形数据库，并为各种地理信息系统和土地信息系统提供基础数据。

摄影测量的主要特点是在像片上进行量测和解译，无须接触被摄物体本身，因而很少受自然和地理条件的限制。被摄物体可以是固体、气体或液体，可以是静态的或动态的，也可以是遥远的、巨大的(宇宙天体和地球)或极近的、微小的(电子显微镜下的细胞)。

像片和其他各类型的影像都是客观物体或目标的瞬间真实反映，其信息丰富、形态逼真，人们可以从中获得所研究物体的大量几何信息和物理信息。

(二)摄影测量的分类

摄影测量的分类方法有许多种，按摄影机平台位置的不同可分为航天摄影测量、航空摄影测量、地面摄影测量和水下摄影测量；按距离远近可分为航天摄影测量、航空摄影测量、地面摄影测量、近景摄影测量和显微摄影测量；按用途可分为地形摄影测量和非地形摄影测量；按技术方法可分为模拟摄影测量、解析摄影测量和数字摄影测量。此外，还有一些由特殊摄影方式构成的摄影测量，如雷达摄影测量、双介质(多介质)摄影测量、X 射线摄影测量等，这类摄影测量可统称为特种摄影测量。摄影测量分类如图 1-1 所示。

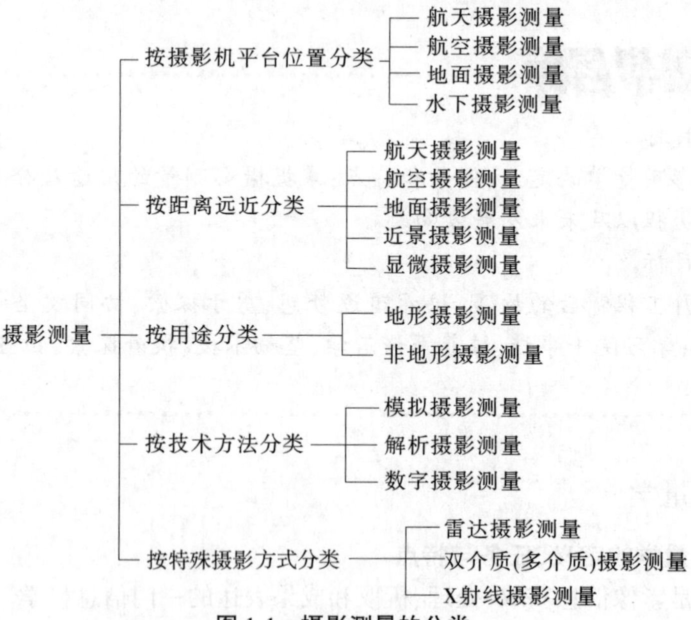

图 1-1　摄影测量的分类

地面摄影测量、航空摄影测量和航天摄影测量主要用于测量、制作各种比例尺的地形图和建立相应的数据库，所以这三者都属于地形摄影测量。近景摄影测量的摄影距离一般在 100 m 以内，主要用于工业建筑、文物考古、公安侦查、事故调查、弹道轨迹、落点定位、变形测量、矿山工程、生物医学等各种非地形摄影测量中，由于近景摄影测量与地形摄影测量有很强的对应性，所以也常称近景摄影测量为非地形摄影测量。按距离远近或按用途分类的每一种摄影测量，所使用的技术也不是固定的。例如，航空摄影测量既可以采用模拟法，也可以采用解析法或全数字的方法。而按技术方法分类的每一种摄影测量又都必然体现在按距离或按用途分类的各个摄影测量中。例如，解析摄影测量既可以用于航空摄影测量、航天摄影测量，也适用于地面摄影测量和近景摄影测量。

大国工程

揽月而归，踏梦前行

从古至今，人类对浩瀚宇宙充满无尽的遐想，飞天揽月更是中华民族延续千年的梦想。随着科技的不断发展，人类对月球的探索有了更多的可能，从中国探月工程正式立项，到“嫦娥一号”至“嫦娥五号”的不断升空，中国人一步步将“上九天揽月”的神话变成现实！

嫦娥工程是一个完全自主创新的工程，也是我国实施的第一次探月活动。2004 年，我国探月工程正式批准立项。一代代航天人，发扬探月精神，创造了一个又一个壮举。十余年来，探月工程实现“六战六捷”。这些年来，参与探月工程研制建设的全体人员大力弘扬追逐梦想、勇于探索、协同攻坚、合作共赢的探月精神，不断攀登新的科技高峰，可喜可贺、令人欣慰。

“心至苍穹外，目尽星河远。”探月工程的每一个大胆设想、每一次成功实施，无不凝聚着科研人员的艰辛付出，无不闪耀着勇往直前的精神光芒。

追逐梦想、勇于探索、协同攻坚、合作共赢——以探月精神不懈奋斗，一步一个脚印，一棒接着一棒，我们必将在奋力奔跑中迈向更加壮丽的星辰大海！

（三）摄影测量的发展

摄影测量从诞生到现在，已有百余年的历史，共经历了模拟摄影测量、解析摄影测量和数字摄影测量 3 个发展阶段。

码 1-3　测绘新发展——走进辉煌 60 年成就

1. 模拟摄影测量

模拟摄影测量，是用光学机械的方法模拟摄影时的几何关系，通过对航空摄影过程的几何反转，由像片重建一个缩小了的所摄物体的几何模型，对几何模型进行量测便可得出所需的图形，如地形原图。模拟摄影测量是最直观的一种摄影测量，也是持续时间最久的一种摄影测量。

1859 年，法国陆军上校劳塞达在巴黎试验用像片测量、制作地形图获得成功，从而诞生了摄影测量。摄影测量自诞生以来的 100 多年中，除最初的手工量测外，主要致力于模拟解算的理论方法和设备研究。在发明飞机以前，虽然借助气球和风筝也取得了空中拍摄的照片，但是并未形成真正的航空摄影测量。在发明飞机以后，特别是第一次世界大战，加速了航空摄影测量事业的发展，模拟摄影测量的技术方法也由地面摄影测量发展到航空摄影测量。

科学世界

早在18世纪,数学家兰伯特在其著作中就论述了摄影测量的基础,即透视几何理论。1839年,法国的尼普斯和达意尔发明了摄影技术以后,摄影测量学就开始了它的发展历程。19世纪中叶,劳塞达(被称为“摄影测量之父”)利用所谓的“明箱”装置,测量、制作了万森城堡图。直至20世纪初,维也纳军事地理研究所按照奥雷尔的思想制成了“自动立体测图仪”。后来由德国的卡尔蔡司厂进一步发展,成功地制造了实用的“立体自动测图仪”。经过半个多世纪的发展,到20世纪六七十年代,这种类型的仪器发展到了顶峰。

2. 解析摄影测量

解析摄影测量是伴随电子计算机的出现和发展而发展起来的。它始于20世纪50年代末,完成于20世纪80年代。解析摄影测量,是根据像点和相应地面点间的数学关系,用电子计算机解算像点与相应地面点的坐标和进行测图解算的技术。在解析摄影测量中,利用少量的野外控制点、加密测图用的控制点或其他用途的更加密集的控制点的工作,叫作解析空中三角测量。用电子计算机实施解算和控制进行测图,称为解析测图。相应的仪器系统称为解析测图仪。解析空中三角测量俗称电算加密。电算加密和解析测图仪的出现,是摄影测量进入解析摄影测量阶段的重要标志。

科学世界

随着模数转换技术、电子计算机与自动控制技术的发展,海拉瓦在1957年提出了摄影测量的一个新概念,即“用数字投影代替物理投影”。所谓“物理投影”,就是光学的、机械的或光学—机械的模拟投影。所谓“数字投影”,就是利用电子计算机实时地进行投影光线(共线方程)的解算,从而交会被摄物体的空间位置。意大利的OMI公司与美国的Bendix公司合作,在1961年制造出第一台解析测图仪AP/1。后来经过不断改进,生产了不同型号的解析测图仪AP/2、AP/C与AS11系列等。这个时期的解析测图仪多为军用,AP/C虽然是民用,但没有得到广泛使用。一直到1976年,在赫尔辛基召开的国家摄影测量协会大会上,由7家厂商展出了8种型号的解析测图仪,解析测图仪才逐渐成为摄影测量的主要测图仪。到20世纪80年代,由于大规模集成芯片的发展,接口技术日渐成熟,加之计算机的发展,解析测图仪的发展变得更加迅速。

3. 数字摄影测量

解析摄影测量的进一步发展是数字摄影测量。所谓数字摄影测量,是以数字影像为基础,用电子计算机进行分析和处理,确定被摄物体的形状、大小、空间位置及其性质的技术,它具有全数字的特点。一张影像连续变化的像片可定义为一个离散的二维的灰度矩阵,每个矩阵元素的行列序号代表它在像片上的位置,元素的数值是它的灰度,矩阵元素在像片上的面积很小,称为像元(pixel)。对数字影像进行预处理,使之适于判读与量测,然后在数字摄影测量系统中进行影像匹配和摄影测量处理,便可得到各种数字产品和可视化产品。数字产品包括数字地形图、数字高程模型、数字正射影像图、数字栅格影像图等。可视化产品包括地形图、专题图、纵横剖面图、正射影像图、电子地图等。

院士墙

大国工匠刘先林,一生只做一件事

他满头银发、一身简朴,一生潜心科研。他是甘为人梯、淡泊名利的大国工匠,一张旧书桌,一坐就是四十五年。他更是扛鼎测绘装备国产化的国家脊梁,以“不达目的,誓不罢休”的决心和勇气,让国产测绘装备开始走向世界。他就是中国工程院院士、中国测绘科学研究院名誉院长刘先林。

“祖国需要什么,一线需要什么,我们就要研究什么!”1962 年,刘先林从武汉测绘学院毕业,被分配到原国家测绘总局测绘科学研究所,老所长的这番话语成为他一生的追求。

一无现成图纸,二无参考资料,三无资金支持。刘先林带领团队从零起步,不畏强手,想国家所想,急国家所急,开拓出一条引领测绘装备国产化的创新之路。

1988 年,刘先林主持研制出 JX-3 解析测图仪,结束了我国解析测图仪全部进口的历史。1998 年,JX-4 数字摄影测量工作站的成功推出,成为我国模拟测图向数字化测图转变的里程碑。

2007 年,刘先林带领团队又研制出 SWDC 数字航空摄影仪,成为助力我国实景三维测绘的主力仪器。

筚路蓝缕,百折不挠。刘先林院士带领团队攻克了一个又一个难关,取得了一个又一个第一,填补了一个又一个空白,彻底打破了国外产品在中国测绘市场上的垄断。

码 1-4　航测大家——刘先林院士

码 1-5　测绘人生——李德仁院士

科学世界

数字影像的获取方法:一种是直接用数字摄影机(如 CCD 阵列扫描仪或摄影机)和各种数字式扫描仪获得,称为数字影像;另一种是用各种数字扫描仪对已得到的像片影像进行扫描,称为数字化影像。

20 世纪 90 年代,数字摄影测量系统进入实用化阶段,并逐步替代传统的摄影测量仪器和作业方法。我国自行研制的全数字摄影测量系统 VirtuoZo(原武汉测绘科技大学研制)与 JX-4A(中国测绘科学研究院研制)已在我国大规模用于摄影测量生产作业,并在国际上得到认可。

院士墙

科研报国,初心不改

中国工程院院士张祖勋,长期从事摄影测量与遥感的教学和研究工作,在摄影测量领域有很深的造诣,为我国摄影测量由模拟到解析再到全数字化的跨越式发展,特别是数字摄影测量的快速发展方面作出了突出贡献。张祖勋不断探索、创新,拓展数字摄影测量应用的新领域。近年来,张祖勋教授致力于将数字摄影测量的最新发展应用于工程设计、工程测量与数码城市的建立等领域,使摄影测量在工程领域中开创新的应用。建立新一代航空航天数字摄影测量处理平台——数字摄影测量网格(DPGrid),并于2007年通过国家测绘局鉴定。2009年,基于DPGrid的正射影像更新项目通过国家测绘局鉴定,整体上达到国际领先水平。

"平凡是人生的永恒。"他曾这样为学生题词,而在执教的61年中,他不断在平凡中铸就非凡。他是享有国际盛誉的科学家,致力于摄影测量与遥感学科的教学与科研工作,其研究成果在汶川地震救援中作出了重大贡献,也在三峡工程、中国卫星等国家工程中发挥了重要作用。他捐资百万元设立"教书育人奖",传承优良教风,让最好的教师培养学生。张祖勋院士告诉我们:"要做梦,敢提问,才有创新的开始。"

综上所述,摄影测量三个发展阶段的特点,如表1-1所示。

表1-1 摄影测量三个发展阶段的特点

发展阶段	原始资料	投影方式	仪器	操作方式	产品
模拟摄影测量	像片	物理投影	模拟测图仪	作业员手工	模拟产品
解析摄影测量	像片	数字投影	解析测图仪	机助作业员操作	模拟产品、数字产品
数字摄影测量	数字影像	数字投影	计算机	自动化操作加作业员的干预	数字产品、模拟产品

摄影测量尽管有各种各样的分类,但它们的基本理论依据是共同的,就是摄影构像的数学模型。对单张像片而言,这个数学模型是基于摄影时物点、镜头中心、像点三点位于同一直线上,由此建立的方程称为共线条件方程或构像方程。对于一个立体像对(由不同摄站摄取的、具有一定影像重叠的两张像片),则又可引申出能够表明内部和外部几何关系的数学模型,具体到实际作业中,这些数学模型构成了单像摄影测量和双像(立体)摄影测量的理论基础。

码1-6 航空摄影在北川县城赈灾中的应用

二、影像信息学的形成与发展

20世纪70年代,美国陆地资源卫星(Landsat)升空后,遥感技术得到了极为广泛的应用。由于它在资源勘查和环境监测方面的效率极高,很快便在全世界得到重视,被多种学科所采用。

遥感技术的发展突破了摄影测量学长期以来过分局限于测绘物体形状与大小等数据的几何处理,特别是改善了航空摄影测量长期以来只偏重于测量、制作地形图的局面。同时,解析摄影测量,尤其是数字摄影测量对遥感技术的发展也起到了重大的推动作用。

摄影测量与遥感技术有机地结合起来,成为地理信息系统技术中数据采集与更新的重要手段;反之,地理信息系统是摄影测量与遥感技术数据存储、管理、表达和应用的重要平台。三者之间有机结合,促使了信息科学分支"影像信息学"的形成。

按照王之卓教授的定义,影像信息学是一门记录、存储、传输、量测、处理、解译、分析和显示由非接触传感器影像获得的目标及其环境信息的科学、技术和经济实体。

影像信息获取、处理、加工和结果表达的整个过程互相有机联系,它既包含了模拟摄影测量、解析摄影测量和数字摄影测量,同时也包含了遥感与信息系统。

应该说,影像信息学是由摄影测量、遥感、地理信息系统、计算机图形学、计算机视觉、数字图像处理、专家系统、航天技术和传感器技术等相互结合的一个边缘学科。它提供了基于影像认识和改造世界的一条途径,因此具有无限的生命力。

动手动脑

一、填空题

1. 摄影测量与遥感要解决的是所获信息的"2W"问题,即(　　)和(　　)这两大问题。

2. 摄影测量的发展经历了(　　)、(　　)和(　　)三个阶段。

二、简答题

1. 传统摄影测量和现代摄影测量有什么本质区别?

2. 摄影测量有哪几种分类方法?

3. 摄影测量经过了几个发展阶段?每个阶段的特点是什么?

4. 什么是影像信息学?

项目二 摄影与航空摄影实施

摄影测量是在物体的影像上进行量测和解译的,因此首先要对被研究的物体进行摄影,以获得被研究对象的影像。为此,要对摄影的基本知识、摄影资料如何获取有一个基本的了解。

另外,航空摄影测量由于它成图速度快、精度高、不受气候及季节的限制等优点,因此成为我国基本地图成图的主要方式。那么,航空摄影是如何实施的?航空摄影测量对像片质量有什么要求呢?日常生活中,你会摄影吗?

项目综述

项目所涉及的任务,是摄影测量工作的基础,为整个摄影测量工作提供了资料的质量保证。本教学项目总学时为6个,由2个学习任务组成。通过该项目的实施,使学生能理解航测成图过程、摄影过程,并且能够进行航空摄影的分类以及具有航空摄影质量评价的能力。

该部分内容包含2个任务:摄影与航空摄影实施。

教学目标

1. 知识目标

掌握摄影的三个过程;掌握航空摄影的分类;了解航测成图过程;了解航空像片的质量;掌握航空像片的飞行质量评价指标。

2. 技能目标

能进行航空摄影分类;能进行航空摄影质量评价。

3. 思政目标

了解国内一流航测公司发展历程及先进航空摄影设备,增强"中国制造"自豪感;欣赏优秀航拍案例,深化对航空摄影飞行及像片质量的理解,激发学生对大美中国绿水青山热爱的同时,增强文化自信和民族认同感。

任务一 摄 影

任务描述

一、学习型工作任务

学习有关摄影与航空摄影实施的基本知识,以及航空摄影质量评价的标准。通过课堂讨论、相互答疑和练习,掌握对航空摄影质量评价的方法。

二、教学目标

(一)知识目标

(1)了解航测成图的过程。

(2)掌握摄影的三个过程。

(3)掌握航空摄影的分类。

(4)了解航摄像片的质量。

(5)掌握航摄像片的飞行质量。

(二)技能目标

(1)能完成地面站软件操作。

(2)能进行航空摄影成果的检查。

(三)态度目标

(1)培养学生实事求是的工作态度。

(2)培养学生求真务实、一丝不苟的工作精神。

(3)培养学生严谨、耐心、细致的工作作风。

三、教学组织设计

(1)学生角色:扮演航空摄影质量评价员。

(2)教学情景:由企业提供航空摄影资料,学生根据相关数据资料学习航空摄影质量评价标准,然后根据评价标准对航摄像片进行航空摄影质量评价。

(3)教学材料:教学课件、航摄像片、直尺、铅笔。

(4)教学内容过程设计:首先由教师在课堂上利用虚拟仿真软件讲授航空摄影任务的实施过程,然后结合相关规范讲解如何进行航空摄影飞行以及质量要求,最后由学生操作,掌握航线规划和航空摄影质量评价指标。

四、其他说明

在教学组织过程中,教师必须引导学生在概念认识的基础上进行答疑,并对其效果进行评定。

相关知识

一、摄影

摄影测量是以被测量物体的影像信息为依据。

传统摄影测量的影像信息主要是利用光学摄影机摄取的框幅式像片,是记录在感光胶片上的影像信息。

现代摄影测量也使用像片,但其含义及获取手段已有了新的发展,除包含上述利用光学摄影机摄取的像片外,还有利用各种遥感器从宇宙空间对被测星体以可见光、红外光或微波等辐射能进行遥感所得的各种记录在感光胶片上的影像信息,如红外像片、X 光像片、侧视雷达像片等。

现代摄影测量同时还使用数字影像。数字影像有两个来源:一个是将像片进行数字化转换,获得一个数字阵列,也称为数字化影像;另一个是直接在任何存储器件上记录诸如 CCD 等光电元件获取的数字影像信息。

科学世界

1839 年,法国人达格雷和尼普斯发表了第一张摄影照片,标志着摄影术的产生。1858 年,法国人图纳利恩用系在气球上的照相机在空中拍摄了巴黎附近一个村庄的照片。此后,各国都在探索空中拍摄,有人利用鸽子,更多的人利用气球或风筝。1903 年,莱特兄弟发明了飞机,为航空摄影的发展提供了可靠稳定的飞行平台。1909 年,威尔伯·顿特驾驶飞机拍摄了第一张航空像片,很快开始利用航片进行地形测绘和军事侦察,并在两次世界大战的影响下,发展成一门成熟的学科——航空摄影测量学。在 1957 年 10 月 4 日苏联发射第一颗人造地球卫星之前,基本上都是航空摄影测量。

(一)摄影过程

传统摄影一般分为三个主要过程,即摄影过程、负片过程和正片过程。

传统摄影过程是将装有感光材料的照相机对准被摄景物,通过镜头的移动,使物像之间满足透镜成像公式,此过程称为调焦或对光,然后根据感光材料的感光性能和景物的光照等条件,调节照相机的光圈和快门,使胶片获得正确的曝光量,此过程称为曝光。这时,由于感光物质受光后发生化学反应,而部分卤化银还原为金属银,其作用的大小与景物所反射的光线强弱成正比,故使感光片上构成了金属影像,由于光对卤化银的还原能力很弱,生成的金属银很少,一般肉眼是看不见的,故把这种影像称为潜影。

为了使潜影成为可见影像,应将曝光后的感光材料在暗室里进行冲洗处理,这个过程称为负片过程。负片过程包括显影、定影、水洗、干燥等步骤。因形成的影像层次与景物的明暗相反,故称为负片或阴片,又因常根据它洗印像片,故称为底片。

为了得到与景物明暗相同的影像,必须再利用感光材料紧密叠加于负片上曝光印相,经过与负片一样的显影、定影、水洗、干燥等处理后,则可得到与负片黑白相反,而与景物明暗相同的影像,具有这种影像的片子称为正片或阳片,如果晒印在相纸上,也可称为像片,上述处理过程称为正片过程。

(二)摄影机

摄影机俗称照相机。无论是低档的简易相机,还是高档的多功能相机,其主要组成部件基本相同。如图 2-1 所示,摄影机主要由镜头、光圈、快门、暗盒和检影器等部分组成,其他如电器部分(包括闪光连动机构、测光机构、输片马达等)、机械部分(包括卷片、倒片、计数器机构等)则是根据摄影机的档次与功能而异。

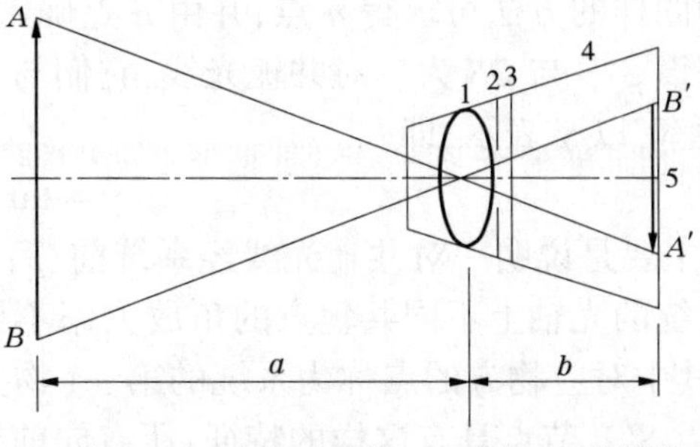

1—镜头;2—光圈;3—快门;4—暗盒;5—检影器。

图 2-1　摄影机主要组成部件

1. 镜头

镜头是摄影机最重要的部件之一,所摄影像的大小和质量主要取决于镜头的特性参数和制造质量。早期的照相机镜头为简单的凸透镜。随着镜头设计与制造技术的提高及新型光学材料的发明,现代镜头的成像质量有了极大的提高,其中采用由多片不同形状和类型的单透镜组合而成的精密透镜组,对提高成像质量起了关键性的作用。

1)镜头的特征点与面

图 2-2 为构成镜头的透镜组,*MM* 为第一个透镜面(位于物方),*NN* 为第二个透镜面(位于像方),*O*、*O′*分别为两镜面的球面中心,其连线 *OO′* 称为透镜的主光轴,主光轴与球面(*MM*、*NN*)的交点 *K* 和 *K′*称为透镜顶点。假定物方有一平行于主光轴的光线 *AB* 进入透镜,它首先在第一个透镜面 *MM* 上发生折射,折射光线偏向主光轴并与第二个透镜面 *NN* 相交于 *C* 点,光线在 *C* 点折射后,又向主光轴偏斜,最后交于主光轴 *F′*点,*F′*称为焦点,因为它位于像方,故称为像方主焦点或后主焦点。通过后主焦点并垂直于主光轴的平面称为后主焦面。

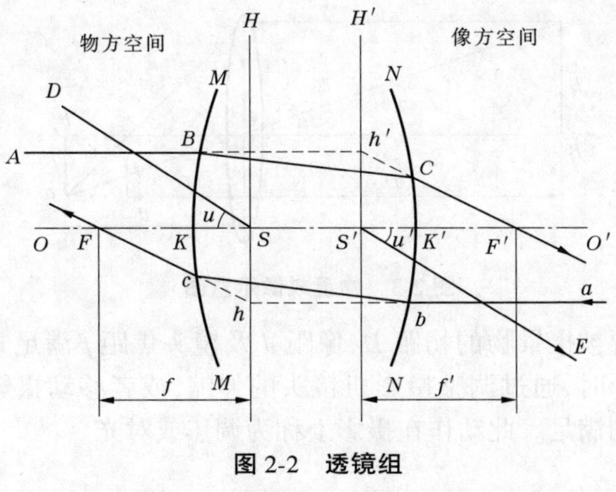

图 2-2　透镜组

同理,像方空间平行于主光轴的光线 *ab*,通过透镜折射以后与主光轴相交于 *F*,它也称为主焦点,因它位于物方,故称为物方主焦点或前主焦点。通过前主焦点并垂直于主光轴的平面称为前主焦面。

如果将光线 AB 向 B 点方向延长,同时又将在 NN 处折射的光线 CF' 反向延长,即从 $F'C$ 向 C 点方向延长,则两延长线将相交于 h',通过 h' 点作一个垂直于主光轴的平面 H',称为像方主平面或后主平面。该平面与主光轴的交点 S' 称为后主点。

用同样的方法可求得 h 点,并由 h 点确定前主平面 H 及前主点 S。

假设 $S'E$ 与 DS 为一对共轭光线,它们与主光轴的夹角分别为 u'、u,则 $\tan u'/\tan u$ 称为角放大率,以 γ 表示,即

$$\gamma = \tan u'/\tan u \tag{2-1}$$

γ 主要是说明一对共轭光线经系统前、后方向之间的变化。

系统的光轴上不同共轭点的角放大率不同,$\gamma=+1$ 的一对共轭点称为光学系统的一对节点,其中对应物方的点称为系统的第一(物方)节点 S;对应像方的点称为系统的第二(像方)节点 S'。节点具有这样的特征:所有向前节点投射的光线必定经过后节点射出,并且与相应的投射光线相平行。如果系统的物方和像方处于同一均匀介质之中,例如,地面摄影和航空摄影,则主点和节点相重合。通常不加说明节点即为主点。为了几何作图方便,常将后节点 S'(连同底片)沿主光轴平移至与前节点 S 重合,此重合位置即透镜的光学中心,也就是物镜的摄影中心。

从透镜的像方主平面 H' 到像方焦点 F' 的距离,叫作像方焦距,又称为后焦距,以 f' 表示;从透镜的物方主平面 H 到物方焦点 F 的距离,叫作物方焦距,以 f 表示,位于同一介质中的透镜组,物方焦距等于像方焦距。

2)焦距对摄影成像的主要影响

(1)摄影成像。

如图 2-3 所示,设摄影景物物距为 D,像距为 d,焦距为 f,根据几何光学,透镜成像公式为

$$\frac{1}{D} + \frac{1}{d} = \frac{1}{f} \tag{2-2}$$

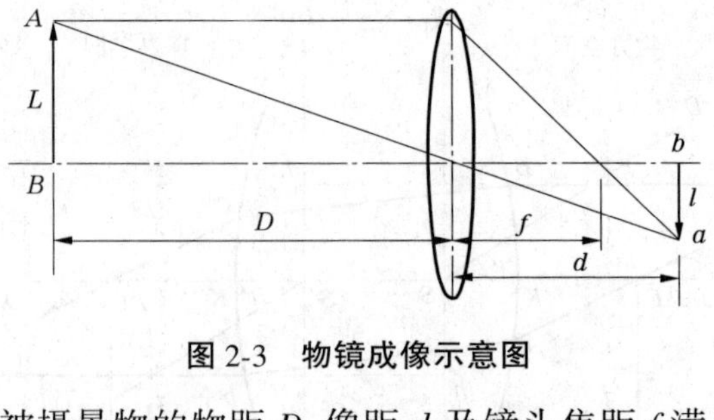

图 2-3 物镜成像示意图

式(2-2)表明,只要被摄景物的物距 D、像距 d 及镜头焦距 f 满足式(2-2)要求,便可获取清晰的影像。在摄影时,通过调整摄影机镜头的伸缩,或者移动摄影机到被摄景物的距离,就可使式(2-2)得到满足。此动作在摄影上称为调焦或对光。

(2)影像比例尺。

影像高度 l 与相应景物高度 L 的比值 β 叫作物镜的横向放大率,亦称为影像比例尺,用

$\frac{1}{m}$表示，即

$$\beta = \frac{1}{m} = \frac{1}{l} \qquad (2\text{-}3)$$

当$\beta>1$时，透镜组为放大系统；当$\beta<1$时，透镜组为缩小系统。

由图 2-3 所示的相似三角形，式(2-3)可以写成

$$\beta = \frac{1}{m} = \frac{l}{L} = \frac{d}{D} \qquad (2\text{-}4)$$

为了分析问题方便，将式(2-2)进行变换，得

$$d = \frac{fD}{D-f} \qquad (2\text{-}5)$$

将式(2-5)代入式(2-4)可得

$$\beta = \frac{1}{m} = \frac{f}{D-f} \qquad (2\text{-}6)$$

由式(2-6)可以看出，放大率与镜头焦距和物距有关，具体讨论如下：

①当物距固定时，用不同焦距f的物镜摄影，若f增大，则β增大；若f减小，则β减小。即焦距越长，获得的影像越大。

②当$D>2f$时，$\beta<1$，获得的影像尺寸小于物体尺寸，为一缩小系统。这是一般摄影机摄影的情况。

③当$D=2f$时，$\beta=1$，物与像等大。这是等大复制、翻拍等的情况。

④当$f<D<2f$时，$\beta>1$，这时影像尺寸大于物体尺寸。放大机、显微摄影、幻灯机均为这种情况。

⑤当$D\leqslant f$时，不能构成实像。

由上述讨论可以看出，焦距是摄影机的重要特性参数之一。不同的摄影目的，应选用不同焦距的摄影机镜头。

(3)镜头的视场角和像场角。

①镜头的视场角。镜头成像与人眼观察景物相仿。当人眼观察时，可以看到的空间视野范围称为人眼视场，视场范围是由最大视场角决定的，视野以外的东西人眼就看不见了。

由于组成镜头的透镜和连接透镜的镜筒都是圆形的，当对光于无穷远时，在后焦面上的影像将是一个明亮的圆。这个圆与物镜中心(严格意义上的镜头后节点)将形成一个光锥。这个圆形范围所对应的物方空间称为镜头的视场，光锥锥底直径对镜头中心的张角称为视场角，如图 2-4 所示中的2α。

②镜头的像场角。在镜头的视场范围内，因镜头的边缘部分存在着像差，镜头边缘部分构像不清，另外胶片一般为长方形或正方形，故不使用镜头视场的边缘部分，而仅使用构像清晰的物镜中心部分。通常把影像清晰的圆形范围叫作镜头的像场，像场直径对镜头中心的张角称为像场角，如图 2-4 所示中的2β。

普通摄影机中，均以在像平面上设置的矩形或正方形来限制像场的使用范围，故摄影镜头的像场角受到胶片尺寸的限制，底片画幅对角线对应的像场角2β可用式(2-7)计算：

$$2\beta = \arctan\frac{L}{2f} \qquad (2\text{-}7)$$

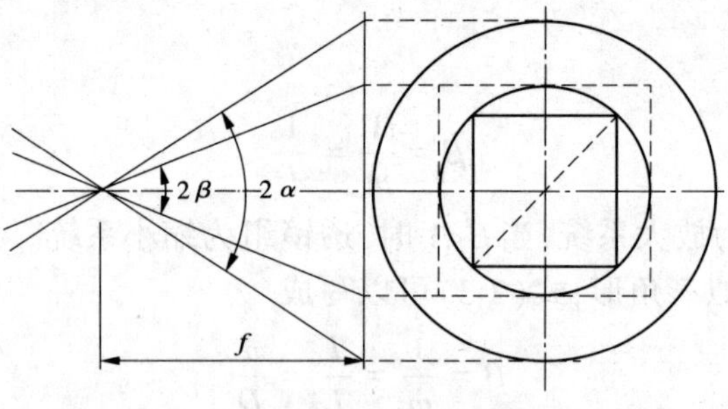

图 2-4 镜头的视场角和像场角

式中 L——底片画幅对角线的长度；

f——镜头焦距。

由式(2-7)可知，当胶片尺寸大小一定时，像场角的大小与镜头焦距成反比，焦距越长，像场角越小；焦距越短，像场角越大。

通常可按镜头像场角的大小，把物镜分为五类：①摄远镜头：$2\beta<45°$；②标准镜头：$45°\leqslant 2\beta<75°$；③广角镜头：$75°\leqslant 2\beta<110°$；④特广角镜头：$110°\leqslant 2\beta\leqslant 133°$；⑤超广角镜头：$2\beta>133°$。

(4)镜头的分解力。分解力是摄影机镜头的重要特征之一，它能确定镜头对被摄物体微小细节的表达能力。其大小用在焦平面上1 mm的宽度内能分辨的互相平行的最大数目的线对数表示，单位为LP/mm。所谓线对，指一对同等大小的明暗条纹或规则间隔的明暗条对。

(5)镜头的畸变差。在照相机物镜的构像误差中，畸变差影响最大，因为畸变差将使直线的成像变成曲线，使物体的影像发生变形，从而破坏了物与像之间的中心投影关系，降低摄影测量成果的数学精度。如有一正方形格网，经由畸变差的镜头摄影后得到的影像就会发生桶形畸变[见图2-5(a)]或枕形畸变[见图2-5(b)]。

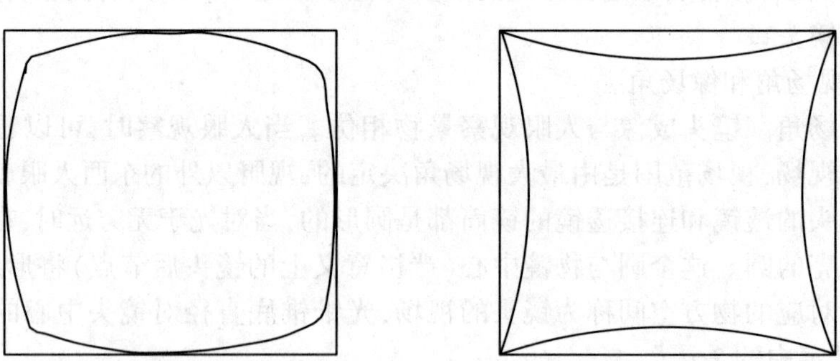

(a)桶形畸变　(b)枕形畸变

图 2-5 影像畸变

(6)相对孔径与光圈系数。

①相对孔径。假设在图2-6透镜组中设置有一个光圈Ⅰ，其直径为D，现在有一束平行于主光轴的光线射向镜头，通过前透镜组后，便受到光圈Ⅰ的拦阻，从图2-6中可看出，AB以外的光线不能参加构像，这如同镜头前面有另一个孔径为d的光圈Ⅱ限制着进入镜头的光束大小，在几何学上，这个光圈Ⅱ称为镜头的入射光瞳，在摄影学上称为有效光孔。有效

光孔的直径 d 称为有效孔径。显然,当改变光圈孔径大小时,有效孔径 d 也随之变化。

镜头的相对孔径定义为:有效孔径 d 与镜头焦距 f 的比值,即 d/f。

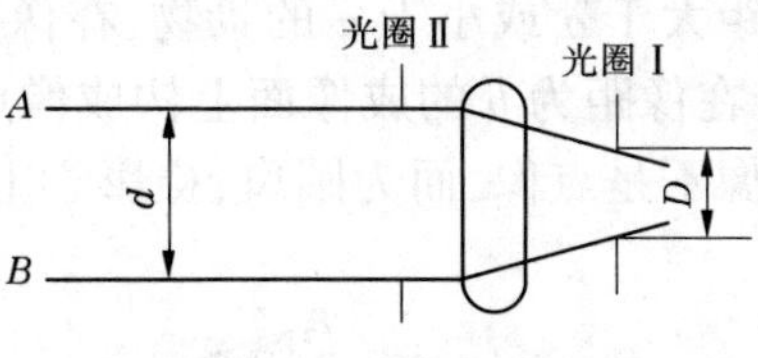

图 2-6　相对孔径

显然,当改变光圈孔径的大小时,有效孔径随之变化,所以相对孔径也相应发生变化。当光圈孔径完全张开时,相应的相对孔径称为最大相对孔径。通常最大相对孔径以分子为 1 的形式标注在照相机镜头的外框上。例如,某照相机镜头焦距为 135 mm,光圈完全张开时的最大有效孔径 d 为 30 mm,于是最大相对孔径为 1/4.5 或 1∶4.5,在镜头外框上则以 1∶4.5 的形式标注。

②光圈系数。由上述可知,随着光圈的收缩与张开,镜头的有效孔径 d 也跟着改变,因此相对孔径也随之改变,从而改变了通过镜头的光通量,如果光圈缩小一定程度,就在镜头的外框上标注一个数值,这就有利于控制进入镜头的光通量,由于相对孔径一般都小于 1,因此用相对孔径的倒数标注,称相对孔径的倒数为光圈系数,一般用符号 K 表示,即

$$K = \frac{f}{d} \tag{2-8}$$

式中　K——光圈系数;

f——镜头焦距;

d——有效孔径。

科学世界

由于焦平面上的照度与相对孔径的平方成正比,因此照度与光圈系数的平方成反比,光圈系数均标注在照相机镜头的外框上,标注的数列有两种:

国际系统——多数国家与我国的照相机采用这种系统:

1.0、1.4、2、2.8、4、5.6、8、11、16、22、32…

欧洲大陆系统——只有欧洲国家的照相机采用这种系统:

1.1、1.6、2.2、3.2、4.5、6.3、9、12.5、18、25、36…

摄影时感光材料表面上单位面积所要求的曝光量 H 是一个定值,它等于照度 E 和曝光时间 t 的乘积,即

$$H = Et \tag{2-9}$$

由于照度与光圈系数的平方成反比,因此当 H 为定值时,得

$$\frac{E_1}{E_2} = \frac{t_2}{t_1} = \frac{K_2^2}{K_1^2} \tag{2-10}$$

由式(2-10)可知,当摄影条件相同时,曝光时间与光圈系数的平方成正比,如果曝光时间改变 1 倍,则相应的光圈系数应改变 $\sqrt{2}$ 倍,因此上述光圈系数均以 $\sqrt{2}$ 为公比排列。

(7)景深。

①景深的基本概念。用摄影机取景时,为获得清晰影像,必须满足成像公式的要求,此

时物距大于 a 或小于 a 的景物,在像面上不能构成清晰影像。如图 2-7 所示,物距为 a 的物点 P,在像距为 b 的成像面上构成像点 p,物距分别为 a_1 和 a_2 的两物点 P_1 和 P_2,在像面上的构像不是点像,而为圆斑,摄影学上称为模糊圆。

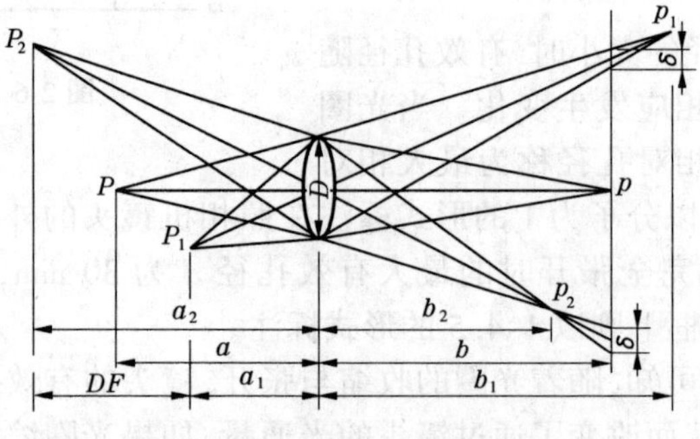

图 2-7　景深公式推导示意图

由于实际景物均具有三维纵深,因此在摄影时,除对焦面外,其余纵深上的景物均不能构成清晰影像。但通过对实际照片观察,在一定的纵深范围内景物的影像也是清晰的,这似乎与理论不符,实际上,这是由于人眼对微小细节分辨的能力有限而造成的生理错觉。

人眼对微小细节的分解能力称为人眼分解力,尽管对焦面以外的景物为模糊圆,但当模糊圆直径很小,人眼不能分辨而认为是一个"像点"时,可以认为构成的为清晰影像。

因此,当摄取一有限距离的景物时,在景物前后一定距离内,其构像都是清晰的,此构成清晰影像的物方纵深范围称为景深。景深用 DF 表示,其中从对焦面到最近一点的距离叫前景深,到最远一点的距离称为后景深。前、后景深之和即为景深。

②景深公式。在图 2-7 中,设物点 P_1 和 P_2 在焦平面上所成像是直径为 δ 的模糊圆,由景深公式得

$$\mathrm{DF} = a_2 - a_1 \tag{2-11a}$$

由透镜成像公式得

$$a_1 = \frac{b_1 f}{b_1 - f} \tag{2-11b}$$

由图 2-7 中相似三角形得

$$\frac{D}{\delta} = \frac{b_1}{b_1 - b} \tag{2-11c}$$

则

$$b_1 = \frac{Db}{D - \delta} \tag{2-11d}$$

将式(2-11d)代入式(2-11b)得

$$a_1 = \frac{bDf}{bD - Df + \delta f} \tag{2-11e}$$

又因为

$$b = \frac{af}{a - f} \tag{2-11f}$$

将式(2-11f)代入式(2-11e),经化算后得

$$a_1=\frac{aDf}{Df+a\delta-\delta f} \tag{2-11g}$$

同理,经类似推导,可得

$$a_2=\frac{aDf}{Df-a\delta+\delta f} \tag{2-11h}$$

在式(2-11g)、式(2-11h)中,δf 的值远小于另外两项,忽略后对结果影响极小,故将 δf 略去得

$$\left.\begin{aligned}a_1&=\frac{aDf}{Df+a\delta}\\a_2&=\frac{aDf}{Df-a\delta}\end{aligned}\right\} \tag{2-11i}$$

将式(2-11i)代入式(2-11a)得

$$\mathrm{DF}=\frac{2a^2Df\,\delta}{D^2f^2-a^2\delta^2} \tag{2-12}$$

在摄影工作中,一般使用光圈系数 K,则以 $D=f/K$ 代入式(2-12),得到景深公式的另外一种形式:

$$\mathrm{DF}=\frac{2a^2f^2K\delta}{f^4-a^2K^2\delta^2} \tag{2-13}$$

③影响景深的主要因素。

a. 光圈系数。在其他条件一定时,由式(2-13)可知,随着镜头光圈系数 K 的增大,景深迅速增大。

b. 焦距。镜头焦距的大小与景深成反比,焦距越长,景深越小;焦距越短,景深越大。

c. 摄影物距。摄影物距越大,景深也越大。故当拍摄空间深度大的景物时,可以退远些拍摄,而对近距离目标摄影时,因景深较小,调焦必须特别仔细。

d. 模糊圆的大小。景深与允许的模糊圆直径 δ 的大小成正比,而允许的 δ 的大小与对影像质量的要求、用途及观察照片的距离等因素有关。例如,当所摄负片用于接触印相后直接用肉眼观察,δ 值一般可取 0.07 mm,若负片需放大,则应考虑放大率 β,取 $0.07/\beta$。

2. 光圈

光圈是安置于摄影机镜头中的一个重要部件,它是由若干金属片组成的可调节大小的进光孔。光圈在摄影机中的作用,除控制进入镜头光量多少外,还可调节镜头的使用面积,限制镜头边缘部分的使用,提高成像的清晰程度,此外光圈还起调节景深的作用。光圈的大小用光圈系数表示,光圈系数通常刻在照相机镜头的外框上。

3. 快门

快门又称为光门,它是照相机上调节所受曝光时间长短的机械装置。它犹如一个光闸,能在预先安置的曝光时间内,让光线通过镜头,使胶片曝光。快门从打开到关闭所经过的时间称为曝光时间或快门速度,它可以根据需要予以变更。快门速度与光圈配合使用,可以通过调节得到正确的曝光量和景深的大小。曝光时间一般都标注在镜头筒上的快门速度调节环上,或标注在照相机顶面的快门调节盘上。下面为一系列快门速度数字(曝光时间):B,1、2、4、8、15、30、60、125、250、500…,或 T,1、2、5、10、25、50、100、200、500…

曝光时间的数值都是标注其分母,如2便是1/2 s、4便是1/4 s等。因此,快门上的数字越大,对应的曝光时间便越短。

B门是照相机用于控制曝光时间的一种慢门装置。用手按下快门按钮不放,快门便开启,曝光开始,手离开按钮,快门关闭,曝光结束,手按下的持续时间,即为曝光时间。T门也是用手控制曝光时间的装置。当将快门按钮按一下(手立即离开),快门打开,曝光开始,再按一下快门按钮,快门便关闭,两次按快门按钮的时间间隔便是曝光时间。

4. 取景器

取景器是用来观察被摄景物及确定合适拍摄范围的装置,它在照相机上往往与调焦装置(又称检影器)综合在一起,使用更加方便。常用的取景器有光学直看式取景器、反光式取景器两种。

1)光学直看式取景器

光学直看式取景器又称亮框式取景器。这种取景器的结构形式是在取景屏上用4条L形线条框出取景范围,在L形线条外也还能看到部分景物,但不是取景范围,底片上只能记录到L形线条以内景物的影像,这种取景器在大部分135照相机中使用。

2)反光式取景器

反光式取景器分为双镜头反光式取景器和单镜头反光式取景器两种。前者多用于120双镜头照相机,后者多用于135照相机。

双镜头反光式取景器属俯视取景,对摄取较低物体或仰角较为方便。

单镜头反光式取景器又称平视五棱镜取景器,如图2-8所示,其特点是拍摄出来的景物范围和取景时所看到的景物范围完全一致,因此它能配备各式附加镜头。

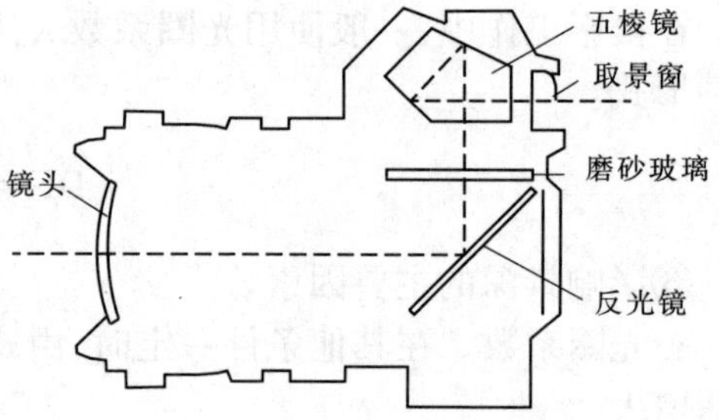

图2-8 单镜头反光式取景器

5. 调焦系统

由光学成像原理可知:随着物距的改变,像距也应该随之变化,以满足透镜公式的要求,从而得到清晰的影像。调焦系统就是保证不同距离的被摄物体在成像面上都能获得清晰影像的一种调节装置。它是在照相机光路上与像平面等光程的位置上设置一个屏,这块屏称为调焦屏,它既可作调焦用,又可作取景用。如果在调焦屏上的影像清晰,那么在成像面(胶片面)上的影像也清晰。

6. 输片装置

输片装置可以将未曝光的胶片安置在画幅框上,使底片在此位置良好整平,正确完成胶片的输送、储片并记录显示已卷过胶片的张数。它将已曝光完毕的胶片卷过去存放起来,在卷过每一幅底片时,快门亦同时上弦,此外还有防止重拍等其他功能。输片装置分为手动输片、自动输片、手动停片和自动停片4种形式。

(三)量测用摄影机

量测用摄影机是指航空摄影机、地面摄影测量用的摄影经纬仪,以及近景摄影测量用的摄影机。

安装在飞机上自动对地面进行连续摄影的摄影机称为航摄机,航摄机结构复杂,具有精密的全自动光学系统及电子机械装置,所摄取的影像能满足判读和量测的要求。

图 2-9 为航空摄影机结构示意图,其特点是成像清晰、分解力高、透光力强、几何精度好、操作简便。特别是:

(1)镜头质量要求分解力高、畸变小、透光力强、焦面照度分布均匀、光学影像反差能力大。

(2)快门具有较大的曝光时间变更范围。

(3)安放在飞机上的航摄机应具有良好的减震作用,以避免由飞机的震动而引起影像模糊。

(4)要有精密的压平装置。量测用摄影机的像幅都比较大,如 13 cm×18 cm、18 cm×18 cm、23 cm×23 cm,从图 2-10 可以看出,底片微小的不平 Δm,除造成影像模糊外,还引起影像位移 $\Delta l=\Delta m \times \tan\beta$,$\beta$ 为光线与主光轴间夹角。显然,越靠近像片,边缘位移越大。

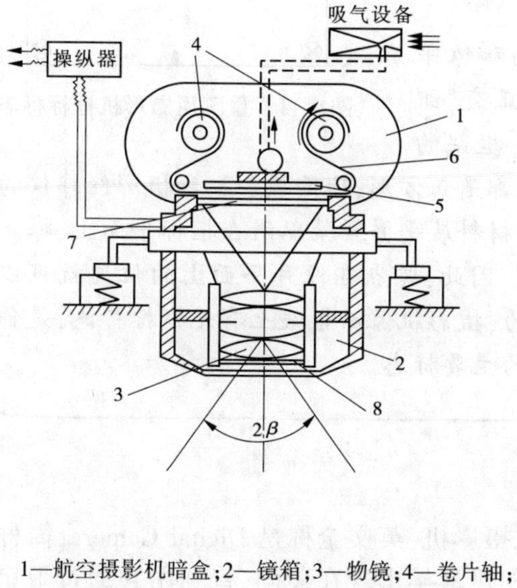

1—航空摄影机暗盒;2—镜箱;3—物镜;4—卷片轴;
5—压片板;6—软片;7—框标平面;8—滤光片。

图 2-9　航空摄影机结构示意图

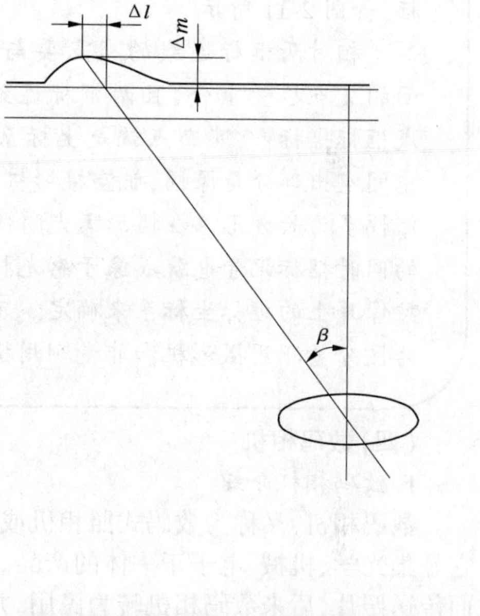

图 2-10　底片微小不平与影像位移之间的几何关系

航空摄影机采用抽气压平和精密压平板,地面摄影机则使用玻璃感光干板。

(5)要有精密的内方位元素和框标标志。

(6)要有完整的自动控制装置,特别是航空摄影,空中工作复杂、紧张、要求精确,没有一套自动控制装置是很难获得高质量的航摄像片的。

(7)应有足够的附加记录,如框标标志、压平标志、片号、时钟、摄影机内方位测定值、水准气泡等,为测量处理提供必要的技术参数。

航空摄影机通常按像场角(或焦距)分类。镜头后节点与像幅对角线两端点所张的角称为像场角,一般以 2β 表示。当像幅一定时,焦距短则像场角大,焦距长则像场角小,故航空摄影机按像场角分类与按焦距分类意义相同。

①当 $2\beta \geq 105°$ 或 $f<100$ mm 时,称为特宽角航空摄影机;

②当 $75° \leq 2\beta<105°$ 或 100 mm $\leq f<160$ mm 时,称为宽角航空摄影机;

③当 $2\beta<75°$ 或 $f \geq 160$ mm 时,称为常角航空摄影机。

航空摄影机像幅有 18 cm×18 cm 和 23 cm×23 cm 两种,现用航空摄影机多为 23 cm×23 cm,较大的像幅可以增大地面覆盖面,降低成本,提高精度。

科学世界

量测用摄影机镜箱体的后部，即物镜筒和暗箱的衔接处有一个金属的贴附框架，框架四边严格处于同一个平面内，也就是像平面，此平面严格地与物镜主光轴相垂直。框架的每一边中点各设有一个框标记号，也有将框标记号设在框架的角隅上，前者称为机械框标，后者称为光学框标，如图 2-11 所示。

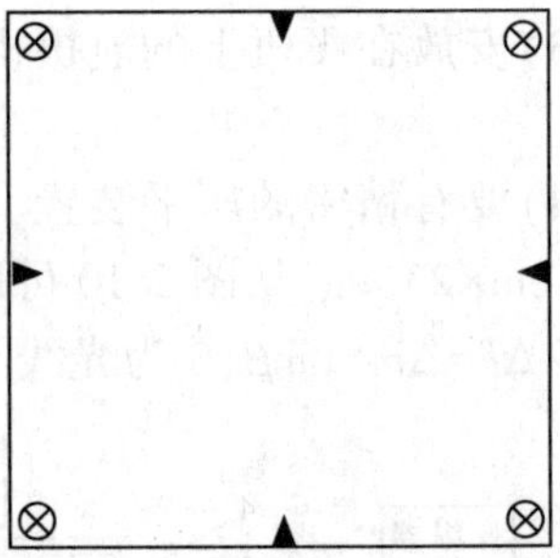

图 2-11　量测用摄影机框标标志

相对两框标连线的交点要与主光轴和像平面的交点尽量重合，且两框标连线要成正交，组成框标坐标系，其交点就是坐标系原点。框架的中间空出部分是像幅，航空摄影机的像幅都是正方形，地面摄影机和摄影经纬仪的像幅多为长方形。在摄影曝光瞬间，感光材料展平并紧紧贴附在框标平面上，曝光的同时框标记号也就成像于感光材料上。因此，像点在像片平面上的位置就可以按像片上的框标坐标系来确定。可以认为，摄影机像面框架上有无框标标志，是作为区分量测用摄影机和非量测用摄影机的主要标志。

(四) 数码相机

1. 数码相机介绍

数码相机，又称为数码式照相机或数码式摄影机，英文全称是 Digital Camera，简称 DC。它是集光学、机械、电子于一体的产品。数码相机最早出现在美国，曾利用它通过卫星向地面传送照片，后来数码相机转为民用，并不断拓展了应用范围。

数码相机是将电子存储设备作为摄影记录载体，通过光学镜头在光圈和快门的控制下，实现被摄物体在电子存储设备上的曝光，完成被摄影像的记录。

2. 数码相机结构

数码相机由光学镜头、光电传感器、微电脑、操作面板、取景器、LCD 显示器、储存卡、闪光灯、连接接口、电源等部分组成。它集成了影像信息的转换、存储和传输等部件，具有数字化存取模式、电脑交互处理、实时拍摄等特点。

镜头，是一部相机的重要组件之一，可以说是相机的灵魂，数码相机采用什么镜头是一个非常重要的参数，也是区分不同档次相机的重要指标。

闪光灯，是增加曝光量的方式之一，尤其在光线较暗的场合，利用闪光灯可以使景物更加明亮。数码相机内置的闪光灯一般有三种模式，即自动闪光、强制闪光和关闭闪光，有的相机还具有消除红眼、慢速同步闪光等功能。

劝器，数码相机上使用的劝器有多种类型，包括 LCD 劝器、单反式劝器、旁轴式劝器等，现在数码相机几乎同时配备有普通光学劝器和 LCD 劝器，用户可根据具体的情况进行选择。

影像传感器，目前数码相机所使用的影像传感器有 CCD 和 CMOS 两种类型。CCD 被广泛应用于大部分数码相机上，它由大量独立的光敏元件组成，这些光敏元件通常按矩阵排列。

数码相机的最大优势在于信息数字化，数字信息可以通过各种媒介实现图像的实时传递。

航测博物馆

航测装备“中国造”是这样炼成的
专注于产品——大疆创新

深圳市大疆创新科技有限公司成立于2006年，员工平均年龄30岁左右，但就这样一个年轻的企业，凭借自身技术创新，成为全球增长速度最快的科技公司。从最初的创客到今天全球无人机市场的领跑者，大疆正在走出国门闪耀世界，定义着中国制造的新内涵，作为国之骄傲当之无愧。

今天，大疆的无人机已经大规模用于农业、大型比赛现场、灾区救援、3D地图制作等各个领域。尤其在热门的影视作品中，大疆的一体化云台相机更是为专业的航拍做出了巨大的贡献。在《爸爸去哪儿》《舌尖上的中国》《狼图腾》及《国土安全》等作品中，大疆无人机提供了极多高质量的航拍镜头。如禅思X5s云台相机采用了最新一代M4/3传感器，拥有12.8档动态范围，可支持最高5.2K 30fps CinemaDNG无损视频录制和Apple ProRes视频录制，4K 60fps H.264和4K 30fps H.265视频录制，以及高达2 080万像素每秒20帧的DNG无限连拍技术，使它成为影视航拍技术新的性能典范。除此之外，有些专业级无人机还可以将更高规格的拍摄器材带到空中。像大疆S1000八轴航拍飞行器，能搭载如微单相机、全画幅单反、RED电影机等各式拍摄器材，其画面的稳定性已经超过了很多载人直升机手持机器拍摄的效果。2015年，大疆又收购了瑞典相机厂商哈苏的大量股权，哈苏在航空影像领域久负盛名，其技术和设备曾被运用在人类首次登月的任务中。哈苏的技术积累，将更有利于大疆对于航拍相机的研究，巩固其在专业飞行影像领域的领先地位。2017年8月，大疆凭借在美剧中的出色航拍表现，获得了美国电视界的最高奖项——艾美奖。近两年，大疆创新在农业、测绘、公共安全、能源、环保、物流等多个领域取得了诸多突破。比如，大疆无人机在2021—2023年多次参与全球重大灾害救援行动，如土耳其地震、河南洪水等。无人机通过热成像技术、实时图传功能，帮助救援团队快速定位受困人员。2022年，大疆农业无人机全球累计作业面积突破10亿亩，帮助农民提高效率并减少农药使用。2022年，大疆测绘无人机(如M300 RTK + P1相机)广泛应用于地形测绘、城市规划、矿山测量等领域。其厘米级定位精度和高效作业能力受到行业认可。通过无人机搭载激光雷达(如L1)和倾斜摄影技术，大疆在文化遗产保护、建筑工地管理等领域实现了高精度三维建模。通过持续的技术创新和行业合作，大疆进一步巩固了其在全球无人机市场的领导地位，并为各行业的数字化转型提供了强大支持。

大疆的成功绝对是科技发展史上的一个罕见案例，它不仅将自己的目标受众，从业余爱好者变成主流用户，在这一过程中，它还能占据市场的主导地位。在中国有名气的公司中，大疆是少数敢把“创新”这两个字放到自己的名字中的，大疆的副总裁邵建伙说，企业发展的好，靠的是“七分术三分商”，大疆就是想踏踏实实地做技术，创造出好的产品，也正是这样的想法，才成就了今天大疆在消费级无人机领域的霸主地位。大疆创始人兼CEO汪滔曾经在内部的微信群里，分享过乔布斯《遗失访谈录》里的一句话：“真正的魔法，是用五千个点子磨出一个产品，好想法要变成好产品，需要大量的加工”。在打磨产品的过程中，汪滔是个实实在在的“完美主义者”，他对技术和创新有着近乎偏执的追求，他曾经说过，即使在大疆最困难的时候，也从未降低对产品的要求，不管是生产多少台产品，都不会做一款二流的产品。

任务二　航空摄影实施

码 2-1　航空摄影

一、航空摄影测量

(一)航空摄影测量的概念

航空摄影测量通过航空摄影取得航摄像片,这便是航空摄影测量信息获取的基本手段。而要利用航摄像片确定地面点的地面坐标,又必须提供一定数量的、在像片上可准确识别的地面控制点,这个要求通常由航测外业的像片控制测量(又称像片联测)工作完成。像片控制测量可以在已有一定数量的大地点基础上采用地形控制测量的方法进行,在有条件的情况下也可以用 GNSS 定位方法进行。在科学技术高度发展的今天,已有可能通过动态 GNSS 定位技术直接测定各摄站的坐标,从而在一定精度要求范围内可以免去对地面控制点的要求。但目前的大量实际作业任务,仍然需要有足够的地面控制点来保证。

航空摄影测量中涉及的确定所摄目标性质的任务,要根据所摄目标的几何特征(形状、大小等)、物理特征(灰度、色调)、人文特征、关系特征等进行判定。这项工作可在内业条件下进行一部分,主要部分则由航测外业的像片调绘来完成。

综上所述,航空摄影测量的学科范围包括航空摄影、航测外业(像片联测和像片调绘)和航测内业(空三加密和各种成图方法)。

(二)航空摄影分类

在飞机或其他航空飞行器上利用航空摄影机摄取地面影像获得航摄像片的工作统称为航空摄影。

根据航空摄影的特点和测量对航摄像片的要求,航空摄影可分为如下几种类型。

1. 按像片倾斜角分类

过航空摄影机镜头后节点垂直于底片面的一条光线称为主光轴。在航空摄影过程中,飞机不可能始终保持平稳的飞行状态,因此航空摄影机的主光轴偏离铅垂方向,主光轴与铅垂线之间的夹角称为像片倾斜角 α。

像片倾斜角 α 小于 3°的航空摄影称为竖直航空摄影或近似垂直航空摄影,所摄取的像片为近似水平像片。目前,航空摄影以这种类型为主。

像片倾斜角 α 大于 3°的航空摄影称为倾斜航空摄影,所获得的像片称为倾斜像片,这种像片可单独使用,也可以与水平像片配合使用。但这种像片测图困难,不常采用。

2. 按航空摄影方式分类

根据不同用途或不同测图方式,近似垂直航空摄影可分为单片航空摄影、航线航空摄影和区域航空摄影。

单片航空摄影,又称独立地块航空摄影,可能并不只是一张像片,但相邻像片之间一般有重叠部分,主要用于军事侦察。

航线航空摄影,又称线状地带航空摄影,有重叠,主要用于公路、铁路和输电线路的定线及江河流域的规划。

区域航空摄影,又称面积航空摄影,在规定高度上,在被摄区域内敷设多条航线,逐条摄影,像片在航向和旁向两个方向都有一定重叠部分。地形图测绘主要采用区域航空摄影,这是本节要重点讨论的内容。

二、航空摄影的实施过程

采用摄影测量方法测制地形图,必须对测区进行有计划的空中摄影。空中摄影过程,实质上是将地球表面上的地物、地貌等信息穿过大气层,进入摄影机物镜,到达航摄胶片上形成影像的传输过程。将航空摄影机安装在航摄飞机上,从空中一定的高度对地面物体进行摄影,获得航摄像片。搭载航空摄影机的飞机飞行的稳定性要好,在空中摄影过程中要能保持一定的飞行高度和航线飞行的直线性。飞机的飞行速度不宜过大,续航的时间要长。

当需要采用航空摄影测量方法测制某一地区的地形图时,测图单位应向承担空中摄影的单位提出航空摄影任务委托书,并签订航摄协议书或合同。摄影单位要根据协议书或合同的要求制订航摄技术计划,按要求完成航空摄影的任务。所以,航空摄影的实施过程一般分为任务委托、签订合同、制订航摄技术计划、空中摄影实施、摄影处理、资料检查验收等几个主要的环节。

(一)航空摄影任务委托书的主要内容

航空摄影任务委托书的主要内容包括:根据计划测图的范围和图幅数,划定需要航摄的区域范围,按经纬度或者图幅号在计划图上标示所需航摄的区域范围,或者直接标在小比例尺的地形图上;确定航摄比例尺;根据测区地形和测图仪器,提出航空摄影机的类型、焦距、像幅的规格;对像片重叠度的要求;规定提交资料成果的内容、方式和期限。航摄资料成果包括航摄底片、航摄像片(按照合同规定应提供的份数)、像片索引图、航摄软片变形测定成果、航空摄影机鉴定表、航摄像片质量鉴定表等。

(二)航摄技术计划的主要内容

航摄技术计划的主要内容包括:搜集航摄地区已有的地形图、控制测量成果、气象等有关资料;划分航摄分区;确定航线防线及敷设航线(航线方向一般按东西向直线飞行,且一般按图廓线敷设);计算航摄所需的飞行数据和摄影数据(主要包括绝对航高、摄影航高、像片重叠度、航摄基线、航线间隔距离、航摄分区内的航线数、曝光时间间隔和像片数等);编制领航图;确定航摄的日期和时间。

(三)空中摄影实施

空中摄影应选在天空晴朗少云、能见度好、气流平稳的天气进行,摄影时间最好是中午前后的几个小时。飞机做好航空摄影各项准备工作后,依据领航图起飞进入摄区航线,按规定的曝光时间和计算的曝光间隔连续地对地面摄影,直至第一条航线拍完。然后,飞机盘旋转弯 180°进入第二条航线进行拍摄,直至一个摄影分区拍摄完毕,再按计划转入下一个摄影分区拍摄,如图 2-12 所示。

(四)摄影处理

摄影处理包括底片冲洗、正片晒印、像片索引图的拍照冲晒等工作。航空像片拍摄完后,

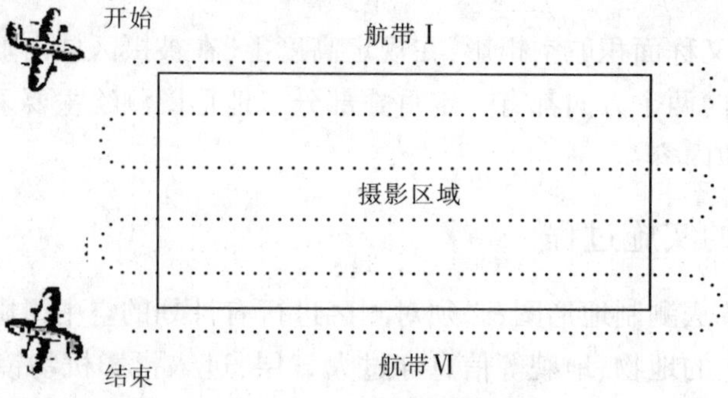

图 2-12　空中摄影略图

立即将装有底片的暗盒取出,在专用的冲印设备中进行处理,并按照相应的技术质量标准检查。一旦出现质量问题,如云层遮挡、漏拍、漏光、重叠度超限等,应马上采取重拍等补救措施。

(五)资料检查验收

按照航空摄影技术规范和航空摄影合同及航摄技术计划中的条款进行检查验收。

三、摄影测量对空中摄影的基本要求

空中摄影的成果——航空像片是摄影测量的基本原始资料,其质量的优劣,直接影响摄影测量过程的繁简、摄影测量成图的工效和精度。因此,摄影测量对空中摄影提出相应的质量要求,即摄影质量和飞行质量的基本要求。

(一)摄影质量的要求

航空像片的质量主要指影像的构像质量、几何质量和表观质量。具体表现为底片的影像密度、不均匀变形、压平质量及航空摄影机内方位元素检验精度等内容。

码 2-2　航空摄影影像质量要求

航摄像片是航测成图最基本的资料。航测成图的工作主要是通过航摄像片进行的,航摄像片的质量直接影响到成图的清晰度和速度。为此有关部门特制定了航空摄影规范作为使用部门接收航摄资料时检查质量的标准。航测成图对航摄像片的影像质量有以下要求:

(1)航摄像片的目视质量应达到影像清晰、色调一致、反差适中、灰雾小,这样才能在航外控制、调绘和航内加密、测图中准确地进行刺点、判读,获得清晰的立体模型,提高像点量测精度,保证测图质量。

(2)要求航摄像片不应有云影、雪影和阴影。云层在像片上的构像形成云影;雪影是指地面上有暂时性积雪,在航摄像片上呈现亮白色影像;阴影是指高出地面的物体在日光照射到地面上的阴暗部分在航摄像片上的构像。云影、雪影和阴影遮盖了地面的真实面貌,不能用航测方法测图,航飞时应尽量避免此类现象的发生。

(3)航摄像片不应有斑点、擦痕、折伤、发黄及药膜损伤等现象。重要地物的影像被损坏,尤其影响测图精度。

(4)要求摄影标志清晰可辨。摄影标志是指人为设置的附加物在像片上的影像。一般包括圆水准器、时钟、框标、压平线、像片号等内容。这些标志给使用像片者提供了方便,有些标志在成图过程中起着重要的作用。

(二)飞行质量的要求

航空摄影的飞行质量主要包括以下内容:

1. 像片倾斜角

所谓像片倾斜角,是指摄影机物镜主光轴与铅垂线之间的夹角,以 α 表示。以测绘地形为目的的空中摄影一般采用竖直摄影方式,要求航空摄影机在曝光瞬间物镜主光轴保持垂直于地面。实际上,由于飞机的稳定性和摄影操作的技能限制,航空摄影机主光轴在曝光时总有微小的倾斜,按规定要求像片倾斜角应小于 3°。由像片边缘的水准器影像中气泡所处位置判读其倾斜角。对无水准器记录的像片,若发现可疑情况,可在旧图上选择若干明显地物点,用摄影测量方法进行抽查。

2. 航摄比例尺与航高

当航摄像片有倾斜、地形有起伏时,航摄的比例尺是一个较为复杂的问题,将在后面详细讨论。此处航摄比例尺所指是一个近似的概念,借用地图比例尺的概念,把航摄像片上的一线段 l 与地面上相应线段 L 的水平距离之比称为航摄比例尺,即

$$\frac{1}{m}=\frac{l}{L}=\frac{f}{H} \tag{2-14}$$

式中 H——相对于测区平均水平面的航高;

f——航空摄影机主距(约等于焦距)。

航摄比例尺不是任意的,它取决于测图比例尺,大体与测图比例尺相当。

在做航摄计划时,选定了航空摄影机和航摄比例尺以后,根据式(2-14),航高 H 即已确定。飞机应按预定航高 H 飞行,其差异一般不得大于 5%,同一航线内各摄站的航高差不得大于 50 m。

3. 像片重叠度

用于地形测量的航摄像片,必须使像片覆盖整个测区,而且能够进行立体测图,相邻像片应有一定的重叠。同一条航线内相邻像片间的重叠影像称为航向重叠,相邻航线间的重叠称为旁向重叠。重叠大小用像片的重叠部分与像片边长比值的百分数表示,称为重叠度,如图 2-13 所示。

航向重叠一般规定为 60%,最小不得小于 53%,最大不得大于 75%;旁向重叠一般规定为 30%,最小不得小于 15%,最大不得大于 50%。

重叠度小于最小限定值,称为航摄漏洞,不能用正常航测方法作业,必须补飞补摄。当重叠度过大时,会造成浪费,也不利于测图。

4. 航线弯曲度

把一条航线的航摄像片根据地物影像叠拼起来,连接首尾像片主点成一条直线,同时量出其距离 D。航线中各张像片主点若不落在该直线上,航线则呈曲线状,称为航线弯曲。用其中偏离航线最大的主点距离 L(称为最大弯曲矢量)与航线长度 D 的百分比表示,称为航线弯曲度。

$$\text{航线弯曲度}=\frac{L}{D}\times 100\% \tag{2-15}$$

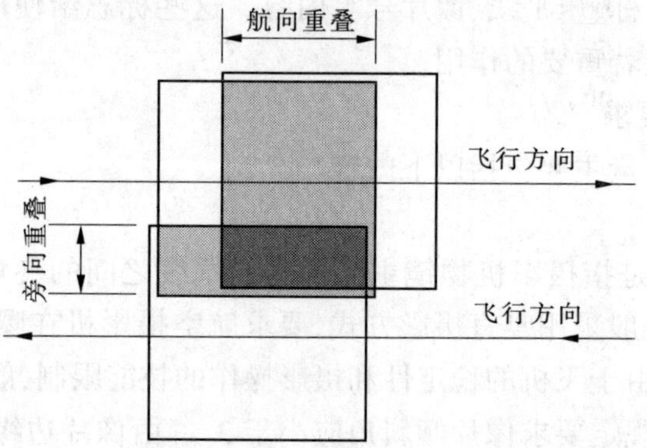

图 2-13　像片重叠

航线弯曲会影响航向重叠、旁向重叠的一致性,如果弯曲太大,则可能会产生航摄漏洞,甚至影响摄影测量的作业。因此,航线弯曲度通常不得大于 3%,如图 2-14 所示。

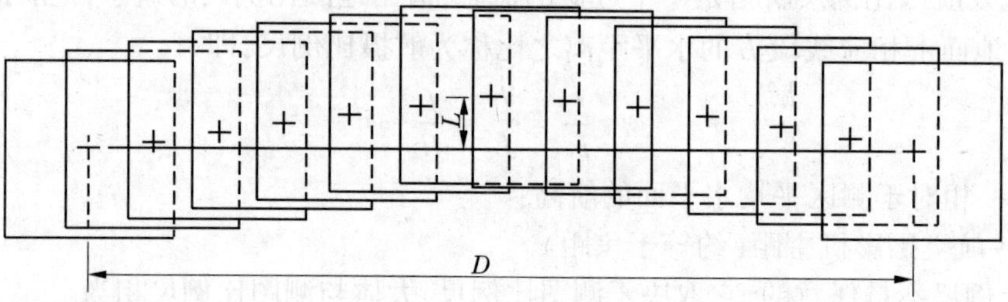

图 2-14　航线弯曲

5. 像片旋偏角

本航线中相邻像片主点的连线与同方向像片边框方向的夹角称为像片旋偏角。它是由于摄影时,航空摄影机定向不准确而产生的,旋偏角不但会影响像片的重叠度,而且还给航测内业作业增加困难。因此,像片旋偏角一般要求不得大于 6°,个别允许到 10°,如图 2-15 所示。

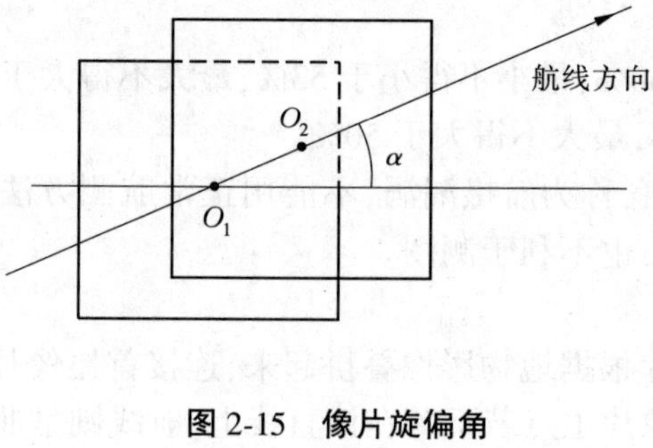

图 2-15　像片旋偏角

四、航空摄影质量的评定

空中摄影完成之后，当日应进行摄影处理，并对摄影质量进行评定。检查评定质量有如下项目：

(1)负片上影像是否清晰、框标影像是否齐全，像幅四周指示器件的影像(如水准气泡、时钟、像片号等)是否清晰可辨。

(2)由于太阳高度角的影响，地物阴影长度是否超过摄影规范的规定，地物阴暗和明亮部分的细部能否辨认清楚。

(3)航摄负片上是否存在云影、划痕、斑点、折伤和乳胶脱落等现象。

(4)负片上的黑度、影像反差、灰雾度(蒙翳)不得大于规范要求，同时是否满足影像清晰、色调一致、层次丰富、反差适中的要求。

(5)航带的直线性、航带间的平行性、像片影像的重叠度、航高差和摄影比例尺等都要检查评定，并不得超出规定的技术指标。

美丽中国

《航拍中国》

——描绘新时代大美中国的壮丽画卷

纪录片是一个国家的相册，也是形象展现国家与人民精神风貌的重要艺术形式。《航拍中国》通过国际一流的航拍呈现水准，以宏观的空中俯瞰视角和微观的人文故事讲述、温和的百姓生活观察，遨游天际，精心拍摄，聚焦大美中国、生态中国、文明中国，其市井生活的温度、人文历史的深度、自然地理风光的美度、中国式现代化的速度和力度，都得到了更充分的展现。可以说，纪录片《航拍中国》已在荧屏上绘制出一幅新时代大美中国的全景壮丽画卷，为观众展示了一个既熟悉又新鲜的美丽中国、生态中国、文明中国。

《航拍中国》以前沿顶尖的航拍技术、震撼心灵的影像之美、情景交融的中国故事，展现了江山壮丽、文明辉煌的大美中华，展现了和谐宜居、日新月异的新时代中国气象，让观众在俯瞰绿水青山、见证山河巨变中读懂文明赓续、感受时代进步、激发奋进力量。

《航拍中国》以激励中国人民的爱国主义情怀，向世界介绍新时代中国式现代化的大美中国。

五、无人机航空摄影实施

无人机航空摄影流程为：①航摄准备；②设备组装；③航摄实施；④航摄成果导出与检查。

(一)航摄准备

航摄准备包括规划任务、准备设备和检查设备。

1. 规划任务

规划任务首先要确定任务目标,然后根据成果要求编写任务设计书,确定规划用图、摄影比例尺(分辨率)、影像重叠度要求等内容。本次任务航向重叠度选择 70%、旁向重叠度选择 50%。最后依据无人机的起降条件选定尽可能开阔的场地;远离人群、高大的建筑物、机场、军事管辖区及其他敏感区域;要求地面平整、进场条件较好、视野开阔、风向有利、距离作业区域较近。禁飞区需要进行航飞空域申请。

2. 准备设备

设备准备包括无人机的选择、相机类型的选择及设备的调试。

3. 检查设备

检查电量,连接充电器,进行设备系统检查,对无人机、地面站、遥控器及周边设备进行通电检查、清点设备、装箱。

(二)设备组装

设备组装包括无人机组装、无人机检查和地面站数据连接。其中,无人机组装以旋翼无人机为例,包括机身与支臂安装、螺旋桨安装、相机安装和电池安装。

(三)航摄实施

航摄实施包括航线任务规划、起飞、执行飞行任务和降落。当进行航线任务规划时,首先确定测区范围,然后在地面站软件中绘制航线,在地图上打点选取飞行范围,正确设置航摄参数。生成航线参数以后,检查航线拍照点,选择挂载相机并进行高度检查,最后点击保存航线按钮。

(四)航摄成果导出与检查

航摄成果导出与检查包括数据导出和数据检查。数据导出是将相机照片和 POS 数据导出。数据检查包括查看照片是否完整,检查 POS 数据和影像数据个数是否一致;检查航飞有没有出现相对漏洞或绝对漏洞,对于漏洞区域,按照原先设计的参数进行补摄;查看照片是否可用,通过人眼观察,检查影像的清晰度、色调是否一致,地物颜色需要与人眼平时看到的颜色一致,地物需能够看清楚。检查影像的重叠度和姿态,可以通过软件快拼操作生成航飞质量检查报告,查看航飞成果是否合格。

单项技能训练

一、训练项目

单张像片认识。

二、训练目的

(1)能正确认识航摄像片上的各种标志。

(2)能对航空像片质量进行正确评价。

三、训练器具

铅笔、直尺、计算器。

四、训练内容

(1)对航摄像片上的各种标志进行正确认识。

(2)对航摄像片的摄影质量和飞行质量进行评价。

(3)训练课时为 2 个学时。

五、训练要求

(1)正确说出航摄像片上的各种标志。

(2)对航摄像片的摄影质量和飞行质量进行正确评价。

六、航摄像片质量评价

(一)航摄像片质量

航摄像片的质量主要指影像的构像质量、几何质量和表观质量。具体表现为底片的影像密度、不均匀变形、压平质量以及航空摄影机内方位元素检验精度等内容。

(二)航空摄影飞行质量

航空摄影飞行质量主要包括以下内容:

(1)像片倾斜角。像片倾斜角应小于 3°。由像片边缘的水准器影像中气泡所处位置判读其倾斜角。对无水准器记录的像片,若发现可疑之处,可在旧图上选择若干明显地物点,用摄影测量方法进行抽查。

(2)航摄比例尺。这里借用地图比例尺的概念,把航摄像片上一段距离与地面上相应距离之比称为航摄比例尺。

航摄比例尺不是任意的,它取决于测图比例尺,大体与测图比例尺相当。在做航摄计划时,选定了航空摄影机和航摄比例尺以后,航高即已确定。飞机应按预定航高飞行,其差异一般不得大于 5%,同一航线内各摄站的航高差不得大于 50 m。

(3)像片重叠度。航摄像片必须要有一定的影像重叠,重叠大小用像片的重叠部分与像片边长比值的百分数表示,称为重叠度。

航向重叠度:沿航向的重叠长度 P_x 与像片航向边长 L_x 之比。

旁向重叠度:沿旁向的重叠长度 P_y 与像片旁向边长 L_y 之比。

规定:航向重叠度一般规定为 60%,最小不得小于 53%,最大不得大于 75%;旁向重叠度一般规定为 30%,最小不得小于 15%,最大不得大于 50%。

七、考核方法

(一)时间要求

要求该项目训练时间为 2 个学时。

(二)操作要求

(1)能按照要求进行航摄像片的质量评价。

(2)编写实习小结应符合要求。

动手动脑

一、填空题

同一条航线内相邻像片之间的影像重叠称为(　　),一般在60%以上。相邻航线的重叠称为(　　),重叠度要求在(　　)以上。

二、名词解释

1. 航摄比例尺。

2. 像片倾斜角。

3. 航向重叠。

4. 旁向重叠。

三、简答题

1. 摄影分为哪几个过程?

2. 摄影测量对航摄资料有哪些基本要求?

3. 什么是像片重叠?为什么要求相邻像片之间及相邻航线之间的像片对有一定的重叠?

4. 用所学的知识,结合规范,对给定的航摄像片进行质量评定,并提交航摄像片质量评定报告。

项目三　单张像片解析

在测量学中,已经学习过地形图的相关知识,比如地图比例尺、地物、地貌等。

航摄像片是航空摄影测量的原始资料。摄影测量就是根据被摄物体在像片上的构像规律及物体与对应影像之间的几何和数学关系,获取被摄物体的几何和物理属性。那么,地形图与航摄像片有什么区别和联系呢?怎样来解析航摄像片呢?一起来看看吧!

项目综述

本项目所涉及的任务,是像片解析工作的基础,为像片解析工作提供了知识保证。本教学项目总学时为 12 个,由 4 个学习任务组成。通过该项目的实施,学生具有中心投影作图能力、像片方位确定能力以及由投影差反算地面物体高度的能力。

该部分内容共分为 4 个任务:①航摄像片投影;②像片方位确定;③像点与地面点坐标关系建立;④像点位移。

教学目标

1. 知识目标

掌握投影的概念;掌握透视变换中特殊点、线、面;掌握中心投影作图法;掌握像方及物方空间坐标系;掌握像片内、外方位元素;掌握共线方程;掌握像点倾斜误差和投影差的概念及特性。

2. 技能目标

能进行像片方位确定;能根据投影差反算地面物体高度。

3. 思政目标

透过像片定位、投影误差的现象,深刻体会定好人生方位的本质。

任务一　航摄像片投影

任务描述

一、学习型工作任务

通过比较地形图和航摄像片的区别,了解航摄像片的投影性质;通过学习透视变换中的特殊点、线、面,能进行中心投影作图。

二、教学目标

(一)知识目标

(1)掌握投影的概念。

(2)掌握透视变换中的特殊点、线、面。

(3)掌握中心投影作图法。

(二)技能目标

能进行中心投影作图。

(三)态度目标

(1)培养学生团结协作、爱岗敬业的职业道德。

(2)培养学生吃苦耐劳、认真细致的职业精神。

三、教学组织设计

(1)学生角色:扮演摄影测量作业员。

(2)教学情景:由企业提供航空摄影资料,学生根据这些数据资料学习航空摄影与地形图投影性质的区别,透视变换中特殊点、线、面以及中心投影作图法。

(3)教学材料:教学课件、航摄像片、直尺、航空摄影测量规范。

(4)教学内容过程设计:首先教师在课堂上讲授投影、透视变换中特殊点、线、面及中心投影作图法,并结合航摄像片指导学生了解中心投影和垂直投影的区别,学会利用中心投影特征及透视变换中特殊点、线、面进行中心投影作图。

由学生编写单张像片解析的成果报告,教师根据上交的成果情况,给予评价。

四、其他说明

在教学组织过程中,教师引导学生在概念认识的基础上进行相互答疑,并对其效果进行评定。

相关知识

一、航摄像片投影是地面的中心投影

(一)投影

1. 基本概念

投影是日常生活中一种常见的现象,如"形影不离""立竿见影"。例如,在阳光照射下使一个物体在地面上形成阴影,幻灯机将图片投影在银幕上等。

在摄影测量学范围内,通常是把一个空间点在一个平面上按一定方式构像,这一过程称为投影。被投影的空间点称为物点,物点在构像平面上所对应的构像称为像点,物点与像点的连线称为投射线,承载像点的平面称为承影面或像面。有时把像点也称为投影,实际上是指这一过程的结果。

2. 平行投影与中心投影

比较图 3-1 中(a)、(b),可以看出其投影方式是不同的。

图 3-1(a)中由于太阳距离地球很远,照射到物体上的光线实际上是互相平等的。这种投射线互相平行的投影称为平行投影。平行投影中有一特例,即投射线与承影面垂直,这时的平行投影称为垂直投影。

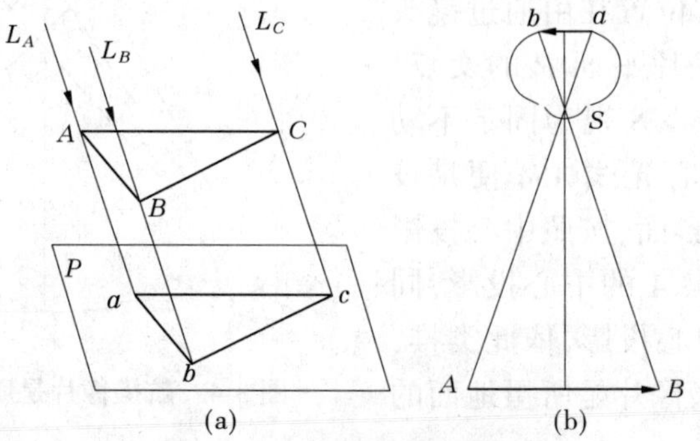

图 3-1　平行投影与中心投影

图 3-1(b)中所有的投射线都通过一个固定点 S。这种投射线(或其延长线)都通过一个固定点的投影叫作中心投影。固定点 S 称为投影中心。这时所有的投射线构成了一个以投影中心为顶点的光束。

按照上述定义,中心投影时,像点、物点、投影中心三点的相关位置可以有如下三种情况:

(1)像点位于物点和投影中心之间。

(2)物点位于像点和投影中心之间。

(3)投影中心位于物点和像点之间。

如图 3-2 所示是第一种情况。但是,不论是哪一种情况,像点、物点和投影中心三点都是共线的,这是中心投影中一个十分重要的概念。

在航空摄影测量学中还常常用到阴位的概念。其含义是当投影中心位于物和像之间时,称像片处于阴位。如图 3-3 所示,如果把阴位像片绕摄影主光轴(通过投影中心 S 且垂直于像面 P 的直线)旋转 180°,并沿摄影主光轴把像片平移到投影中心与被摄物体之间,使

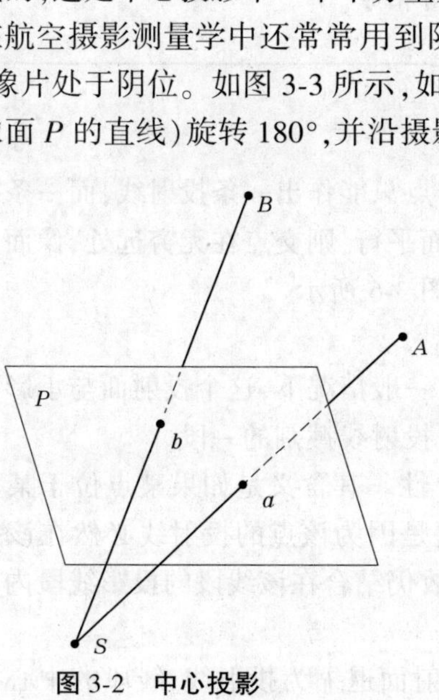

图 3-2　中心投影

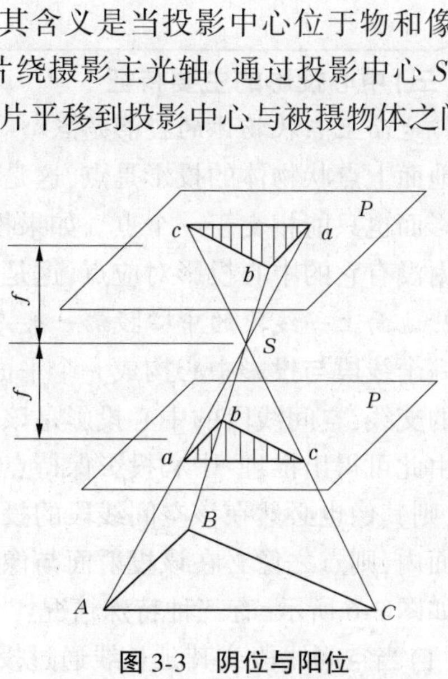

图 3-3　阴位与阳位

之距投影中心 S 的距离与阴位时相同,这时则称像片处于阳位。显然,空间物体在阴位和阳位像片上的构像是相同的。

(二)航摄像片是所摄地面的中心投影

在航空摄影过程中,摄影机曝光瞬间,由地面上物点 A 反射的光线,经镜头成像后在底片上获得影像 a,其位置在由通过镜头中心 S 的光线 ASa 与底片平面 P 的交点。如果把曝光瞬间镜头中心 S 视为固定不动的,S 即为投影中心,中心光线 ASa 便是投射线,底片平面 P 是承影面,按照中心投影的定义,a 点应是地面点 A 的中心投影,同理 b 点是地面点 B 的中心投影,依此类推,因此有理由说:整张航摄像片是所摄地面的中心投影,如图 3-4 所示。

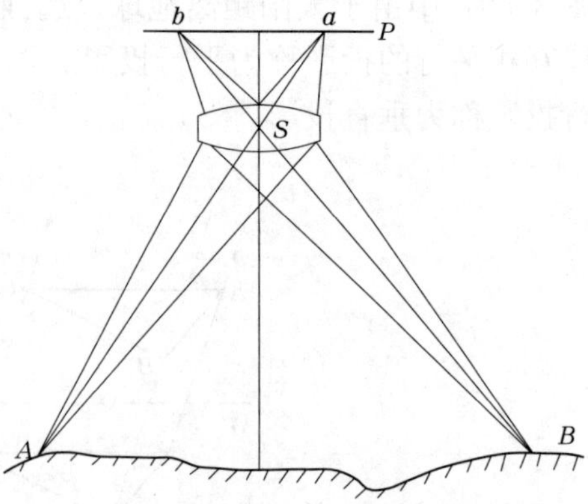

图 3-4 航摄像片是所摄地面的中心投影

众所周知,地形图是地面在水平面上的垂直投影。中心投影与垂直投影两种不同的投影方式就成了航摄像片与地形图各种差异的根源,而如何将中心投影的航摄像片转化为垂直投影的地形图也就成了摄影测量学的主要任务。

科学世界

通过《测量学》中的定义,地形图是测区在水平面(小范围内视大地水准面为平面)上的正射投影按照地图比例尺缩小在图面上而得的,其典型特征是:图上任意两点间的距离与相应地面点的水平距离之比为一常数(图比例尺),图上任意一点引出的两方向线的夹角与地面上对应的水平角相等。

(三)中心投影的主要特征

1. 地面上点状物体的投影是点

地面上点状物体的投影是点,这是因为通过一个点只能作出一条投射线,而一条投射线与承影面也只能相交于一个点。如果投射线与承影面平行,则交点在无穷远处,像面上有限范围内没有它的中心投影对应点,这是一个特例,如图 3-5 所示。

2. 地面上一线段的中心投影一般是线段

一个线段与投影中心构成一个平面——投射面,一般情况下,这个投射面与承影面将有唯一的交线,空间线段的中心投影是该交线上由端点投射线截割的一段。

由此可得出推理:中心投影保持点与直线的结合性。其含义是如果某点位于某空间线段上,则其像也必然在该空间线段的投影线段上。这是因为该点的投射线必然在该线段的投射面内,则点之像必在该投射面与像面的交线内,故仍结合在该线段的投影线段内。

如图 3-6 所示,有三种特殊情况:

(1)当空间线段或其延长线通过投影中心时,投射面退缩为投射线,线段的中心投影退缩为一个点。

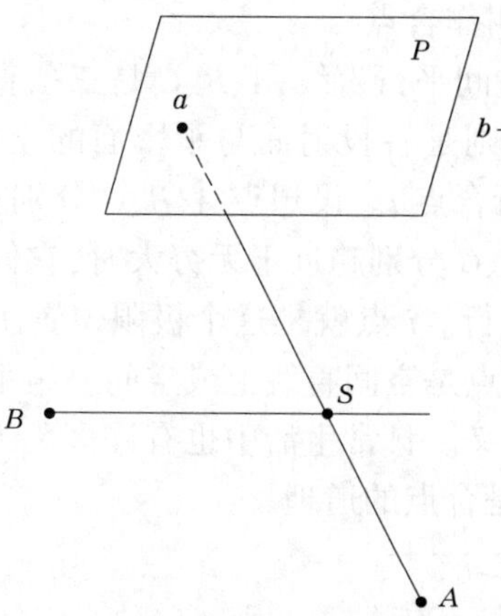

图 3-5 点状物体的投影

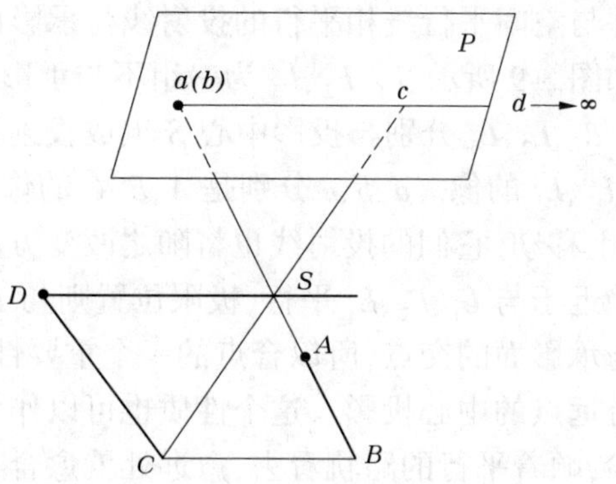

图 3-6 线段的中心投影

(2) 当空间线段两端点之一的投射线与像面平行时，线段的中心投影变为半直线。

(3) 当空间线段的投射面与承影面平行时，线段的中心投影位于无穷远处，不再是一个有限线段。

3. 地面上相交线段的中心投影一般是相交线段

由于中心投影保持点与直线的结合性，所以相交线段交点的像仍然位于各相交线段的投影线段上，因而它必然是各投影线段的交点，即相交线段的中心投影一般是相交线段。一般相交线段的中心投影如图 3-7 所示。

如果各相交线段只能选定一个投射面，即相交线段所在的平面包含投影中心，则相交线段的中心投影退缩为同一直线上的线段而不再相交。

另一个重要的特殊情况是，如果相交线段交点 K 的投射线与承影面平行，则相交线段的中心投影是一组平行的半直线（且与投射线 KS 平行），如图 3-8 所示，交点 K 称为灭点。

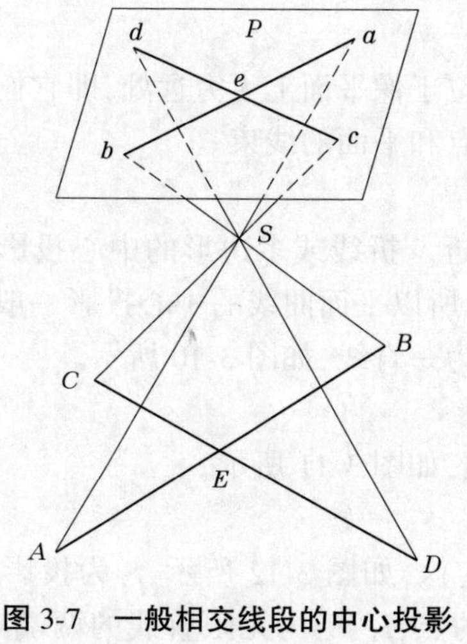

图 3-7 一般相交线段的中心投影

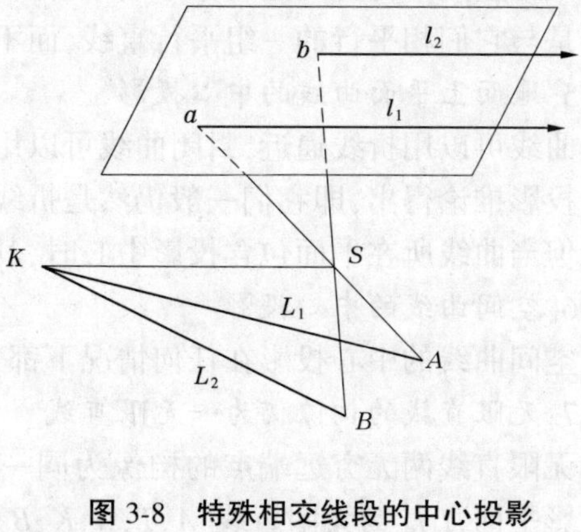

图 3-8 特殊相交线段的中心投影

4. 空间一组不与承影面平行的平行直线的中心投影

空间一组不与承影面平行的平行直线，其中心投影为一平面线束，线束的顶点是过投影中心并与空间平行线相平行的投射线与承影面的交点,叫作合点。

如图3-9所示,L_1、L_2、L_3 为一组不与承影面平行的空间平行直线,A、B、C 是三条直线上的点。L_1、L_2、L_3 分别与投影中心 S 组成投射面,l_1、l_2、l_3 则是各投射面与承影面的交线,即为 L_1、L_2、L_3 的像。a、b、c 分别是 A、B、C 的像。现在分析合点 i。设想点 A、B、C 分别在 L_1、L_2、L_3 上移动,它们的投射线也将随之改变方向。当 A、B、C 分别趋近于无穷大时,它们的投射线趋近于与 L_1、L_2、L_3 平行,极限位置则与 L_1、L_2、L_3 平行。i 点就是这个极限位置上的投射线与承影面的交点,所以合点的一个重要性质便是:合点是空间直线上或空间一组平行线上无穷远点的中心投影。这个性质也可以作为合点的定义。日常生活中也有许多关于合点的体验,顺着平行的路轨看去,愈远处就愈合在一起,就是合点的道理。

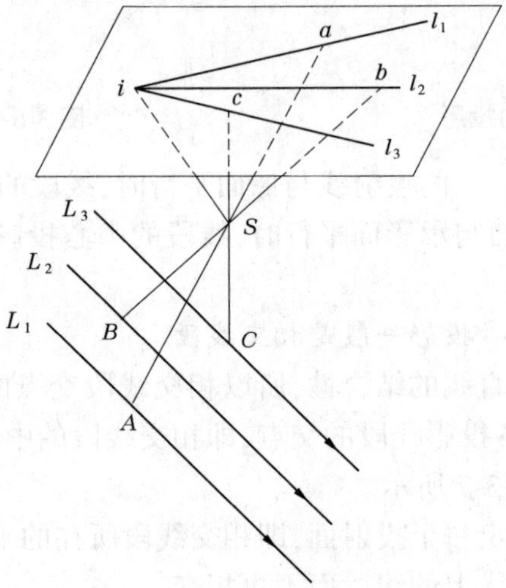

图3-9　空间一组不与承影面平行的平行直线的中心投影

合点的求法,原则上是过投影中心作空间直线或空间一组平行直线的平行线,即投射线,再求其与像平面的交点。

如果空间平行直线是与像平面平行的,则其合点位于像平面上无穷远处,即它们的中心投影是与它们相平行的一组平行直线,而不再是有顶点和平面的线束。

5. 地面上平面曲线的中心投影

曲线可以用折线逼近,封闭曲线可以用多边形逼近。折线或多边形的中心投影可以由线段投影推论得出,即它们一般仍然是折线或多边形,所以平面曲线的中心投影一般仍为曲线。但当曲线所在平面包含投影中心时,其中心投影为一直线,如图3-10所示。

6. 空间曲线的中心投影

空间曲线的中心投影在任何情况下都是平面曲线,如图3-11所示。

7. 无限直线的构像仍为一无限直线

无限直线两无穷远端点的构像为同一像点(合点)。如图3-12所示,S 为投影中心,P 为投影平面,I_1I_2 为无限直线,A、T、N、K、B 为直线上的点,I_1、I_2 为无限直线的两端点,在无穷远处。因点 I_1 位于无穷远处,投影光线 I_1S 必与无限直线平行,故过投影中心 S 作 I_1I_2 的平行线,交投影平面 P 于 i,此交点 i 即为无穷远点 I_1 的构像;依次 a 为 A 的构像,t 为 T 的构像(两点重合),n 为 N 的构像,而投影光线 SK 平行于投影面,故 K 的构像为像片上的无

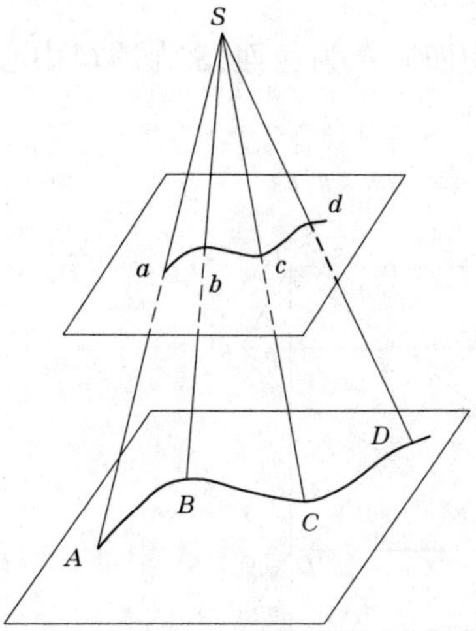

图 3-10 地面上平面曲线的中心投影

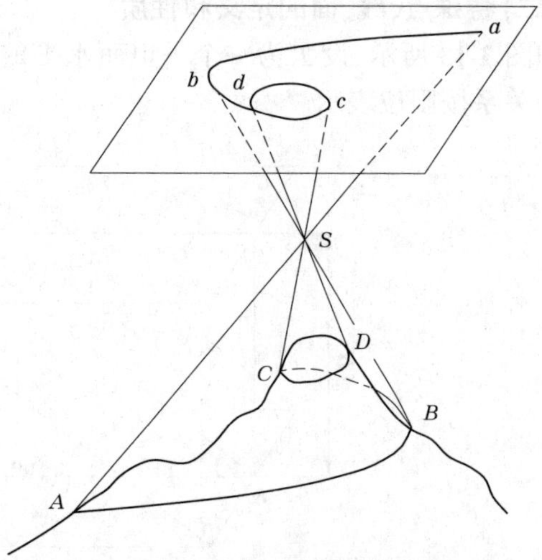

图 3-11 空间曲线的中心投影

穷远点 k_1。因点 I_2 位于无穷远处，投影光线 I_2S 亦与无限直线平行，故 I_2 的构像亦必为点 i，依次 B 的构像为 b，K 的构像为无穷远点 k_2。由此得出结论：无限直线 I_1I_2 的构像是无限直线 k_1k_2，无限直线两无穷远端点 I_1、I_2 的构像为同一点 i。图 3-12 含阴位和阳位两部分。

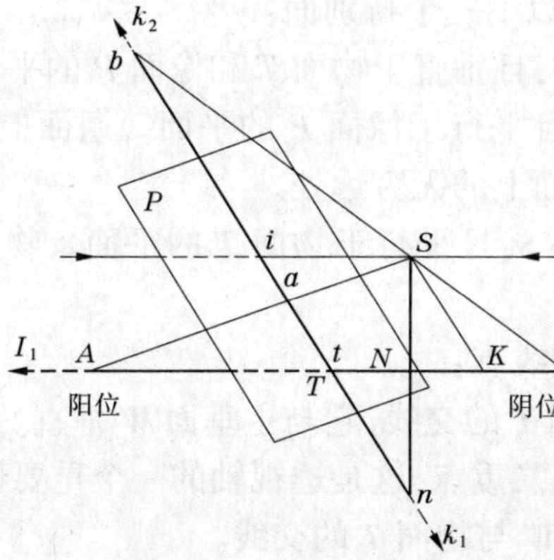

图 3-12 无限直线的构像

二、透视变换中的特殊点、线、面

(一)透视变换

航摄像片是地面的中心投影，像片上的像点与地面点之间存在着一一对应的关系，这种对应关系称为透视对应(或投影对应)。在透视对应的条件下，像点与物点之间的变换称为透视变换(或投影变换)。例如，航空摄影是地面向像面的透视变换，而利用像片确定地面点的位置则是像面向地面的透视变换。像面和地面是互为透视(投影)的两个平面，投影中心就是透视中心。

(二)特殊点、线、面的定义和性质

如图 3-13 所示,设 T 为一个平坦而水平的地面(物面),P 为像面,S 为透视中心,三者之间的关系按阳位表示。

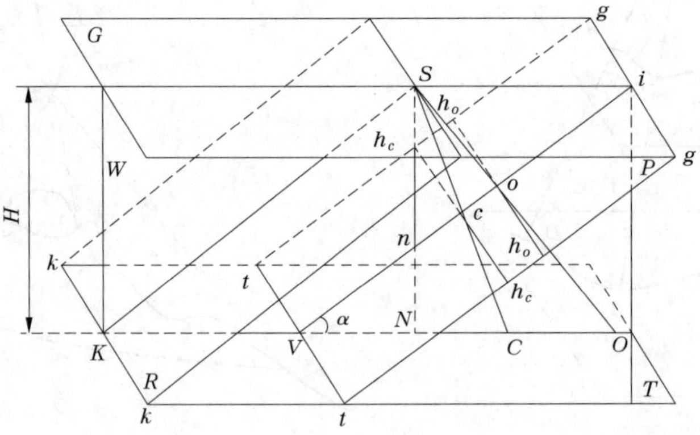

图 3-13 透视变换中的特殊点、线、面

像面 P 与地面 T 的夹角 α 代表了像面的空间姿态,称为像片倾斜角。透视中心 S 到像面 P 的垂直距离为 f,航测中称其为像片主距。透视中心 S 到物面 T 的垂直距离为 H,航测中称其为相对航高。α、f、H 是确定 S、P、T 三者之间状态的基本要素。

除像面 P 和物面 T 外,还有以下三个特别面:

(1)主垂面 W:过透视中心 S,且垂直于物面 T 和像面 P 的平面。

(2)遁面 R:过透视中心 S,且平行于像面 P 的平面。遁面上的点的投射线都与像面 P 平行,所以遁面上的点透视在像面上的无穷远处。

(3)真水平面 G:过透视中心 S,且平行于物面 T 的平面。物面上无穷远点的投射线都在真水平面上。

透视变换中的特别点和特别线有:

(1)透视轴 tt:像面 P 与物面 T 的交线,它与主垂面 W 垂直。透视轴上的点既是物点又是像点,具有两重性,称为迹点或二重点,这是透视轴的一个重要性质。透视轴又叫迹线。

(2)基本方向线 KV:主垂面 W 与物面 T 的交线。

(3)主纵线 iV:主垂面 W 与像面 P 的交线。

(4)真水平线 gg:真水平面 G 与像面 P 的交线。真水平线上的点的投影,在物面上的无穷远处。

(5)灭线 kk:遁面 R 与物面 T 的交线。灭线上点的透视,在像面上无穷远处。

(6)摄影方向线 So:过透视中心 S,且垂直于像面 P 的方向线。摄影方向线在主垂面内,摄影方向线有时也叫摄影轴。

(7)主垂线 Sn:过透视中心 S,且与物面 T 相垂直的直线。

(8)像主点 o:摄影方向线与像面 P 的交点。

(9)地主点 O:摄影方向线与物面 T 的交点。

(10)像底点 n:主垂线与像面 P 的交点。显然,像底点 n 是所有与物面 T 相垂直的空间直线的合点,它们在像面上的像是一组以像底点 n 为中心的辐射线。

(11)地底点 N:过透视中心 S,且与物面 T 相垂直的直线(主垂线)与物面 T 的交点。

(12)像等角点 c:摄影方向线 So 与主垂线 SN 之间的夹角即为像片倾斜角 α,过透视中心 S 作 α 角的平分线与像面 P 的交点。

(13)地等角点 C:过透视中心 S 作 α 角的平分线与物面 T 的交点。

(14)主合点 i:真水平线 gg 与主纵线 iV 的交点。所有与基本方向线平行的物面直线,在像面上的透视,都要通过主合点。

(15)主灭点 K:灭线 kk 和基本方向线 KV 的交点,或过透视中心 S 作主纵线 iV 的平行线与物面 T(灭线 kk、基本方向线 KV)的交点。显然,所有与主纵线 iV 平行的像面直线,在物面上的投影,都要通过主灭点。

(16)主迹点 V:透视轴 tt 和基本方向线 KV 的交点,也是透视轴 tt 和主纵线 KV 的交点。

(17)迹点:透视轴 tt 上主迹点以外的点。

(18)灭点:灭线 kk 上主灭点以外的点。

(19)主横线 h_oh_o:像面上过主点 o 且垂直于主纵线的直线。

(20)等比线 h_ch_c:像面上过等角点 c 且垂直于主纵线的直线。

(21)像水平线:像面上与主纵线 iV 垂直的所有直线。

因此,也可以说主横线是过主点的像水平线,等比线是过等角点的像水平线,直水平线是过主合点的像水平线。

(三)主垂面内的几何关系

以上共涉及 P、T、W、G、R 5 个平面,其中 W、G、R 是特殊面,涉及 KV、iV、gg、h_0h_0、h_ch_c、tt、kk 7 条特殊线,以及 K、V、N、C、O 和 n、c、o、i 9 个特殊点。对它们的定义要十分熟悉,而关于它们的性质和作用要逐渐掌握。其中,最常用的是主垂面内的简单几何关系,如图 3-14 所示。

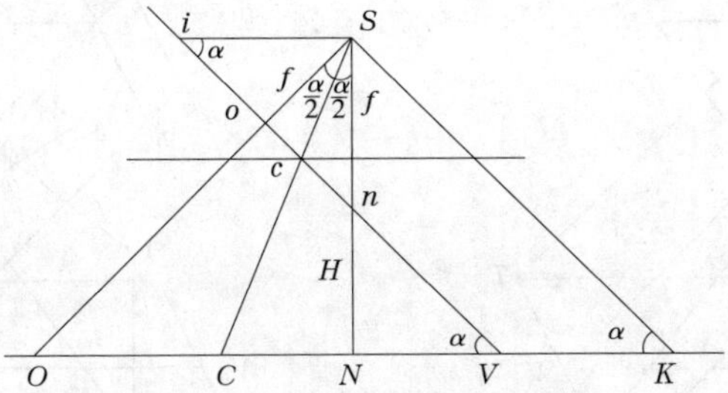

图 3-14 主垂面内的几何关系

图 3-14 中,有 3 个相似的等腰三角形 $\triangle iSc$、$\triangle VCc$、$\triangle KSC$,它们的顶角都是 α;一个平行四边形 $SiVK$,称为透视平行四边形,它的两个边 iS 和 iV 在透视变换中具有十分重要的意义,称为透视常数。

此外,还有如下一些简单的数学关系,也应当熟记并能运用自如。

$$\left.\begin{aligned} iS = KV = ic = \frac{f}{\sin\alpha} \\ iV = SK = KC = \frac{H}{\sin\alpha} \end{aligned}\right\} \tag{3-1}$$

像片处于阳位时,得

$$Vc = VC = iV - Is = \frac{H - f}{\sin\alpha} \quad (3\text{-}2)$$

像片处于阴位时,得

$$Vc = VC = iV + Is = \frac{H + f}{\sin\alpha} \quad (3\text{-}3)$$

(四)中心投影作图法

根据中心投影的特性及特殊点、线、面的性质,按照一定规律可作出物面上的点或线在像面上的投影,这种作图方法称为中心投影作图法。下面介绍两种作图法。

1. 地面上点的中心投影作图法

如图3-15所示,已知地面E、像面P、投影中心S、迹线TT、主纵线VV、基本方向线V_0V_0,求地面点A在像面上的构像,其作图方法如下。

(1)求主合点I:过投影中心S作平行于基本方向线V_0V_0的直线交主纵线VV于I,交点I即为主合点。

(2)求迹点t_a:过地面点A作平行于基本方向线的直线交迹线TT于t_a,交点t_a即为迹点。

(3)求延长线的像:在像面上连接It_a,则该连线为At_a(由t_a向左无穷远射线)的像。

(4)求A点的像:连接SA与It_a相交,则交点a即为地面点A在像面上的构像。

2. 地面上铅垂线的中心投影作图法

如图3-16所示,已知地面E、像面P、投影中心S、迹线TT、主纵线VV、基本方向线V_0V_0,求垂直于地平面的铅垂线AB在像面上的构像,其作图方法如下。

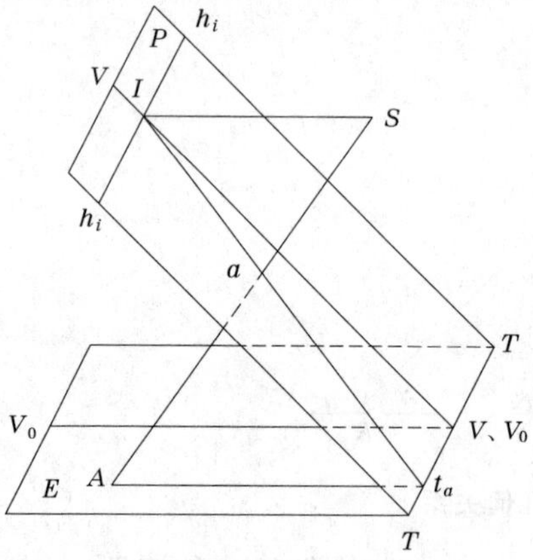

图3-15 点的中心投影作图法

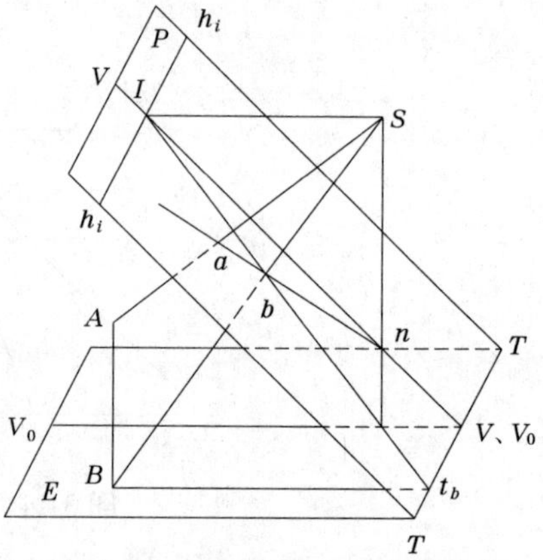

图3-16 铅垂线的中心投影作图法

(1)求构象b:按点的中心投影作图法求出位于地面上的铅垂线的端点B的构像b。

(2)求铅垂线的合点n:过投影中心S作铅垂线Sn交主纵线VV于n点,n点即为铅垂线的合点,该合点就是像底点,因一切空间铅垂线的合点就是像底点。

(3)求铅垂线延长线的像:连接像面上nb两点并延长,即为铅垂线AB延长线的构像。

(4)求铅垂线AB的像:连接AS交nb延长线于a点,连接ab,则线段ab即为铅垂线AB在像面上的构像。

动手动脑

1. 简述地形图与航摄像片的区别。

2. 简述中心投影的特征。

3. 试作图说明透视变换中特殊点、线、面。

任务二　像片方位确定

任务描述

一、学习型工作任务

通过学习摄影测量中常用的坐标系,认识像方及物方空间坐标系,并学习建立像片框标坐标系的方法。

通过学习像片内、外方位元素,学会确定像片方位的方法。

二、教学目标

(一)知识目标

(1)掌握像方及物方空间坐标系。

(2)掌握像片内、外方位元素。

(二)技能目标

(1)能建立像片框标坐标系。

(2)能进行像片方位确定。

(三)态度目标

(1)培养学生团结协作、爱岗敬业的职业道德。

(2)培养学生吃苦耐劳、认真细致的职业精神。

三、教学组织设计

(1)学生角色:扮演摄影测量作业员。

(2)教学情景:由企业提供航空摄影资料,学生根据这些相关数据资料认识像方及物方空间坐标系,并学会在航摄像片上进行像片框标坐标系的建立。然后认识像方内、外方位元素。

(3)教学材料:教学课件、航摄像片、直尺、航空摄影测量规范。

(4)教学内容过程设计:首先教师在课堂上讲授像方及物方空间坐标系,并结合航摄像片指导学生建立像片框标坐标系。然后,利用教学课件讲授像片内、外方位元素的概念及包含的内容,指导学生进行像片方位确定。

由学生编写单张像片解析的成果报告,教师根据上交的成果情况,给予评价。

四、其他说明

在教学组织过程中,教师必须引导学生在概念认识的基础上进行相互答疑,并对其效果进行评定。

相关知识

一、摄影测量常用的坐标系

摄影测量几何处理的任务是根据像片上像点的位置确定相应地面点的空间位置,因此首先必须选取适当的坐标系来定量描述像点和地面点,然后才能实现坐标系的转换,从像方测量值求出相应点在物方的坐标。摄影测量中常用的坐标系有两大类:一类是用于描述像点的位置,称为像方坐标系;另一类是描述地面点的位置,称为物方坐标系。

(一)像方坐标系

1. 像平面坐标系

像平面坐标系是在像片平面内定义的右手直角坐标系,用以表示像点在像平面内的位置。其坐标原点定义为像主点 o,一般以航线方向的一对框标连线为 x 轴,记为 $o\text{-}xy$,如图 3-17 所示。如果用立体(或单像)坐标量测仪量测出某一像点 a 在坐标系 $o\text{-}xy$ 中的坐标为 (x_a, y_a),便确定了该像点 a 在此像片上的位置。

码 3-1　摄影测量坐标系

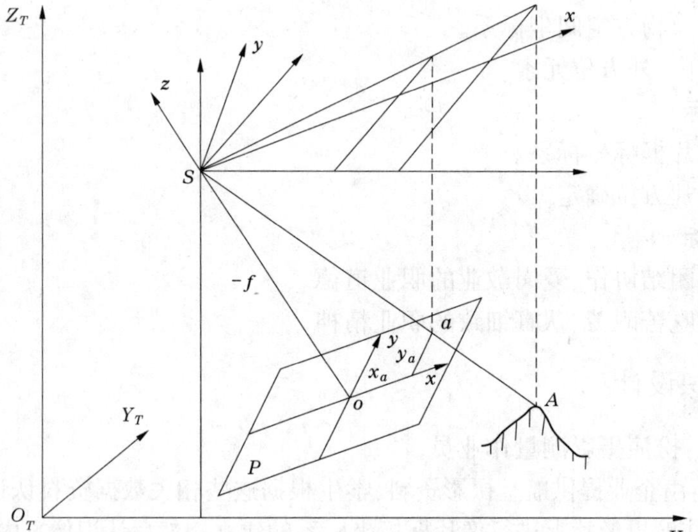

图 3-17　像平面坐标系

有的航摄像片的框标设在像片的四角,这时可在航线方向上任意选定一方向线作为 x 轴。

2. 像空间坐标系

像空间坐标系是用来表示点在像方空间位置的右手空间直角坐标系。其坐标系原点定

义在投影中心 S,其 x、y 轴分别与像平面坐标系的相应轴平行,z 轴与摄影方向线 S_o 重合,其正方向按右手规则确定,向上为正。在图 3-17 中,将像空间坐标系表示为 $S-xyz$。由于航摄仪主距是一个固定的常数 f,所以一旦量测出某一像点的像平面坐标值(x,y),则该像点在像空间坐标系中的坐标也就随之确定了,即为$(x,y,-f)$。

科学世界

像空间坐标系随着每张像片的摄影瞬间空间位置而定,因此不同航摄像片的像空间坐标系是不统一的。

像点的像空间坐标可以直接由像平面坐标求得,但由于各像片的像空间坐标系是不统一的,这给计算带来困难。因此,需要建立一种相对统一的坐标系,称为像空间辅助坐标系。

(二)物方坐标系

1. 摄影测量坐标系

摄影测量坐标系简称摄测坐标系,也是一种右手空间直角坐标系,用以表示模型空间中各点的相关位置。坐标系的原点和坐标轴方向的选择根据实际讨论的问题而异,但在一般情况下,原点选在某一摄站或某一已知点上,坐标系横轴(X 轴)大体与航线方向一致,坐标系竖轴(Z 轴)向上为正。

2. 地面辅助坐标系

地面辅助坐标系是摄影测量计算中经常用的一种过渡性的地面坐标系,采用右手空间直角坐标系。其坐标原点可选在任一已知的地面点;其 X 轴的方向可按需要而定,其选择是比较灵活的;但其 Z 轴必须处于铅垂的方向上,即坐标平面 XY 为通过坐标原点的水平面。地面辅助坐标系在图 3-17 中表示为 $O_T-X_TY_TZ_T$。

3. 大地坐标系

以上介绍的 4 种坐标系均为右手直角坐标系,而大地坐标系则为左手直角坐标系。这里讨论的大地坐标系是指高斯平面直角坐标系,高程则以我国黄海高程系统为标准。它的纵轴指向正北方向,用 X_G 表示,横轴用 Y_G 表示,竖轴(高程)用 Z_G 表示。地面点在大地坐标系 $O_G-X_GY_GZ_G$ 中的坐标可表示为(X_G,Y_G,Z_G),如图 3-18 所示。

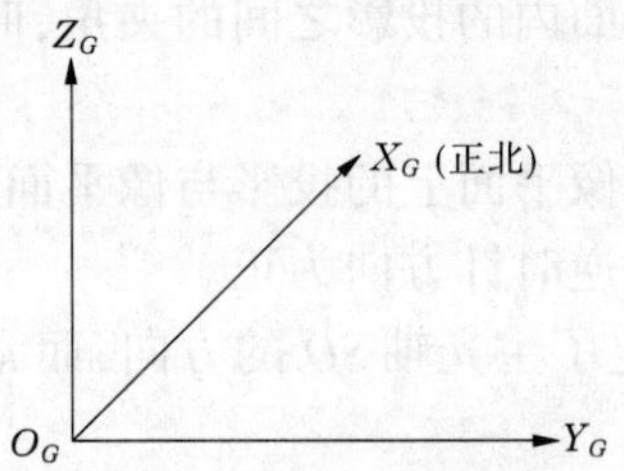

图 3-18 大地坐标系

二、航摄像片的内外方位元素

在摄影测量过程中,需要定量描述摄影机的姿态和空间位置,从而确定所摄像片与地面之间的几何关系。这种描述摄影机(含航摄像片)姿态的参数叫作方位元素。依其作用不同可分两类:一类是用以确定投影中心对像片的相对位置,叫作像片的内方位元素;另一类是用以确定像片及投影中心(或像空间坐标系)在物空间坐标系(通常为地面辅助坐标系)中的方位,叫作像片的外方位元素。

(一)内方位元素

投影中心 S 对所摄像片的相对位置叫作像片的内方位。

确定航摄像片内方位的必要参数叫作航摄像片的内方位元素。

航摄像片的内方位元素:像片主距 f,像主点在像片框标坐标系中的坐标(x_o、y_o)。

从图 3-19 中不难看出,f、x_o、y_o 中任一元素改变,S 与 P 的相对位置就会改变,摄影光束(或投影光束)也随之改变。所以也可以说,内方位元素的作用在于表示摄影光束的形状,在投影的情况下,恢复内方位就是恢复摄影光束的形状。

在航摄机的设计中,要求像主点与框标坐标系的原点重合,即尽量使 $x_o=y_o=0$。实际上由于摄影机装配中的误差,x_o、y_o 常为一微小值而不为0。内方位元素值通常是已知的,可在航摄机检定表中查出。

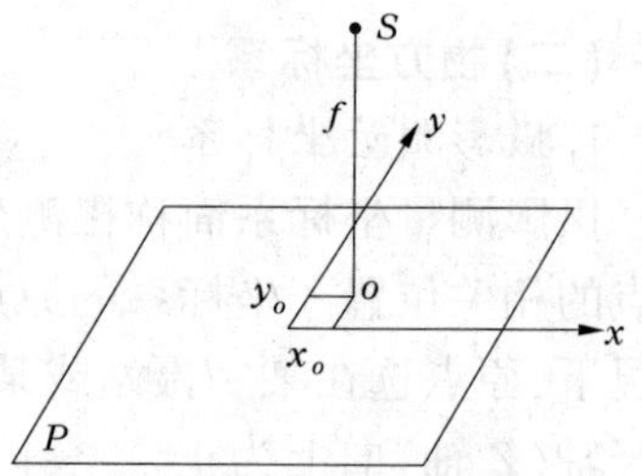

图 3-19 内方位元素

(二)外方位元素

确定航摄像片(或摄影光束)在地面辅助坐标系中的方位所需的元素,叫作该像片的外方位元素。

为了确定摄影光束在地面辅助坐标系中的位置,需要有3个线元素和3个角元素,共需6个元素。其中,3个线元素是投影中心 S 在地面辅助坐标系(简称地辅坐标系)中的坐标(X_S,Y_S,Z_S),用来确定摄影光束顶点在地面辅助坐标系中的空间位置;3个角元素用来确定摄影光束在地面辅助坐标系中的姿态。这些角元素的表示方式有很多种,下面介绍3种角元素系统。

1. $\varphi-\omega-\kappa$ 系统

在图 3-20 中,$S-xyz$ 为像空间坐标系,而 $O_T-X_TY_TZ_T$ 为地面辅助坐标系。作投影测量坐标系 $S-XYZ$,使其各轴与地辅坐标系各轴平行,则三个角元素的定义如下:

φ:主光轴 SO 在 XZ 坐标面内的投影与过投影中心的铅垂线之间的夹角,叫作偏角。从铅垂线起算,逆时针方向为正。

ω:主光轴 SO 与其在 XZ 坐标面内的投影之间的夹角,叫作倾角。从主光轴在 XZ 面上的投影起算,逆时针方向为正。

κ:Y 轴沿主光轴 SO 的方向在像平面上的投影与像平面坐标的 y 轴之间的夹角,叫作旋角。从 Y 轴在像片上的投影起算,逆时针方向为正。

3个角元素中 φ 和 ω 共同确定了主光轴 SO 的方向,而 κ 则用来确定像片在像平面内的方位,即光束绕主光轴的旋转。

2. $\omega'-\varphi'-\kappa'$ 系统

参照图 3-20,第二种角方位元素的定义如下:

ω':主光轴 SO 在 YZ 坐标面内的投影与过投影中心的铅垂线之间的夹角,叫作倾角。

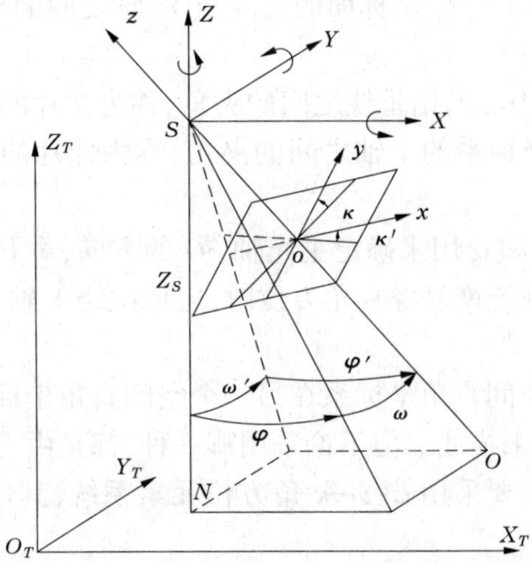

图 3-20　φ-ω-κ 系统

从铅垂线起算,逆时针方向为正。

φ′:主光轴 SO 与其在 YZ 面内的投影之间的夹角,叫作偏角。从主光轴在 YZ 面上的投影起算,逆时针方向为正。

κ′:X 轴在像平面上的投影与像平面坐标系的 x 轴之间的夹角,叫作旋角。从 X 轴的投影起算,逆时针方向为正。

科学世界

转角的正负号,国际上规定绕轴逆时针旋转(从旋转轴的正向的一端面对着坐标原点看)为正,反之为负。我国习惯上规定 φ 角顺时针方向旋转为正,ω、κ 角逆时针方向旋转为正。

与第一种角元素系统相仿,ω′和 φ′用来确定主光轴 SO 的方向,κ′用来确定像片(光束)绕主光轴的旋转。利用 ω′-φ′-κ′系统恢复像片在空间的角方位时,应以 X 坐标轴作为第一旋转轴(主轴),Y 坐标轴作为第二旋转轴(副轴),即依次绕 X 轴、Y 轴、Z 轴分别连续旋转 ω′、φ′和 κ′角来实现。

3. $t-\alpha-\kappa_v$ 系统

角方位元素 $t-\alpha-\kappa_v$ 系统的定义表示于图 3-21 中。

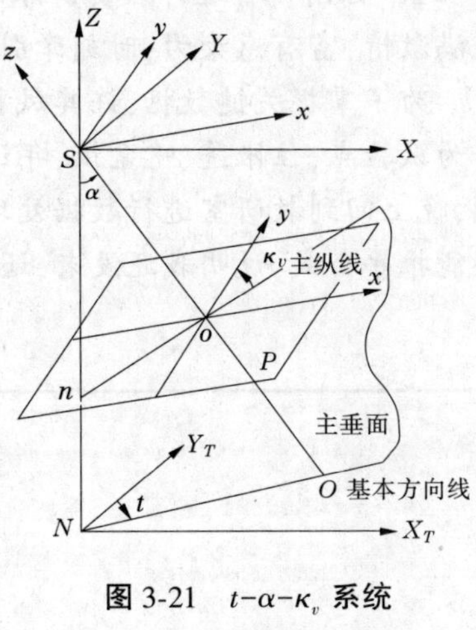

图 3-21　$t-\alpha-\kappa_v$ 系统

t:主垂面与地辅坐标系的 X_TY_T 坐标面的交线与 Y_T 轴之间的夹角,叫作主垂面方向角。从 Y_T 轴起算,顺时针方向为正。

α:主光轴 SO 与过投影中心的铅垂线之间的夹角,称为像片的倾斜角。此角恒取正值。

κ_v:像主纵线与像平面坐标系的 y 轴之间的夹角,称为像片的旋角。从主纵线起算,逆时针方向为正。

与前两种角元素相仿,t 和 α 用来确定主光轴 SO 的方向,κ_v 用来确定像片(光束)绕主光轴的旋转。利用 t-α-κ_v 系统恢复像片角方位时,应依次绕 Y 轴、X 轴、Z 轴分别旋转 t、α、κ_v 角来实现。

需明确指出,任何一个空间直角坐标系在另一个空间直角坐标系中的角方位,都可采用上述三种系统中的任何一种来描述。但不论采用哪一种,都是由三个独立的角元素确定的。

在本书后面的叙述中,主要采用 φ-ω-κ 角方位元素系统,其他角方位元素系统则较少使用。

在以前的航测学教材中,φ-ω-κ 系统曾表述为 α_x-ω-κ 系统,而 ω'-φ'-κ'系统曾表述为 α_y-φ-κ'系统,它们在本质上是相同的。

院士墙

定好人生方位——许其凤

测量的本质即规避错误,削弱误差,明确定位,人生又何尝不是如此。

许其凤院士给自己的人生做了一个定位,那就是站好"三尺"讲台,当好一名教员,为军队培养更多的测绘人才,推动测绘事业向更高的目标迈进。这一"定位",让许其凤在"三尺讲台"上一站就是半个多世纪。许其凤对成功的理解也很朴实:"有价值的成果多是众人完成的,找到自己的位置,努力工作,发挥作用就是个人的成功。"

"言为士则,行为世范"。许其凤不但是一位真正的学者,更是一位可尊可敬和蔼的师长。他一生将自己定位为"许教员",定位在"三尺讲台",他也喜欢"许教员"这个称谓。听过许教员讲课的人都知道,尽管都是深奥的理论课,他讲起来却充满激情,富有感染力,时刻牵引着你的思路走。

为了掌握关键数据,许其凤曾亲自带领学生选择在一个车流量最大的立交桥作为试验点,住帐篷、吃盒饭,年过六旬的他白天顶着40多摄氏度的高温在桥上观测,晚上回到教研室进行数据处理,一干就是两个月。他说,"如果我还能编程序,还能推导公式,说明我还没老,还能为国家、军队服务。"

(摘自《中国测绘》)

动手动脑

1. 什么是像空间坐标系，它是如何定义的？什么是框标坐标系？它是如何定义的？

2. 什么叫内方位元素？内方位元素有几个？它的作用是什么？

3. 什么叫外方位元素？外方位元素有几个？

任务三 像点与地面点坐标关系建立

任务描述

一、学习型工作任务

通过学习共线方程的形式，学会建立像点与地面的点坐标关系。

二、教学目标

(一)知识目标

掌握共线方程。

(二)技能目标

能建立共线方程并进行公式分析。

(三)态度目标

(1)培养学生团结协作、爱岗敬业的职业道德。

(2)培养学生吃苦耐劳、认真细致的职业精神。

三、教学组织设计

(1)学生角色：扮演摄影测量作业员。

(2)教学情景：由企业提供航空摄影资料，学生根据这些相关数据资料认识共线方程。

(3)教学材料：教学课件、航摄像片、直尺、航空摄影测量规范。

(4)教学内容过程设计：教师在课堂上利用教学课件讲授共线方程，并指导学生进行共线方程的公式分析。

由学生编写单张像片解析的成果报告，教师根据上交的成果情况，给予评价。

四、其他说明

在教学组织过程中，教师引导学生在概念认识的基础上进行相互答疑，并对其效果进行评定。

相关知识

要想解析说明摄影构像所形成的中心投影,用公式表达像点、投影中心、对应物点之间的关系,坐标系的变换是基础。坐标系的旋转变换是讨论空间点在两个同原点的直角坐标系中的坐标之间的关系。

一、空间直角坐标系旋转变换的基本关系

码 3-2 坐标轴旋转

如图 3-22 所示,$S-XYZ$、$S-xyz$ 为同一原点的两个空间直角坐标系。空间任一点 A 在两个坐标系中的坐标分别为(X,Y,Z)和(x,y,z)。坐标系 $S-xyz$ 的 x 轴在坐标系 $S-XYZ$ 中的方向余弦为 a_1、b_1、c_1,同样坐标系 $S-XYZ$ 的 X 轴在坐标系 $S-xyz$ 中的方向余弦为 a_1、a_2、a_3,如表 3-1 所示。

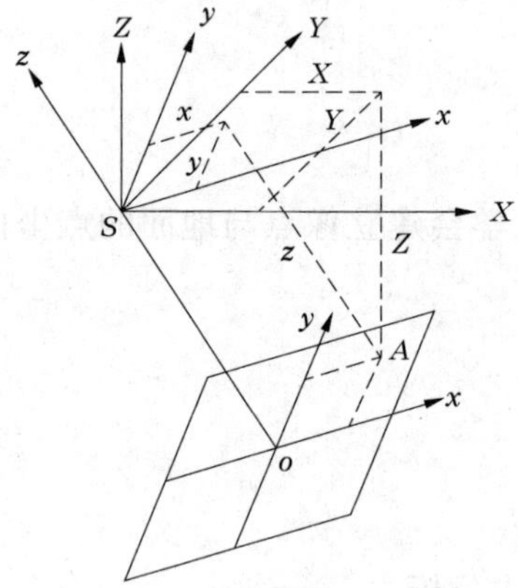

图 3-22　空间直角坐标系

表 3-1　$S-XYZ$ 和 $S-xyz$ 各坐标轴之间的方向余弦

坐标	x	y	z
X	a_1	a_2	a_3
Y	b_1	b_2	b_3
Z	c_1	c_2	c_3

假定这两个坐标系 $S-XYZ$ 和 $S-xyz$ 各坐标轴之间的方向余弦为已知,如表 3-1 所示。且令坐标系 $S-XYZ$ 三轴的单位向量分别为 $\vec{i}$、$\vec{j}$、$\vec{k}$,令坐标系 $S-xyz$ 三轴的单位向量分别为 $\vec{i}'$、$\vec{j}'$、$\vec{k}'$,则依向量代数有

$$\overrightarrow{SA} = X\vec{i} + Y\vec{j} + Z\vec{k} \tag{3-4a}$$

$$\overrightarrow{SA} = x\vec{i}' + y\vec{j}' + z\vec{k}' \tag{3-4b}$$

因为

$$\left.\begin{aligned}\vec{i}' &= a_1\vec{i} + b_1\vec{j} + c_1\vec{k}\\ \vec{j}' &= a_2\vec{i} + b_2\vec{j} + c_2\vec{k}\\ \vec{k}' &= a_3\vec{i} + b_3\vec{j} + c_3\vec{k}\end{aligned}\right\} \tag{3-4c}$$

将式(3-4c)代入式(3-4b),有

$$\begin{aligned}\overrightarrow{SA} &= x(a_1\vec{i} + b_1\vec{j} + c_1\vec{k}) + y(a_2\vec{i} + b_2\vec{j} + c_2\vec{k}) + z(a_3\vec{i} + b_3\vec{j} + c_3\vec{k})\\ &= (a_1x + a_2y + a_3z)\vec{i} + (b_1x + b_2y + b_3z)\vec{j} + (c_1x + c_2y + c_3z)\vec{k}\end{aligned} \tag{3-4d}$$

将式(3-4d)与式(3-4a)相比较,可得

$$\left.\begin{aligned}X &= a_1x + a_2y + a_3z\\ Y &= b_1x + b_2y + b_3z\\ Z &= c_1x + c_2y + c_3z\end{aligned}\right\} \tag{3-4e}$$

或写成矩阵表达的形式,为

$$\begin{bmatrix}X\\Y\\Z\end{bmatrix} = \begin{bmatrix}a_1 & a_2 & a_3\\ b_1 & b_2 & b_3\\ c_1 & c_2 & c_3\end{bmatrix}\begin{bmatrix}x\\y\\z\end{bmatrix} \tag{3-5}$$

这就是空间直角坐标旋转变换的正算公式,其中的矩阵

$$\boldsymbol{M} = \begin{bmatrix}a_1 & a_2 & a_3\\ b_1 & b_2 & b_3\\ c_1 & c_2 & c_3\end{bmatrix} \tag{3-6}$$

叫作坐标系 $S-xyz$ 对坐标系 $S-XYZ$ 的旋转矩阵。已知旋转矩阵 $\boldsymbol{M}$,即可由某点 A 在坐标系 $S-xyz$ 中的坐标(x、y、z)按式(3-5)计算其在坐标系 $S-XYZ$ 中的坐标(X、Y、Z)。

用上述方法,可以很容易地得出其反算公式为

$$\begin{bmatrix}x\\y\\z\end{bmatrix} = \boldsymbol{M}^{\mathrm{T}}\begin{bmatrix}X\\Y\\Z\end{bmatrix} \tag{3-7}$$

式(3-7)中,$\boldsymbol{M}^{\mathrm{T}}$ 为 $\boldsymbol{M}$ 的转置矩阵,即 $S-XYZ$ 对 $S-xyz$ 的旋转矩阵。

若用矩阵 $\boldsymbol{M}^{-1}$ 乘式(3-5),可得

$$\begin{bmatrix}x\\y\\z\end{bmatrix} = \boldsymbol{M}^{-1}\begin{bmatrix}X\\Y\\Z\end{bmatrix} \tag{3-8}$$

由此可见

$$\boldsymbol{M}^{\mathrm{T}} = \boldsymbol{M}^{-1} \text{或} \ \boldsymbol{M}^{\mathrm{T}}\boldsymbol{M} = \boldsymbol{M}\boldsymbol{M}^{\mathrm{T}} = \boldsymbol{E}\ (\text{单位阵}) \tag{3-9}$$

在线性代数中,满足式(3-9)的矩阵叫作正交矩阵。因此,式(3-5)和式(3-8)的坐标变换又叫作正交变换。

二、旋转矩阵的构成

旋转矩阵反映了同原点的两个坐标系之间的变换关系。对于同原点 S 的两个空间直角坐标系而言,地面辅助坐标系 $S\text{-}XYZ$ 和像空间直角坐标系 $S\text{-}xyz$ 之间的相互关系,是由像片的三个外方位角元素所决定的。这就说明,这时的旋转矩阵应该由三个角元素来确定。下面推导各个角元素系统中构成旋转矩阵的具体表达式。

(一)使用 $\varphi\text{-}\omega\text{-}\kappa$ 系统

假设航摄像片在坐标系 $S\text{-}XYZ$ 中的角方位元素 φ、ω、κ 为已知,则将 $S\text{-}XYZ$ 坐标系依次绕 Y 轴、X 轴、Z 轴相继旋转 φ、ω、κ 角之后,定与航摄像片的像空间坐标系 $S\text{-}xyz$ 重合。下面分析每次旋转前后的坐标关系。

(1)第一步,将 $S\text{-}XYZ$ 坐标系绕 Y 轴旋转 φ 角,得一新坐标系 $S\text{-}X'Y'Z'$。此时,Y 轴与 Y' 轴重合,只是 X 轴和 Z 轴在 XZ 坐标面内旋转了 φ 角,如图 3-23 所示。坐标系 $S\text{-}X'Y'Z'$ 各轴在坐标系 $S\text{-}XYZ$ 中的方向余弦如表 3-2 所示。

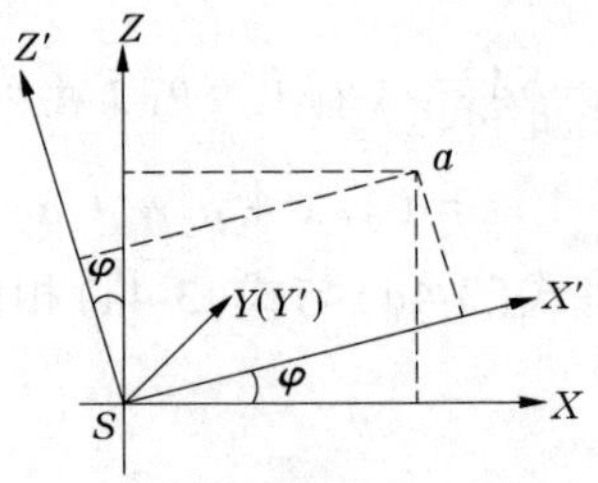

图 3-23 第一次旋转($S\text{-}XYZ$ 绕 Y 轴旋转 φ 角)

表 3-2 $S\text{-}XYZ$ 和 $S\text{-}X'Y'Z'$ 各坐标轴之间的方向余弦

坐标	X'	Y'	Z'
X	$\cos\varphi$	0	$-\sin\varphi$
Y	0	1	0
Z	$\sin\varphi$	0	$\cos\varphi$

由此可以写出

$$\begin{bmatrix} X \\ Y \\ Z \end{bmatrix} = \boldsymbol{M}_{\varphi} \begin{bmatrix} X' \\ Y' \\ Z' \end{bmatrix} \tag{3-10}$$

式中

$$\boldsymbol{M}_{\varphi} = \begin{bmatrix} \cos\varphi & 0 & -\sin\varphi \\ 0 & 1 & 0 \\ \sin\varphi & 0 & \cos\varphi \end{bmatrix}$$

(2)第二步,将坐标系 $S\text{-}X'Y'Z'$ 绕 X' 轴旋转 ω 角,又得一新坐标系 $S\text{-}X''Y''Z''$。此时,只是 Y' 轴和 Z' 轴在 $Y'Z'$ 坐标面内旋转了 ω 角,而 X' 轴与 X'' 轴重合,如图 3-24 所示。此时,坐标系 $S\text{-}X''Y''Z''$ 与坐标系 $S\text{-}X'Y'Z'$ 的各轴之间的方向余弦如表 3-3 所示。

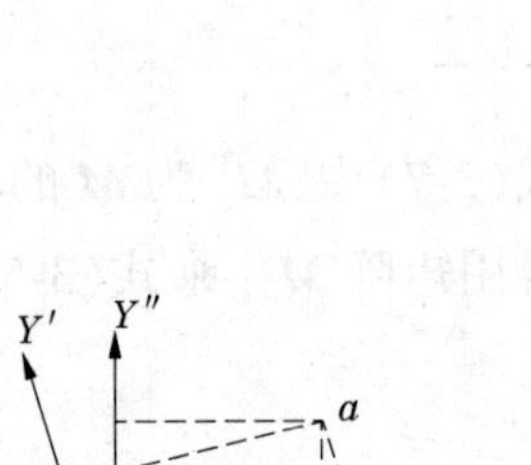

图 3-24 第二次旋转($S\text{-}X'Y'Z'$ 绕 X' 轴旋转 ω 角)

表 3-3 $S-X'Y'Z'$和 $S-X''Y''Z''$各坐标轴之间的方向余弦

坐标	X''	Y''	Z''
X'	1	0	0
Y'	0	$\cos\omega$	$-\sin\omega$
Z'	0	$\sin\omega$	$\cos\omega$

由此可以写出

$$\begin{bmatrix} X' \\ Y' \\ Z' \end{bmatrix} = \boldsymbol{M}_{\omega} \begin{bmatrix} X'' \\ Y'' \\ Z'' \end{bmatrix} \tag{3-11}$$

式中

$$\boldsymbol{M}_{\omega} = \begin{bmatrix} 1 & 0 & 0 \\ 0 & \cos\omega & -\sin\omega \\ 0 & \sin\omega & \cos\omega \end{bmatrix}$$

(3)第三步,将坐标系 $S-X''Y''Z''$绕 Z''轴旋转 κ 角,即与像空间坐标系 $S-xyz$ 重合。这里,只是 X''和 Y''坐标在 $X''Y''$坐标面内旋转了 κ 角,而 Z''轴原来已与像空间坐标系的 z 轴重合,保持不变,如图 3-25 所示。此时,$S-xyz$ 和 $S-X''Y''Z''$各轴之间的方向余弦如表 3-4 所示。

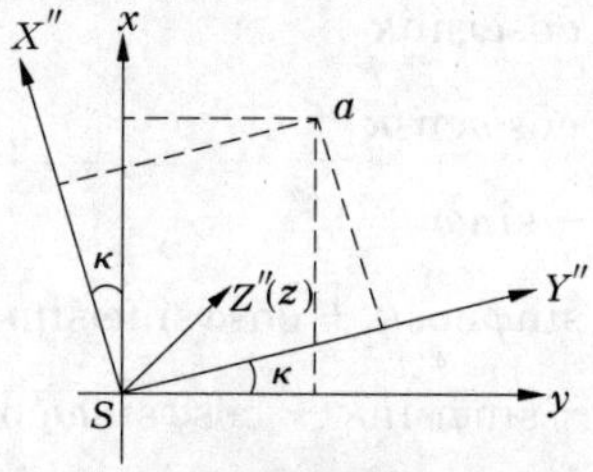

图 3-25 第三次旋转($S-X''Y''Z''$绕 Z''轴旋转 κ 角)

表 3-4 $S-X''Y''Z''$和 $S-xyz$ 各坐标轴之间的方向余弦

坐标	x	y	z
X''	$\cos\kappa$	$-\sin\kappa$	0
Y''	$\sin\kappa$	$\cos\kappa$	0
Z''	0	0	1

由此可以写出

$$\begin{bmatrix} X'' \\ Y'' \\ Z'' \end{bmatrix} = \boldsymbol{M}_{\kappa} \begin{bmatrix} x \\ y \\ z \end{bmatrix} \tag{3-12}$$

式中

$$M_\kappa = \begin{bmatrix} \cos\kappa & -\sin\kappa & 0 \\ \sin\kappa & \cos\kappa & 0 \\ 0 & 0 & 1 \end{bmatrix}$$

现在将式(3-12)代入式(3-11),再代入式(3-10),得

$$\begin{bmatrix} X \\ Y \\ Z \end{bmatrix} = M_\varphi M_\omega M_\kappa \begin{bmatrix} x \\ y \\ z \end{bmatrix} \tag{3-13}$$

令

$$M = M_\varphi M_\omega M_\kappa \tag{3-14}$$

表示坐标系 S-XYZ 经过三步旋转 φ-ω-κ 之后到达 S-xyz 位置的旋转,则有

$$M = \begin{bmatrix} \cos\varphi & 0 & -\sin\varphi \\ 0 & 1 & 0 \\ \sin\varphi & 0 & \cos\varphi \end{bmatrix} \begin{bmatrix} 1 & 0 & 0 \\ 0 & \cos\omega & -\sin\omega \\ 0 & \sin\omega & \cos\omega \end{bmatrix} \begin{bmatrix} \cos\kappa & -\sin\kappa & 0 \\ \sin\kappa & \cos\kappa & 0 \\ 0 & 0 & 1 \end{bmatrix} \tag{3-15}$$

将式(3-15)展开,并考虑到它应该与式(3-6)的对应元素相等,则可写出角方位元素 φ、ω、κ 与旋转矩阵中 9 个方向余弦的关系为

$$\left.\begin{aligned} a_1 &= \cos\varphi\cos\kappa - \sin\varphi\sin\omega\sin\kappa \\ a_2 &= -\cos\varphi\sin\kappa - \sin\varphi\sin\omega\cos\kappa \\ a_3 &= -\sin\varphi\cos\omega \\ b_1 &= \cos\omega\sin\kappa \\ b_2 &= \cos\omega\cos\kappa \\ b_3 &= -\sin\omega \\ c_1 &= \sin\varphi\cos\kappa + \cos\varphi\sin\omega\sin\kappa \\ c_2 &= -\sin\varphi\sin\kappa + \cos\varphi\sin\omega\cos\kappa \\ c_3 &= \cos\varphi\cos\omega \end{aligned}\right\} \tag{3-16}$$

已知航摄像片的 3 个角方位元素 φ、ω、κ,即可按式(3-16)计算航摄像片的像空间坐标系对于摄影测量坐标系 S-XYZ 的旋转矩阵的 9 个元素,即 9 个方向余弦。

反过来,如果已知旋转矩阵中的 9 个方向余弦值,则可由式(3-16)写出反算航摄像片的角方位元素的公式,即

$$\left.\begin{aligned} \tan\varphi &= -\frac{a_3}{c_3} \\ \sin\omega &= -b_3 \\ \tan\kappa &= \frac{b_1}{b_2} \end{aligned}\right\} \tag{3-17}$$

(二)使用 ω'-φ'-κ' 系统

用与上述类似的方法,可得到由角方位元素 ω'、φ'、κ' 表示的旋转矩阵的方向余弦值为

$$\left.\begin{aligned}
a_1 &= \cos\varphi'\cos\kappa' \\
a_2 &= -\cos\varphi'\sin\kappa' \\
a_3 &= -\sin\varphi' \\
b_1 &= \cos\omega'\sin\kappa' - \sin\omega'\sin\varphi'\cos\kappa' \\
b_2 &= \cos\omega'\cos\kappa' + \sin\omega'\sin\varphi'\sin\kappa' \\
b_3 &= -\sin\omega'\cos\varphi' \\
c_1 &= \sin\omega'\sin\kappa' + \cos\omega'\sin\varphi'\cos\kappa' \\
c_2 &= \sin\omega'\cos\kappa' - \cos\omega'\sin\varphi'\sin\kappa' \\
c_3 &= -\cos\omega'\cos\varphi'
\end{aligned}\right\} \tag{3-18}$$

而由方向余弦反算航摄像片的角方位元素的公式为

$$\left.\begin{aligned}
\tan\omega' &= \frac{b_3}{c_3} \\
\sin\varphi' &= -a_3 \\
\tan\kappa' &= -\frac{a_2}{a_1}
\end{aligned}\right\} \tag{3-19}$$

(三)使用 $t\text{-}\alpha\text{-}\kappa_v$ 系统

用与上述类似的方法,可得到由角方位元素 t、α、κ_v 表示的旋转矩阵的方向余弦值为

$$\left.\begin{aligned}
a_1 &= \cos t\cos\kappa_v + \sin t\cos\alpha\sin\kappa_v \\
a_2 &= -\cos t\sin\kappa_v + \sin t\cos\alpha\cos\kappa_v \\
a_3 &= -\sin t\sin\alpha \\
b_1 &= -\sin t\cos\kappa_v + \cos t\cos\alpha\cos\kappa_v \\
b_2 &= \sin t\sin\kappa_v + \cos t\cos\alpha\cos\kappa_v \\
b_3 &= -\cos t\sin\alpha \\
c_1 &= \sin\alpha\sin\kappa_v \\
c_2 &= \sin\alpha\cos\kappa_v \\
c_3 &= \cos\alpha
\end{aligned}\right\} \tag{3-20}$$

而由方向余弦反算航摄像片的角方位元素的公式为

$$\left.\begin{aligned}
\tan t &= \frac{a_3}{b_3} \\
\sin\alpha &= \sqrt{c_1^2 + c_2^2} \\
\tan\kappa_v &= \frac{c_1}{c_2}
\end{aligned}\right\} \tag{3-21}$$

可以看出,空间旋转矩阵的9个方向的余弦都是外方位元素的3个角元素的函数。对于同一张像片,在同一坐标系中采用不同的角元素系统,虽然方向余弦的表达形式不同,但其值是相同的。此外,在9个方向余弦中,只有3个是独立的,另外6个方向余弦可由3个

独立的方向余弦导出。

根据旋转矩阵的正交性质,处于同一行(或同一列)的3个方向余弦之间都有明确的函数关系,所以选为独立参数的3个方向余弦既不能同处于一行中,也不能同处于一列之中。根据在摄影测量学中应用的特点,实际作业时常用下面的两种选择方法:一种是选三角元素 a_2、a_3、b_3 为独立参数;另一种是选 b_1、b_3、c_1 为独立参数。下面直接给出两种选择方法构成旋转矩阵的公式。

1. 由 a_2、a_3、b_3 构成旋转矩阵

$$\boldsymbol{M}=\begin{bmatrix} \sqrt{1-a_2^2-a_3^2} & a_2 & a_3 \\ \dfrac{-a_1a_3b_3-a_2c_3}{1-a_3^2} & \sqrt{1-b_1^2-b_3^2} & b_3 \\ a_2b_3-a_3b_2 & a_3b_1-a_1b_3 & \sqrt{1-a_3^2-b_3^2} \end{bmatrix} \tag{3-22}$$

2. 由 b_1、b_3、c_1 构成旋转矩阵

$$\boldsymbol{M}=\begin{bmatrix} \sqrt{1-b_1^2-c_1^2} & b_3c_1-b_1c_3 & b_1c_2-b_2c_1 \\ b_1 & \sqrt{1-b_1^2-b_3^2} & b_3 \\ c_1 & \dfrac{-b_1b_2c_1-a_1b_3}{1-b_1^2} & \sqrt{1-a_3^2-b_3^2} \end{bmatrix} \tag{3-23}$$

三、中心投影构像方程——共线方程

(一)中心投影构像方程

码 3-3 共线条件方程

描述像点 a、投影中心 S 和对应地面点 A 三点共线的方程叫作共线方程。

假设在摄站 S 摄取了一张航摄像片 P,航摄仪镜箱主距为 f。设坐标系 $S\text{-}X'Y'Z'$ 是地面辅助坐标系 $T\text{-}XYZ$ 的平行坐标系,如图3-26所示,地面点 A 对应的像点 a 在 $S\text{-}X'Y'Z'$ 中的坐标为 (X', Y', Z'),$S\text{-}xyz$ 像空间坐标系在图3-26中未绘出。

设摄站 S 在地面辅助坐标系 $T\text{-}XYZ$ 中的坐标为 (X_S, Y_S, Z_S);地面点 A 在地面辅助坐标系 $T\text{-}XYZ$ 中的坐标为 (X, Y, Z);像点 a 在像空间坐标系 $S\text{-}xyz$ 中的坐标为 $(x, y, -f)$;像点 a 在地面辅助坐标系的平行坐标系 $S\text{-}X'Y'Z'$ 中的坐标为 (X', Y', Z')。

地面点 A 在地面辅助坐标系的平行坐标系 $S\text{-}X'Y'Z'$ 中的坐标为 $(X-X_S, Y-Y_S, Z-Z_S)$。

则由图3-26可知

$$\frac{X-X_S}{X'}=\frac{Y-Y_S}{Y'}=\frac{Z-Z_S}{Z'}=\lambda$$

即

$$\begin{bmatrix} X-X_S \\ Y-Y_S \\ Z-Z_S \end{bmatrix}=\lambda\begin{bmatrix} X' \\ Y' \\ Z' \end{bmatrix}=\lambda\boldsymbol{M}\begin{bmatrix} x \\ y \\ -f \end{bmatrix} \tag{3-24}$$

因 $\boldsymbol{M}^{-1}=\boldsymbol{M}^{\mathrm{T}}$,得

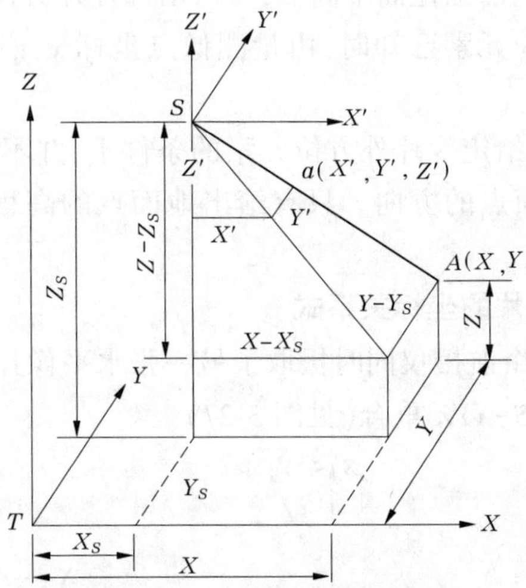

图 3-26　中心投影构像关系

$$\begin{bmatrix} x \\ y \\ -f \end{bmatrix} = \frac{1}{\lambda} \boldsymbol{M}^{\mathrm{T}} \begin{bmatrix} X - X_S \\ Y - Y_S \\ Z - Z_S \end{bmatrix} \tag{3-25}$$

在式(3-24)和式(3-25)中,共有3个方程。为了消去 λ,由式(3-24)和式(3-25)的第三式得

$$\left. \begin{aligned} \lambda &= \frac{a_3(X - X_S) + b_3(Y - Y_S) + c_3(Z - Z_S)}{-f} \\ \lambda &= \frac{Z - Z_S}{c_1 x + c_2 x - c_3 f} \end{aligned} \right\} \tag{3-26}$$

将 λ 代到式(3-25)得

$$\left. \begin{aligned} x &= -f \frac{a_1(X - X_S) + b_1(Y - Y_S) + c_1(Z - Z_S)}{a_3(X - X_S) + b_3(Y - Y_S) + c_3(Z - Z_S)} \\ y &= -f \frac{a_2(X - X_S) + b_2(Y - Y_S) + c_2(Z - Z_S)}{a_3(X - X_S) + b_3(Y - Y_S) + c_3(Z - Z_S)} \end{aligned} \right\} \tag{3-27}$$

式(3-27)是共线方程。它可以在已知像片外方位元素的条件下,由地面点的地面辅助坐标计算像点的坐标。此式在几何学上称为投影变换。

将 λ 代入式(3-24)得共线方程的另一种形式,即

$$\left. \begin{aligned} (X - X_S) &= (Z - Z_S) \frac{a_1 x + a_2 y - a_3 f}{c_1 x + c_2 y - c_3 f} \\ (Y - Y_S) &= (Z - Z_S) \frac{b_1 x + b_2 y - b_3 f}{c_1 x + c_2 y - c_3 f} \end{aligned} \right\} \tag{3-28}$$

对式(3-27)和式(3-28)进行分析可得出如下结论:

(1)当地面点坐标 X、Y、Z 已知时,量测像点坐标 x、y,式(3-28)中有6个未知数,即6个外方位元素。

(2)利用3个或3个以上已知地面平高点,可求出像片外方位元素(后方交会)。

(3)当立体像对的外方位元素已知时,由量测像点坐标 x、y 可求解未知地面点三维坐标 X、Y、Z(前方交会)。

(4)由式(3-28)可知,在给定像片外方位元素的条件下,并不能由像点坐标计算出地面点的空间坐标,只能确定地面点的方向。只有给出地面点的高程,才能确定地面点的平面位置。

(二)倾斜像片与水平像片的坐标关系式

假定在摄站 S 处用同一个航摄仪同时摄取了另一张水平像片 P^0,显然此时的像空间坐标系 $S\text{-}xyz$ 应与摄测坐标系 $S\text{-}XYZ$ 重合(见图3-27)。

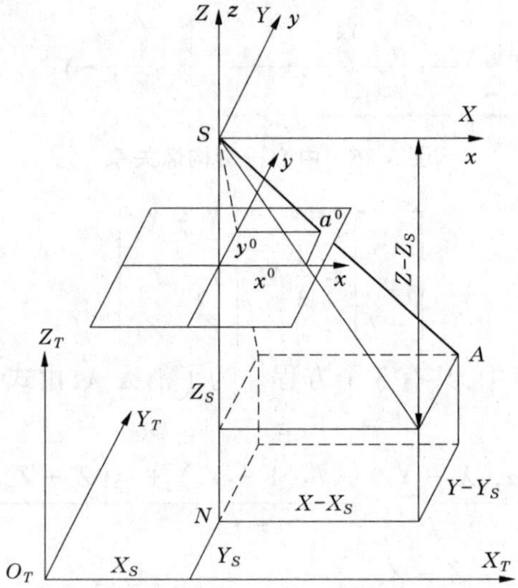

图3-27 倾斜像片与水平像片坐标关系

因此,这两个坐标系统之间的旋转矩阵为单位阵,即

$$
\boldsymbol{M}=\begin{bmatrix} a_1 & a_2 & a_3 \\ b_1 & b_2 & b_3 \\ c_1 & c_2 & c_3 \end{bmatrix}=\begin{bmatrix} 1 & 0 & 0 \\ 0 & 1 & 0 \\ 0 & 0 & 1 \end{bmatrix}
$$

设若地面点 A 在水平像片 P^0 上的像点为 a^0,其在水平像片上的坐标用(x^0,y^0)表示,则由式(3-27)可得

$$
\left.\begin{aligned} x^0 &= -f\frac{X-X_S}{Z-Z_S} \\ y^0 &= -f\frac{Y-Y_S}{Z-Z_S} \end{aligned}\right\} \tag{3-29}
$$

这就是水平像片上像点 a^0、投影中心 S 和物点 A 三点共线的坐标表达式。式(3-29)完全可以由图3-27按相似三角形的关系直接写出来。

将式(3-28)代入式(3-29)中,则有

$$
\left.\begin{aligned}
x^0 &= -f\frac{a_1x + a_2y - a_3f}{c_1x + c_2y - c_3f}\\
y^0 &= -f\frac{b_1x + b_2y - b_3f}{c_1x + c_2y - c_3f}
\end{aligned}\right\}\tag{3-30}
$$

式(3-30)是倾斜像片上像点坐标(x,y)与同摄站水平像片上像点坐标(x^0,y^0)之间的严密关系式。有时又把(x^0,y^0)叫作倾斜像片上的像点的纠正坐标。

航空摄影时,一般外方位角元素很小,可将式(3-16)中的函数按泰勒级数展开,并取至一次项,则有

$$
\left.\begin{aligned}
a_1 &= b_2 = c_3 = 1\\
a_2 &= -b_1 = -\kappa\\
a_3 &= -c_1 = -\varphi\\
b_3 &= -c_2 = -\omega
\end{aligned}\right\}\tag{3-31}
$$

将式(3-31)代入式(3-30),展开后略去二次以上微小项,并经整理得

$$
\left.\begin{aligned}
x^0 &= x + \left(f + \frac{x^2}{f}\right)\varphi + \frac{xy}{f}\omega - y\kappa\\
y^0 &= y + \frac{xy}{f}\varphi + \left(f + \frac{y^2}{f}\right)\omega + x\kappa
\end{aligned}\right\}\tag{3-32}
$$

式(3-32)是水平像片与倾斜像片间像点坐标的一次项关系式,即外方位元素对像点坐标影响的一次项近似公式,是摄影测量基本公式之一。

(三)简化坐标关系式

1. 以等角点(c,C)为原点的简化坐标关系式

在航测综合法的一些理论问题研究中,常选用主垂面作为基础的坐标以简化坐标关系式,即像面以主纵线为y轴,地面以基本方向线为Y轴,而以对应的等角点(c,C)为坐标原点。这种坐标关系式可由图3-28直接导出。

在图3-28中,地面点A在所选定的坐标系中的坐标为$X_C=A_0A$,$Y_C=CA_0$;像点a的坐标为

$$x_c = a_0a,\quad y_c = ca_0$$

在主垂面内,过点c作$cF\perp SN$;过点a_0作$a_0Q\perp SN$,交SC于点D。

因$\triangle Soc\cong\triangle SFc$,故$SF=So=f$。

在$\triangle a_0Dc$中,$\angle a_0Dc=\angle o_0cD=90°-\dfrac{\alpha}{2}$,故$Da_0=ca_0=y_c$。

又由图3-28可知,$FQ=y_c\sin\alpha$,再通过相似三角形关系,可得

$$\frac{X_C}{x_c} = \frac{SA_0}{Sa_0} = \frac{SN}{SQ} = \frac{H}{f - y_c\sin\alpha} = \frac{CA_0}{Da_0} = \frac{Y_C}{y_c}$$

故

$$
\left.\begin{aligned}
X_C &= \frac{Hx_c}{f - y_c\sin\alpha}\\
Y_C &= \frac{Hy_c}{f - y_c\sin\alpha}
\end{aligned}\right\}\tag{3-33}
$$

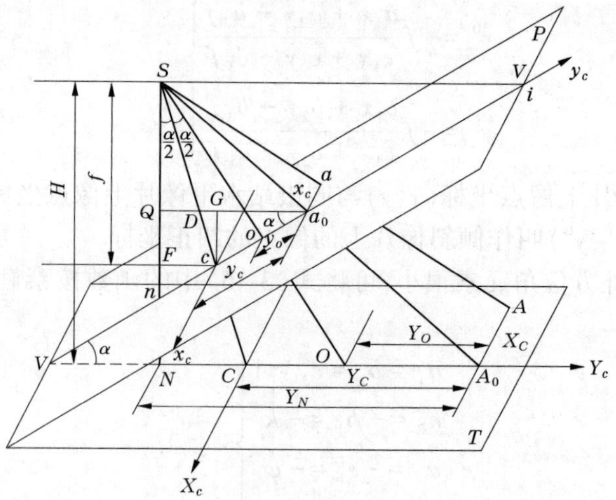

图 3-28 以等角点为原点的坐标关系

如果把式(3-33)右边的 H 换成 f,就得到综合法中常用的倾斜像片上的像点与同航高的水平像片上的像点间的坐标关系式,即

$$\left.\begin{aligned} x_c^0 &= \frac{fx_c}{f - y_c\sin\alpha} \\ y_c^0 &= \frac{fy_c}{f - y_c\sin\alpha} \end{aligned}\right\} \tag{3-34}$$

2. 以主点(o,O)为原点的简化坐标关系式

当倾斜像片以主纵线为 y 轴,像主点为原点,水平像片以基本方向线和其像底点组成像平面坐标系时,在 t、α、κ_v 系统中,$t=0$,$\kappa_v=0$,代入式(3-20)中得:$a_1=1$,$b_2=\cos\alpha$,$b_3=-\sin\alpha$,$c_2=\sin\alpha$,$c_3=\cos\alpha$,其他方向余弦为零。将各方向余弦代入式(3-30)得

$$\left.\begin{aligned} x^0 &= -f\frac{x}{y\sin\alpha - f\cos\alpha} \\ y^0 &= -f\frac{y\cos\alpha + f\sin\alpha}{y\sin\alpha - f\cos\alpha} \end{aligned}\right\} \tag{3-35}$$

式(3-34)和式(3-35)就是分别以水平像片的底点和倾斜像片的主点为原点,以主纵线为 y 轴的坐标关系式。

任务四　像点位移

任务描述

一、学习型工作任务

通过学习像点位移,了解像点倾斜误差和投影差的特性及改正的方法,并学会利用投影差反算公式计算出地面物体的高度。

二、教学目标

(一)知识目标

掌握像点倾斜误差和投影差的概念及特性。

(二)技能目标

能根据投影差反算公式计算地面物体的高度。

(三)态度目标

(1)培养学生团结协作、爱岗敬业的职业道德。

(2)培养学生吃苦耐劳、认真细致的职业精神。

三、教学组织设计

(1)学生角色:扮演摄影测量作业员。

(2)教学情景:由企业提供航空摄影资料,学生根据这些相关数据资料认识像点位移,并学习利用投影差反算公式计算地面物体的高度。

(3)教学材料:教学课件、航摄像片、直尺、航空摄影测量规范。

(4)教学内容过程设计:首先教师在课堂上利用教学课件讲授像点倾斜误差和投影差的概念及特性,并结合航摄像片指导学生利用投影差反算公式计算地面物体的高度。

由学生编写单张像片解析的成果报告,教师根据上交的成果情况,给予评价。

四、其他说明

在教学组织过程中,教师必须引导学生在概念认识的基础上进行相互答疑,并对其效果进行评定。

相关知识

地形图是地面的垂直投影,而航摄像片是地面的中心投影。在地面是平坦地区而且像片是严格水平的情况下,该航摄像片与地形图具有相同的几何性质,它们之间的差异仅仅在于比例尺的不同。然而,实际的航摄像片因不具备这种理想化的条件,所以并不具备地形图的性质。

下面将讨论:假如地面不是平坦地区、像片不是严格水平,像片上的点位会发生什么样的几何位移?并用数学公式来描述这种假设情况,从而找出消除这种移位的办法。

一、像点的倾斜误差

因像片倾斜而引起的像点移位,称为像点的倾斜误差,用 δ_α 表示。

研究倾斜像片上的像点移位,是把同摄站同主距的倾斜像片和水平像片依等比线重合在一起而比较两像片上相应点的点位。图 3-29 表示倾斜像片 P 与对应的水平像片 P_0 依等比线重合的情况。地面上任一点 A 在 P 面上的构像为 a,在 P_0 面上的构像为(a_0),当 P_0 面重合于 P 面后的位置为 a_0,则 aa_0 即为像点 a 的倾斜误差,一般用 δ_α 表示,$\delta_\alpha = aa_0$。

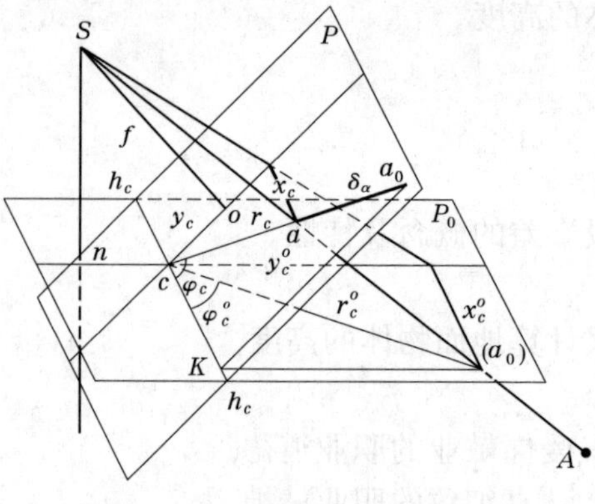

图 3-29　倾斜像片像点位移图

由式(3-34)可知

$$\frac{x_c^o}{x_c}=\frac{y_c^o}{y_c}=\frac{f}{f-y_c\sin\alpha} \tag{3-36}$$

即

$$\frac{y_c^o}{x_c^o}=\frac{y_c}{x_c} \tag{3-37}$$

也即

$$\cot\varphi_c^o=\cot\varphi_c \tag{3-38}$$

故倾斜误差发生在等角点的辐射线上,即 c、a、a_0 在一直线上。这是倾斜误差的一个重要特性。

$$r_c^o=\frac{y_c^o y_c}{y_c}=\frac{fr_c}{f-y_c\sin\alpha}$$

设 $ca=r_c$,$ca_0=r_c^o$,由图 3-30(a)可知,令

$$\delta_\alpha=r_c-r_c^o=r_c-\frac{fr_c}{f-y_c\sin\alpha}=-\frac{r_c y_c\sin\alpha}{f-y_c\sin\alpha} \tag{3-39}$$

因

$$y_c=r_c\sin\varphi \tag{3-40}$$

故

$$\delta_\alpha=-\frac{r_c^2\sin\varphi\sin\alpha}{f-r_c\sin\varphi\sin\alpha} \tag{3-41}$$

式(3-41)即为计算倾斜误差的严格公式,当 α 很小时,分母中的第二项可省去,可得近似公式为

$$\delta_\alpha=-\frac{r_c^2}{f}\sin\varphi\sin\alpha \tag{3-42}$$

分析式(3-42),还可以得出倾斜误差的如下特性:

(1)等比线上的点倾斜误差为0(因 φ 为 0°或 180°,$\sin\varphi=0$)。

(2)当 r_c 一定时,主纵线上的点倾斜误差最大(因 φ 为 90°或 270°,$|\sin\varphi|=1$ 为最大值)。

(3)等比线将倾斜像片分为两部分,包含主点部分的所有像点都向着等角点 c 移位(因 $\varphi=0\sim180°$,$\sin\varphi$ 为正,δ_α 为负),包含底点部分的所有像点都背着等角点 c 移位(因 $\varphi=$

$180° \sim 360°$，$\sin\varphi$ 为负，δ_α 为正），如图 3-30(b)所示，$abcd$ 为倾斜像片上的图形，$a_0b_0c_0d_0$ 为按图 3-29 叠合后水平像片上的相应图形，箭头表示移位方向。

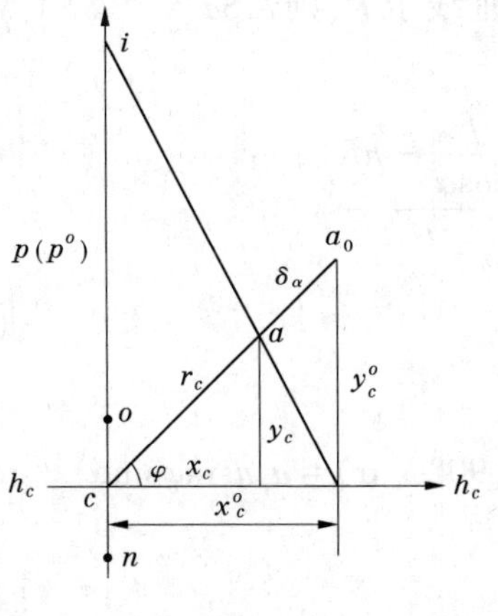

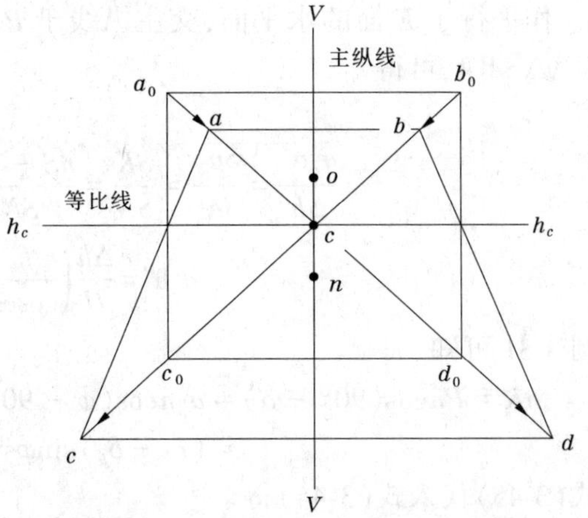

图 3-30 水平像片与倾斜像片叠合图

二、像点的投影差

某地面点 A 与起始基准面 E 的高差为 Δh，其在起始基准面 E 上的正射投影为 A_o，则地面点 A 较其在起始基准面上的正射投影 A_o 在同一张像片上构像位置的差异，就称为地形起伏引起的像点位移，亦称为高差位移或投影差。这种位移反映了中心投影与正射投影的差异。

（一）投影差公式的推导

如图 3-31 所示，E 为起始基准面，A 为地面上任一点，其相对 E 的高差为 Δh，其在 E 上的正射投影为 A_o，A 和 A_o 在像片 P 上的构像分别为 a、a_o，则连线 aa_o 即为因高差引起的投影差，以 δ_h 表示。因为像底点 n 是一切铅垂线的合点，因此投影差必在像点和像底点的连线上。

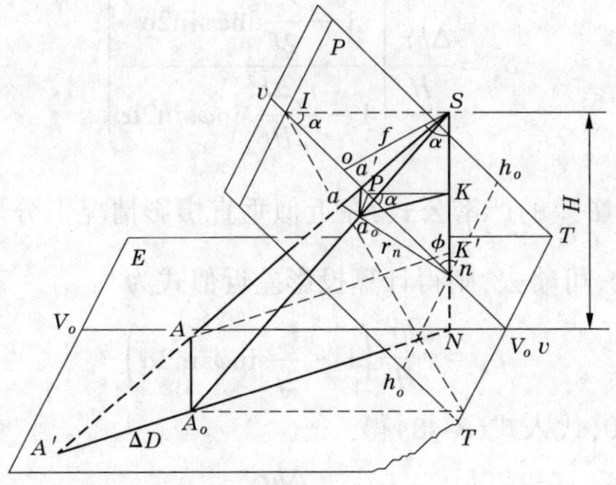

注：$aa_o=\delta_h$；$an=r_n$；$AA_o=\Delta h$

图 3-31 地面起伏时的像点位移

过 a_o 作 $a_oa'/\!/Sn$，则 $\triangle aa_oa' \backsim \triangle anS$，可得

$$\delta_h = \frac{a_o a' an}{nS} = \frac{r_n \cos\alpha}{f} a_o a' \tag{3-43}$$

过 a_o 作平行于 E 面的水平面,交主纵线于 P,交主垂线于 K,则 $\triangle Sa_oK \backsim \triangle SA_oN$,另外 $\triangle Sa_o a' \backsim \triangle SA_oA$,可得

$$\frac{a_o a'}{\Delta h} = \frac{Sa_o}{SA_o} = \frac{SK}{SN} = \frac{nS - nK}{SN} = \frac{\dfrac{f}{\cos\alpha} - nK}{H}$$

即

$$a_o a' = \frac{\Delta h}{H}\left(\frac{f}{\cos\alpha} - nK\right) \tag{3-44}$$

由图 3-31 可知

$$\begin{aligned} nK &= Pn\cos(90° - \alpha) = a_o n\cos(\varphi - 90°)\cos(90° - \alpha) = a_o n\sin\varphi\sin\alpha \\ &= (r_n - \delta_h)\sin\varphi\sin\alpha \end{aligned} \tag{3-45}$$

将式(3-45)代入式(3-44)得

$$a_o a' = \frac{\Delta h}{H}\left[\frac{f}{\cos\alpha} - (r_n - \delta_h)\sin\varphi\sin\alpha\right] \tag{3-46}$$

将式(3-46)代入式(3-43)得

$$\begin{aligned} \delta_h &= \frac{r_n\cos\alpha\Delta h}{fH}\left[\frac{f}{\cos\alpha} - (r_n - \delta_h)\sin\varphi\sin\alpha\right] \\ &= \frac{\Delta h r_n}{H} - \frac{\Delta h r_n^2}{fH}\cos\alpha\sin\varphi\sin\alpha + \frac{\Delta h r_n \delta_h}{fH}\cos\alpha\sin\varphi\sin\alpha \end{aligned}$$

移项并提出 δ_h 为

$$\delta_h\left(1 - \frac{\Delta h r_n}{fH}\sin\varphi\,\frac{\sin2\alpha}{2}\right) = \frac{\Delta h r_n}{H}\left(1 - \frac{r_n}{f}\sin\varphi\,\frac{\sin2\alpha}{2}\right)$$

经整理得

$$\delta_h = \frac{\Delta h r_n}{H}\left(\frac{1 - \dfrac{r_n}{2f}\sin\varphi\sin2\alpha}{1 - \dfrac{r_n\Delta h}{2Hf}\sin\varphi\sin2\alpha}\right) \tag{3-47}$$

式(3-47)是计算投影差的严密公式,在近似垂直摄影情况下分母中的 $\frac{r_n\Delta h}{2Hf}\sin\varphi\sin2\alpha$ 与 1 相比较,是极其微小的,可略去,则得计算投影差近似式为

$$\delta_h = \frac{\Delta h r_n}{H}\left(1 - \frac{r_n}{2f}\sin\varphi\sin2\alpha\right) \tag{3-48}$$

在水平像片上,$\alpha=0$,代入式(3-48)得

$$\delta_h = \frac{\Delta h r_n}{H} \tag{3-49}$$

从式(3-48)和式(3-49)可看出,在一张像片上,投影差的大小主要取决于高差 h 和向径 r_n。

如图 3-31 所示,由于 $AA_o /\!/ SN$,则 SA 和 NA_o 两线共面。作图延长 SA、NA_o,其相交于 A' 点,A' 点在起始基准面 E 上。过 A 点作平行于 NA' 的直线交主垂线 SN 于 K',AK' 用 R 表示,为

地面点至地底点的水平距离；$A'A_o$ 以 D 表示，为地面上的投影差，由图 3-31 可知，$\triangle AA'A_o \backsim \triangle SAK'$，则

$$\frac{\Delta D}{R}=\frac{\Delta h}{H-\Delta h}$$

即
$$\Delta D=\frac{\Delta h}{H-\Delta h}R$$

将上式两端乘以成图比例尺 $1/M$ 得

$$\Delta D\frac{1}{M}=\frac{\Delta h}{H-\Delta h}R\frac{1}{M}$$

得
$$\delta_E=\frac{\Delta h}{H-\Delta h}r_E \tag{3-50}$$

式中：δ_E 为图板上的投影差；r_E 为图板上的辐射距。

式(3-50)是在图板上改正投影差时计算投影差的公式，此公式不仅为严密公式，而且在生产中有一定的实用意义。

(二)投影差的特性

(1)投影差发生在以 n 为顶点的辐射线上。

(2)水平像片上的投影差大小与地面点对起始基准面的高差成正比，与像点的辐射距成正比，与起始基准面的航高成反比。

(3)移位方向和改正方向。由式(3-48)、式(3-50)及图 3-32 可知：

在像片上，当 $\Delta h>0$ 时，$\delta_h>0$，像点向外移位。

当 $\Delta h<0$ 时，$\delta_h<0$，像点向内移位。

在图板上，当 $\Delta h>0$ 时，$\delta_E>0$，图点向内移位。

当 $\Delta h<0$ 时，$\delta_E<0$，图点向外移位。

(4)投影差具有相对性，它随起始基准面选择的不同而不同，当选择过该点的水平面为起始基准面时，$\Delta h=0$，此时 $\delta_h=0$。这点在航测中是很有用的。

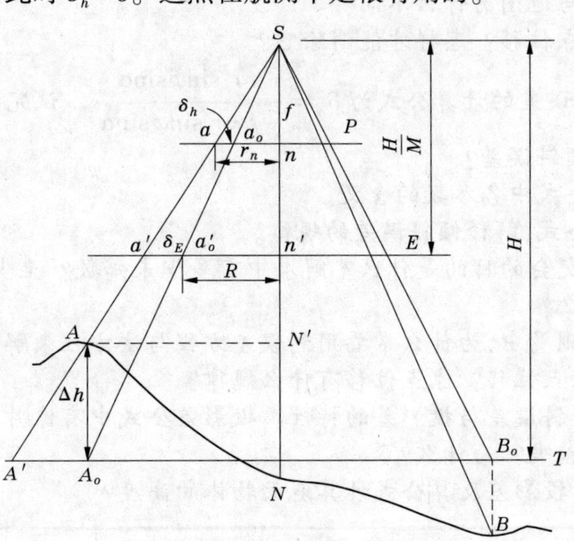

图 3-32　改正投影误差原理图

动手动脑

一、填空题

1. 通过投影中心且垂直于像平面的直线叫作(   ),它与像平面的交点称为(   )。

2. 航空摄影像片为(   )投影。

3. 摄影测量中常用的坐标系有(   )、(   )、(   )、(   )和(   )。

4. 像点 a、摄影中心 S 和物点 A 在同一条直线上,这3点之间的数学关系式称为(   )。

5. 利用航摄像片上3个以上像点坐标和相应的地面点坐标,计算像片的外方位元素的工作,称为(   )。

6. 解求单张像片的外方位元素最少需要(   )个。

二、名词解释

1. 像平面坐标系。

2. 像主点。

3. 内方位元素。

4. 外方位元素。

5. 空间后方交会。

6. 中心投影变换。

7. 像点位移。

三、简答题

1. 航摄像片有哪几个内、外方位元素?各有何用?

2. 摄影测量中常用的坐标系有哪些?各有何用?

3. 摄影测量中,为什么要把像空间坐标变换为像空间辅助坐标?常用的坐标变换公式是什么?

4. 什么是共线方程?它在摄影测量中有何应用?

5. 航摄像片与地图有什么不同?

6. 什么叫像点位移?怎样才能消除它?

7. 像点倾斜误差的计算公式为 $\delta_\alpha=-\dfrac{r_c^2\sin\varphi\sin\alpha}{f-r_c\sin\varphi\sin\alpha}$。试完成下列内容:

(1)何为倾斜误差?

(2)解释公式中各参数的含义。

(3)根据公式,解释倾斜误差的规律。

8. 空间后方交会的目的是什么?解求中有多少未知数?至少需要测求几个地面控制点?为什么?

9. 解析摄影测量中,为什么常要用到误差方程与法方程来解求?

10. 什么是像点位移?像点位移有什么规律?

11. 请简述倾斜误差与投影差的特性。投影差公式中有像片倾斜角 α,那么它包含像片倾斜误差吗?为什么?

12. 如何利用投影差反算公式计算地面物体的高度?

项目四 立体像对解析

立体电影出现于1922年,这种电影放映时两幅画面重叠在银幕上,通过观众的特制眼镜,使观众左眼看到从左视角拍摄的画面,右眼看到从右视角拍摄的画面,通过双眼的会聚功能,合成为立体视觉影像。

为什么使用特制的眼镜能产生立体视觉呢?它的原理是什么?下面我们将走进奇妙的立体世界,共同感受摄影测量中的像对立体观察的魅力吧!

项目综述

本项目所涉及的任务,是立体像对解析工作的基础,为立体像对解析工作提供了技术保证。本项目总学时为8个,由2个学习任务组成。通过该项目的实施,学生具有像对立体观察能力和由像点坐标确定相应地面点坐标的能力。

该项目共分为2个任务:像对立体观察、立体像对定向与解析。

教学目标

1. 知识目标

掌握立体像对中基本点、线、面的概念;掌握视差的概念;掌握立体像对相对方位及相对方位元素的概念;掌握立体像对绝对方位及绝对方位元素的概念;理解空间前方交会、共面条件方程、空间相似变换的思想。

2. 技能目标

能进行像对立体观察;能进行立体像对定向与解析。

3. 思政目标

通过使用不同方法进行立体观察及立体像对解析,深刻体会"实践是检验真理的唯一标准"的实践精神。

任务一　像对立体观察

任务描述

一、学习型工作任务

通过学习立体像对中的基本概念,认识视差;通过学习单眼和双眼观察的效果及立体观察的方法,学会进行像对立体观察。

二、教学目标

(一)知识目标

(1)掌握立体像对中基本点、线、面的概念。

(2)掌握视差的概念。

(3)掌握单眼和双眼观察的效果。

(二)技能目标

(1)能进行像对立体观察。

(2)能进行立体像对定向与解析。

(三)态度目标

(1)培养学生团结协作、爱岗敬业的职业道德。

(2)培养学生吃苦耐劳、认真细致的职业精神。

三、教学组织设计

(1)学生角色:扮演像对立体观察员。

(2)教学情景:由企业提供航空摄影资料。学生根据这些相关数据资料学习像对立体观察需要满足的条件,并进行像对立体观察。

(3)教学材料:教学课件、立体像对、立体镜、航空摄影测量规范。

(4)教学内容过程设计:首先教师在课堂上利用教学课件讲授立体像对中基本点、线、面以及单眼观察和双眼观察的区别,然后结合立体像对指导学生进行像对立体观察,并体验3种立体观察效果。

由学生编写像对立体观察的成果报告,教师根据上交的成果情况,给予评价。

四、其他说明

在教学组织过程中,教师必须引导学生在概念认识的基础上进行相互答疑,并对其效果进行评定。

相关知识

一、立体像对

(一)立体像对的定义

以单张像片解析为基础的摄影测量通常称为单像摄影测量或平面摄影测量,这种摄影测量不能解决地面目标的三维坐标测定问题,解决地面目标的三维坐标测定问题时要依靠立体摄影测量。立体摄影测量也称为双像摄影测量,是以立体像对为基础,通过对立体像对的观察和量测确定地面目标的形状、大小、空间位置及性质的一门技术。

由不同摄站摄取的、具有一定影像重叠的两张像片称为立体像对。

(二)立体像对的基本点、线、面

图 4-1 表示处于摄影位置的立体像对,S_1、S_2 为两个摄站,角标 1、2 表示左右。S_1S_2 的连线叫作摄影基线,记作 B。地面点 A 的投射线 AS_1 和 AS_2 叫作同名光线或相应光线,同名光线分别与两像面的交点 a_1、a_2 叫作同名像点或相应像点。显然,处于摄影位置时同名光线在同一个平面内,即同名光线共面,这个平面叫作核面。广义地说,通过摄影基线的平面都可以叫作核面,通过某一地面点的核面则叫作该点的核面。例如,通过地面点 A 的核面就叫作 A 点的核面,记作 W_A。所以,在摄影时所有的同名光线都处在各自对应的核面内,即摄影时各对同名光线都是共面的,这是关于立体像对的一个重要几何概念。

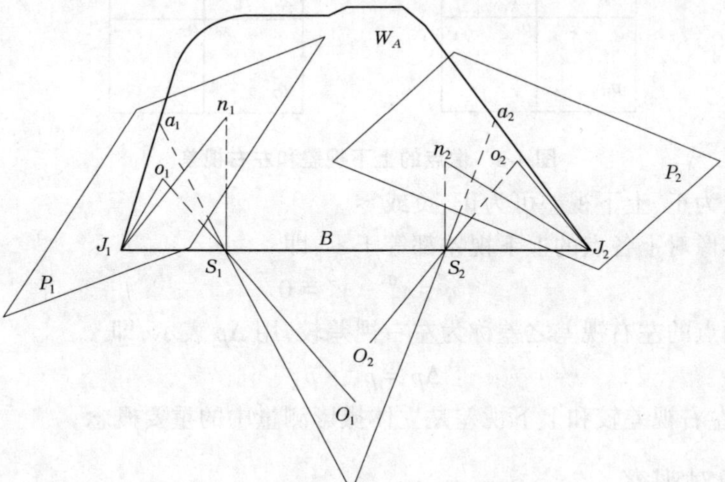

图 4-1 立体像对的点、线和面

通过像底点的核面叫作垂核面,因为左右底点的投射光线是平行的,所以一个立体像对有一个垂核面。过像主点的核面叫作主核面,有左主核面和右主核面。由于两主光轴一般不在同一个平面内,所以左右主核面一般是不重合的。

基线或其延长线与像平面的交点叫作核点,图 4-1 中 J_1、J_2 分别是左右像片上的核点。核面与像平面的交线叫作核线,与垂核面、主核面相对应有垂核线和主核线。同一个核面对

应的左右像片上的核线叫作相应核线。相应核线上的像点一定是一一对应的,因为它们都是同一个核面与地面切口线上的点的构像。由此得知,任意地面点对应的两条核线是相应核线,左右像片上的垂核线也是相应核线,而左右主核线一般不是相应核线。由于所有核面都通过摄影基线,而摄影基线与像平面相交于一点(即核点),所以像面上所有核线必会聚于核点。与单张像片的解析相联系可知,核点就是空间一组与基线方向平行的直线的合点。

摄影基线水平的两张水平像片组成的立体像对叫作标准式像对。由于通过以像主点为原点的像平面坐标系的坐标轴方向的选择可以使这种像对的两个像空间坐标系、基线坐标系与地面辅助系之间的相应坐标轴平行,所以也可以说"两个像空间坐标系和基线坐标系各轴均与地面辅助系相应轴平行的立体像对叫作标准式像对"。

(三)上下视差、左右视差和左右视差较

立体像对上相应像点在两像片上的位置是不同的,即在两像片上的像平面坐标是不等的,如图4-2所示。这种相应像点的坐标差称为视差。其中,横坐标之差称为左右视差,用 p 表示;纵坐标之差称为上下视差,用 q 表示,即

$$\left.\begin{aligned} p = x_1 - x_2 \\ q = y_1 - y_2 \end{aligned}\right\} \tag{4-1}$$

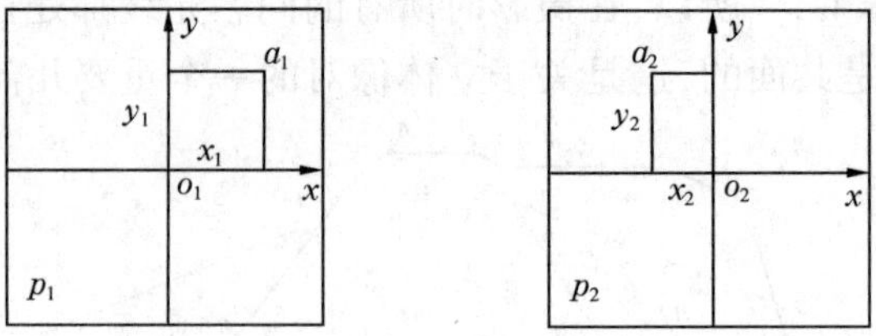

图4-2 像点的上下视差和左右视差

左右视差恒为正,上下视差可为正、负或零。

标准式立体像对上各点的上下视差都等于零,即

$$q = y_1^0 - y_2^0 = 0 \tag{4-2}$$

任意两地面点的左右视差之差称为左右视差较,用 Δp 表示,即

$$\Delta p = p_1 - p_2 \tag{4-3}$$

左右视差、左右视差较和上下视差是立体摄影测量中的重要概念。

二、立体像对观察

立体摄影测量基本上是通过对立体像对的观察和量测实现的。像对的立体观察除常用的由眼睛直接进行或通过工具进行外,在科学高度发展的今天也出现了由电子计算机控制的光敏仪器,形成了计算机视觉。计算机视觉是一种仿生系统,在摄影测量自动化中起着重要作用。但是目前这种系统还不完备,还不足以取代通常的人眼立体观察,其本身的发展也离不开对人眼立体观察的进一步认识。

(一)人眼的本能

人的眼睛好像一部照相机,前面的水晶体相当于镜头,后面的网膜相当于感光片,人眼结构如图 4-3 所示。网膜的中央有网膜窝,是视觉最灵敏的地方。网膜窝中心与水晶体后节点的连线叫作眼的视轴。当人眼注视某物点时,视轴会自动地转向该点,使该点成像在网膜窝中心,同时随着物体离人眼的远近自动改变水晶体的曲率,使物体在网膜上的构像清晰。眼睛的这种本能称为眼的调节。

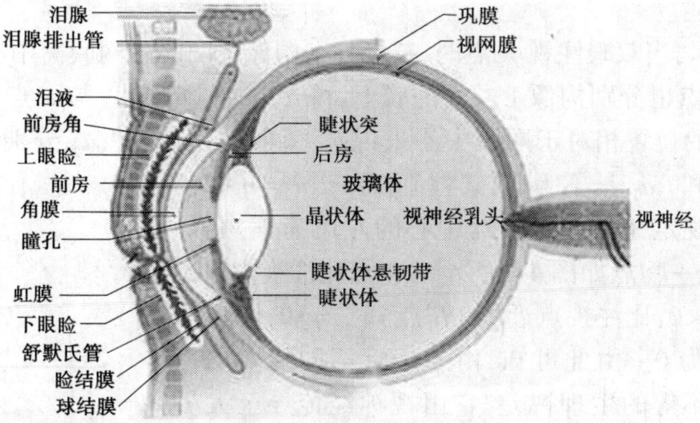

图 4-3 人眼的结构

当用双眼观察物体时,双眼会本能地使物体的像落于左右两网膜窝中心,即视轴交会于所注视的物点上,这种本能称为眼的交会。在生理习惯上,眼的交会动作与眼的调节是同时进行、永远协调的。

科学世界

> 人对光的反应是靠眼睛进行的。眼睛通过眼球后部视网膜的中央凹部位来产生视觉作用。视网膜上面布满了大量的感光细胞。感光细胞分为锥体细胞和杆体细胞两类。
>
> 锥体细胞呈圆锥状,它能在光亮条件下分辨颜色;杆体细胞呈线状,它在光暗条件下,锥体细胞无法分辨颜色时起作用,主要辨别黑白度。

(二)单眼观察和双眼观察

1. 单眼观察

单眼观察就如同照相机照一张像片一样,把空间立体的景物变成一个平面的构像,单眼观察只能感觉到物体的存在和判断物体的方向,但不能判别物体的远近。生活中用单眼观察产生的远近(景深差)感觉,是按照透视法则,比较成像大小和明暗适度而得到的,并非真正的立体感。

单眼能够辨别最小物体的能力叫作单眼视力,通常用单眼所能辨别的最小物体对眼睛所张的角值来表示。单眼视力分为两类:辨别点状物体的能力叫作第一类单眼视力,约为

45";辨别线状物体的能力叫作第二类单眼视力,约为 20"。

2. 双眼观察

用一对眼睛同时观察景物称为双眼观察,在双眼观察下能感觉景物有远近凹凸的视觉,称为立体视觉。

当用双眼观察物体时,就能分辨出物体的远近,此时所依据的特征设想为"生理视差",而不是凭借生活经验所得到的印象。用双眼观察能够判别物体远近(产生立体感觉)的原因可以做如下推述。

如图 4-4 所示,当双眼注视 F 点时,F 点分别构像于两眼的网膜窝中心 f_1、f_2;距 F 点远近不同的 A 和 B 点也分别构像于左右网膜上,得 a_1、a_2 和 b_1、b_2。与 F 点不同距离的点在左右两网膜上像点的位置相对于网膜中心来说是不同的,例如,a_1、a_2 分别与 f_1、f_2 在眼基线方向的弧长 f_1a_1 和 f_2a_2 是不等的,其差值 $f_1a_1-f_2a_2=\eta$ 称为生理视差。若规定弧长在网膜窝中心的左边为正,在其右边为负,则任一物点如图 4-4 所示的 A 点比注视点 F 远时,生理视差 $\eta<0$,比注视点近(如 B 点)时,$\eta>0$,而注视点的生理视差为 0。由此可知,由于远近不同的物体在网膜上形成了不等的生理视差,它由视神经传导至大脑皮层的视觉中心,便产生了物体有远近不同的感觉。所以,认为生理视差是产生立体感觉的原因。

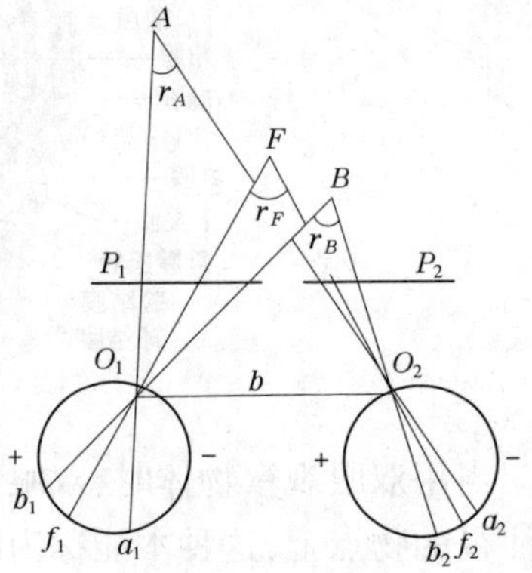

图 4-4 双眼观察

双眼观察能判别物体有远近的能力,称为双眼视力。通常用两物点(其中一点为注视点)的视差角之差来表示(任一物点的两相应视线的交角称为视差角,如图 4-4 所示的 r_A、r_F、r_B)。双眼视力也分为两类,能判别两物点有远近差别的能力叫作第一类双眼视力,经试验约为 30";能判别平行线有远近差别的能力叫作第二类双眼视力,经试验为 10"~15"。

在用双眼观察时,若观察点与凝视点前后距离相差不超过一定范围,则双眼中的构像基本一样,视觉中也自然凝合为一个影像;如果前后距离相差较大,则双眼中的相应弧距是不相等的,视觉中会出现双影。这个现象是容易观察到的,只要在观察者面前举起两支铅笔,使它们前后相距 15~20 cm,凝视前面的铅笔时,后面的铅笔为双影;凝视后面的铅笔时,前面的铅笔为双影。试验表明,当观察目标点的视差角与凝视点的视差角之差不大于 70′时,便可以凝合成一个影像,形成立体视觉。由此可见,一定范围内的生理视差是形成立体视觉的原因,也是立体视景深有一定限度的原因。

在双眼立体观察中,当被观察的景物远到一定程度时,景物间的远近凭直接观察已不可分辨了,必须借助背景及其他间接知识方可判断远近,这个远到一定程度的距离就叫作立体观察半径。根据双眼视力的定义可知,如果凝视点的视差角等于双眼视力,那么比凝视点更远的点其视差角必小于双眼视力,所以其远近便不可分辨了。由此可定义:视差角等于双眼视力时的凝视点距离,叫作立体观察半径。

(三)立体观察

像对的立体观察是摄影测量,特别是立体摄影测量的基础技术手段。下面分别就与摄影测量关系最为密切的像对立体观察的条件、效果、工具等问题加以讨论。

用双眼直接观察空间物体能有远近感觉的现象,称为天然立体观察。利用立体像对在室内进行双眼观察,也能获得与直接观察空间物体一样的立体感觉,这种现象称为像对立体观察。

1. 像对立体观察的条件

设想如图 4-4 所示的 P_1P_2 是用同焦距的摄影机使镜头中心位于眼透镜中心而摄得的立体像对(处于阳位),a_1、f_1、b_1 和 a_2、f_2、b_2 为左右像片上像点。现在将空间物体移开,在不改变两眼和两像片位置的情况下使每只眼各看一张像片,则各像点的视线构成的光束与摄影时的光束一致,即与实际看物体时视线所构成的光束一致。这时立体像对上各像点在双眼网膜上所构成的像和形成的生理视差与直接看实物时一样,因而可得到与直接观察空间物体时同样的立体感觉。由试验可知,如果双眼与像对的相对位置有所改变,但仍能保证相应视线成对相交,就可获得立体效果。

根据天然立体观察的特点和分析,得出像对立体观察应满足的条件有:

(1) 两张像片必须是由相邻两摄站对同一物体摄影所获得的,即要有立体像对。

(2) 双眼必须分别各看一张像片,即必须实现分像。

(3) 像片所安放的位置,必须使相应视线成对相交,即像片定向,以保证两视线在同一视平面内。

由于在立体观察中,允许左视线和右视线所决定的视平面有一微小夹角,所以上述第(3)条有时可近似满足。此外,良好的立体观察还要求一些附加条件,如同名影像的比例尺差异应尽量小,一般不能大于比例尺的 16%。

2. 像对立体观察的效果

当进行像对立体观察时,在满足上述条件的情况下,如果像片相对眼睛安放的位置不同,可以得到不同的立体效果,即可能产生正立体、反立体和零立体效果。

1) 正立体

正立体是指观察立体像对时形成的与实地景物起伏(远近)相一致的立体感觉。当左右眼分别观察置于阳位的立体像对的左右像片时就产生正立体效应,如图 4-5(a)所示。在此基础上将立体像对的两张像片作为一个整体,在其自身平面内旋转 180°,观察位置不变,使左眼看右像、右眼看左像,得到的仍是正立体,仅方位相差 180°,如图 4-5(b)所示。

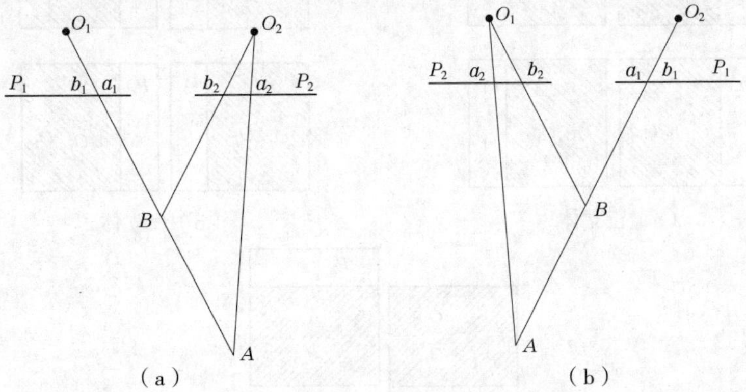

图 4-5　正立体

2) 反立体

反立体是指观察立体像对时产生的与实地景物起伏(远近)相反的一种立体感觉。在正立体效应图 4-5(a)的基础上,将两张像片在各自平面内旋转 180°或者将左右像片对调(不旋转)都可以产生反立体,如图 4-6(a)、(b)所示。图 4-6(a)是各自旋转 180°的结果,图 4-6(b)是左右像片对调的结果。显然图 4-6(a)和(b)这两种反立体的方位是相反的。

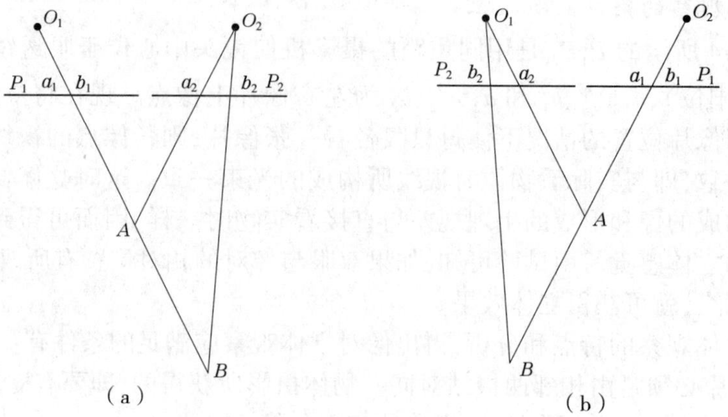

图 4-6　反立体

3)零立体

像对立体观察中形成的原景物起伏(远近)消失了的一种效应,称为零立体效果。这是将立体像对的两张像片各旋转 90°,使同名像点的连线都相等,并且原左右视差方向改变为与眼基线垂直所得到的结果。这时所有同名像点的生理视差都变为零,故消失了远近的感觉。零立体效果并不总是使景物被感觉为平面,对于一般立体像对,当像片转置 90°之后,上下视差将成为左右视差较,形成模型有系统性的起伏变形,这一点在摄影测量的发展过程中曾得到应用。对于起伏很大的景物,由于转置之后左右视差较成为上下视差,所以有可能严重破坏立体观察第(3)个基本条件而得不到清晰的零立体感觉。

3 种立体效果像片的放置位置如图 4-7 所示,图 4-7(a)为正立体,像对影像重叠向内;图 4-7(b)为反立体,重叠向外;图 4-7(c)为零立体。

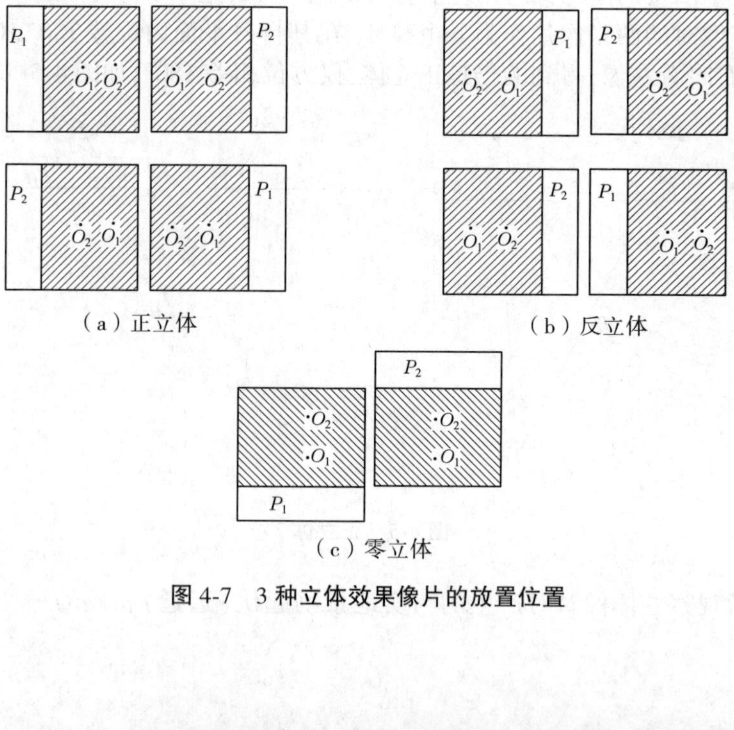

图 4-7　3 种立体效果像片的放置位置

3. 像对立体观察的工具

像对立体观察必须每眼各看一像，即必须进行分像。肉眼直接观察像对时要达到分像的目的比较困难，这是因为一方面改变了视轴交会于所视物点上的习惯（每只眼各看一像片），另一方面交会与调节两动作不协调，即交会角随着左右视差的大小不断改变，而观察距离不变始终调节在明视距离上。因此，一般要借助于专门的观察工具，立体摄影测量仪器都具有相应的观察系统。

立体观察最简单的工具是袖珍立体镜，观察较大像幅的像对时用反光立体镜。图 4-8（a）、（b）分别为袖珍立体镜和反光立体镜的光路示意图。

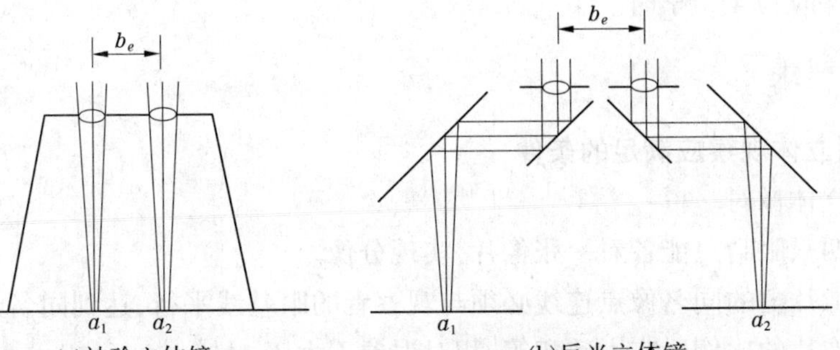

图 4-8　用立体镜进行立体观察示意图

反光立体镜由两对反光平面镜和一对透镜组成，平面镜安置成 45°的倾角。在反光镜下面安置的左右像片上的像点所发出的光线，经反光镜的两次反射后分别进入人的左右双眼，达到了分像的目的；同时观察的像片位于反光镜透镜的焦面附近，像点发出的光线经透镜后差不多成平行光束，因而眼睛始终调节在远点上，很容易使交会与调节相适应而得到清晰的立体效果。透镜的唯一作用是放大，反光立体镜放大倍率为 1.5~2.0。

用袖珍立体镜观察立体像对的步骤如下：

（1）将像对按方位线定向，即使两像片上的相应方位线（本片的像主点与邻片像主点的相应像点的连线）位于一条直线上。

（2）沿方位线方向使两像片相对地左右移动，以改变像片之间的距离，使相应视线的交角与眼的交会角相适应。

（3）使观察基线与像片上方位线平行，即可进行像对立体观察。

单项技能训练

一、训练项目

像对立体观察。

二、训练目的

（1）能利用立体镜观察正立体、反立体、零立体 3 种立体效果。

(2)能用肉眼进行立体观察。

三、训练器具

立体镜、立体像对。

四、训练内容

(1)利用立体镜观察正立体、反立体、零立体3种立体效果。

(2)用肉眼进行立体观察。

(3)训练课时为4个学时。

五、训练要求

(一)像对立体观察应满足的条件

(1)要有立体像对。

(2)保证两只眼睛只能各看一张像片,实现分像。

(3)两张像片上的同名像点连线必须与观察者的眼基线平行,达到同名光线相交。

(4)两张像片的比例尺应大致相等,相对误差不大于16%。

(二)3种立体效应

(1)正立体:像片重叠向内安放,可获得高低起伏与实地完全相似的立体。

(2)反立体:像片重叠向外安放,即像片左右对调或各旋转180°,可获得高低起伏与实地完全相反的立体,把山脊看成山谷,而把山谷看成山脊。

(3)零立体:把左右两张像片分别按同一方向旋转90°,看到的立体是一个平面,无高低起伏之分。

六、考核方法

(一)时间要求

要求该项目训练课时为4个学时。

(二)操作要求

(1)能利用立体镜观察正立体、反立体、零立体3种立体效果。

(2)能用肉眼进行立体观察。

(3)编写实习小结应符合要求。

实践出真知

利用像对能够进行立体观察，通过像对的立体观察可以获得地面景物的空间光学模型。也就是说借助于航空像片的立体观察，使观察者在了解摄影地区地面景物时如身临其境，犹如乘飞机对地面进行实地观察。立体观察原理，借助于人眼的天然立体观察能力。事实证明，人的一只眼睛是不能判断物体远近的，只有两只眼睛才能判断物体的远近，也只有两只眼睛才能进行立体观察。利用航空像片的一个像对进行立体观察，是一种人为的立体观察。它的原理是，当人们用双眼去观察空间远近不同的物体时，如果在双眼前面各放一块玻璃片，通过玻璃片看物体，把左右两眼所看到的影像，分别记录在两块玻璃片上。如果把所观察的物体拿掉，以观察玻璃片上的影像来代替观察物体，则在观察时所构成的影像，就与观察实物一样，这种立体效应，称为人为立体观察。航空像片的立体观察就是在这个原理的基础上建立的。

然而，由于立体观察练习的特殊性，再生动的描述，再成熟的教法，再先进的设备，也无法让教师进入到学生的眼睛里，"立体"只存在于观察者的脑海中。因此，只有通过自己一遍遍地观察，不厌其烦地调整视觉状态，将理论方法付诸于实践，才能摆脱别人口中的立体，真正意义上看到自己心中的立体。

动手动脑

1. 立体像对中有哪些基本点、线、面？
2. 简述单眼观察和双眼观察的区别。
3. 简述像对立体观察应该满足的条件。
4. 通过立体观察，结合自己体会，试总结像对立体观察的详细步骤。

任务二　立体像对定向与解析

任务描述

一、学习型工作任务

通过学习立体像对方位及方位元素的概念，理解空间前方交会、共面条件方程、空间相似变换的思想，学会进行立体像对定向与解析。

二、教学目标

(一)知识目标

(1)掌握立体像对相对方位及相对方位元素的概念。

(2)掌握立体像对绝对方位及绝对方位元素的概念。

(3)理解空间前方交会、共面条件方程、空间相似变换的思想。

(二)技能目标

能进行立体像对定向与解析。

(三)态度目标

(1)培养学生团结协作、爱岗敬业的职业道德。

(2)培养学生吃苦耐劳、认真细致的职业精神。

三、教学组织设计

(1)学生角色:扮演立体像对定向与解析员。

(2)教学情景:由企业提供航空摄影资料,学生根据这些相关数据资料进行像对定向与解析。

(3)教学材料:教学课件、立体像对、立体镜、航空摄影测量规范。

(4)教学内容过程设计:首先教师在课堂上利用教学课件讲授立体像对相对方位及绝对方位的概念,以及空间前方交会、共面条件方程、空间相似变换的思想,并结合立体像对指导学生进行定向与解析。

由学生编写立体像对定向与解析的成果报告,教师根据上交的成果情况,给予评价。

四、其他说明

在教学组织过程中,教师必须引导学生在概念认识的基础上进行相互答疑,并对其效果进行评定。

相关知识

码 4-1 相对方位元素空间关系

一、立体像对的相对方位元素和绝对方位元素

(一)概述

确定一张航摄像片(或摄影光束)在地面辅助坐标系统中的方位,需要 6 个外方位元素,即摄站的 3 个坐标和确定摄影光束姿态的 3 个角元素。因此,要确定一个立体像对的两张像片(或光束)在该坐标系中的方位,则需有 12 个外方位元素,即

左片:X_{S1}、Y_{S1}、Z_{S1}、φ_1、ω_1、κ_1;

右片:X_{S2}、Y_{S2}、Z_{S2}、φ_2、ω_2、κ_2。

这两组(12 个)外方位元素便确定了这两张像片在地面辅助坐标系中的方位,当然也就确定了这两张像片之间的相对方位。

但在解决摄影测量问题的时候,人们往往首先关心的不是整个像对的绝对方位,而是首先只考虑两张像片的相对方位,比如右像片相对于左像片的方位。而后再处理整个像对在某一测量空间(如地面辅助坐标系统)中的绝对方位。这就把问题明显地分成了两个解决步骤,首先确定一个像对中两张像片间的相对方位,这个过程叫作立体像对的相对定向;确定一个立体像对中两张像片之间的相对方位所需要的参数,叫作该像对的相对方位元素;然后确定该像对相对于地辅坐标系统的绝对方位,这个过程叫作立体像对的绝对定向;其所必需的参数叫作该立体像对的绝对方位元素。

为了决定相对方位元素的个数,人们把右片的外方位元素减去左片的外方位元素,得

$$\left.\begin{aligned}\Delta X_S &= X_{S2} - X_{S1}\\ \Delta Y_S &= Y_{S2} - Y_{S1}\\ \Delta Z_S &= Z_{S2} - Z_{S1}\\ \Delta\varphi &= \varphi_2 - \varphi_1\\ \Delta\omega &= \omega_2 - \omega_1\\ \Delta\kappa &= \kappa_2 - \kappa_1\end{aligned}\right\}\tag{4-4}$$

其中,ΔX_S、ΔY_S、ΔZ_S 为摄影基线 B 在地面辅助坐标系中的 3 个坐标轴上的投影,称为摄影基线的 3 个分量,通常记为 B_X、B_Y、B_Z,它们决定了基线的方向和长度(见图 4-9),得

$$\left.\begin{aligned}B &= \sqrt{B_X^{\ 2} + B_Y^{\ 2} + B_Z^{\ 2}}\\ \tan T &= B_Y/B_X\\ \sin V &= B_Z/B\end{aligned}\right\}\tag{4-5}$$

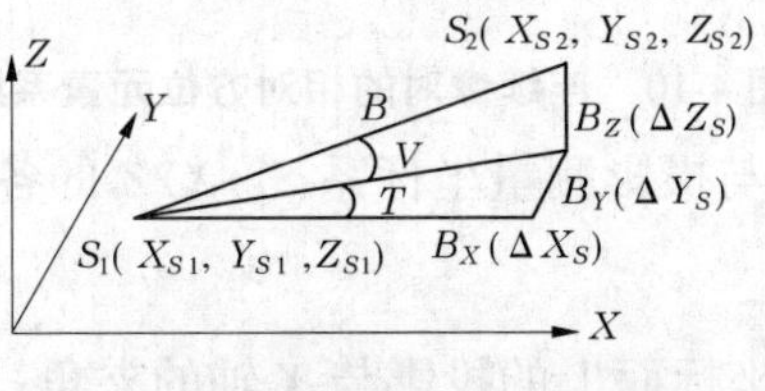

图 4-9 摄影基线的 3 个分量

因此,B_X、B_Y、B_Z 这 3 个元素可用 B(或 B_X)、T、V 这 3 个元素来代替。

但是人们并不关心基线 B 的长度,因为它只影响模型的比例尺,并不影响两张像片之间的相对方位。于是,确定两张像片(光束)间相对方位的元素便只需要 5 个,即 T、V、$\Delta\varphi$、$\Delta\omega$、$\Delta\kappa$。

在确定了两张像片(光束)的相对方位之后,如果再知道了左片(或右片)的 6 个外方位元素和基线 B(或 B_X)的长度,就可以按前面的关系求出右片(或左片)的外方位元素。于是,这 7 个参数就叫作立体像对(或模型)的绝对方位元素。

但是,在摄影测量的生产作业中,立体像对的相对定向与绝对定向总是与一定的仪器和作业方法相联系的,通常人们并不直接采用上述立体像对的相对方位元素和绝对方位元素。

(二)立体像对的相对方位元素

相对方位元素与摄影测量坐标系统的选择有关,对于不同的摄影测量坐标系,相对方位元素可以有不同的选择。下面介绍两种常用的相对方位元素系统。

1. 连续像对的相对方位元素系统

连续像对的相对方位元素系统是把立体像对中的左片平面当作一个假定的水平面,而求右片相对于左片的相对方位。这也就是说,这种相对方位元素系统是以左片的像空间坐标系 $S_1-x_1y_1z_1$ 作为参照基准的。

如图 4-10 所示,现取左片的像空间坐标系 $S_1-x_1y_1z_1$ 作为摄影测量坐标系 S_1-XYZ,则可认为左片在此摄影测量坐标系 S_1-XYZ 中的外方位元素全部为零。因此,右片对于左片的相对方位元素,就是右片在摄影测量坐标系 S_1-XYZ 中的所谓外方位元素(由于这里的外方位元素并不一定是相对地面辅助坐标系而言的,所以加上所谓二字)。因此,连续像对的相对方位元素由 5 个元素组成:$\overline{T},\overline{V},\Delta\overline{\varphi},\Delta\overline{\omega},\Delta\overline{\kappa}$。

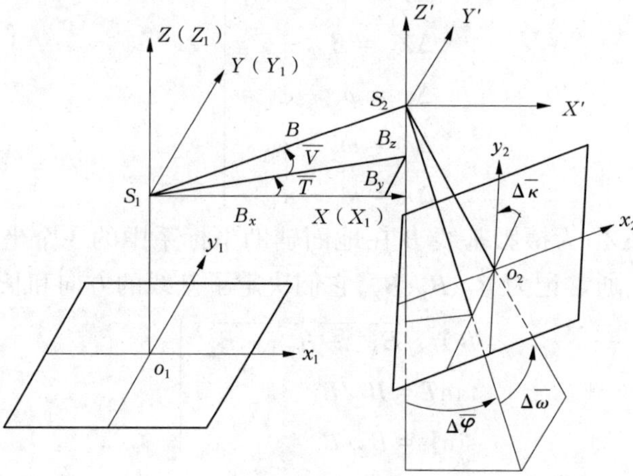

图 4-10 连续像对的相对方位元素系统

现作一坐标系 $S_2-X'Y'Z'$ 与摄影测量坐标系 S_1-XYZ 的各轴平行,则各相对方位元素含义分别如下:

$\overline{T}$——摄影基线 B 在 XY 坐标面上的投影与 X 轴的夹角;

$\overline{V}$——摄影基线 B 与 XY 坐标面之间的夹角;

$\Delta\overline{\varphi}$——右片主光轴 S_2o_2 在 $X'Z'$ 坐标面上的投影与 Z' 轴的夹角;

$\Delta\overline{\omega}$——右片主光轴 S_2o_2 与 $X'Z'$ 坐标面之间的夹角;

$\Delta\overline{\kappa}$——Y' 轴在右片平面上的投影与右片像平面坐标系 y_2 轴之间的夹角。

各元素均从坐标轴或坐标面起算($\Delta\overline{\kappa}$ 从 Y' 轴在右片上的投影起算),图 4-10 中所示的方向均为正。

以上 5 个元素中,$\overline{T}$ 和 $\overline{V}$ 确定了摄影基线在摄影测量坐标系 S_1-XYZ 中的方向;$\Delta\overline{\varphi}$ 和 $\Delta\overline{\omega}$ 确定了右光束的主光轴 S_2o_2 在摄测坐标系中的方向,因而也就确定了两光束的主光轴间的相对方位;$\Delta\overline{\kappa}$ 确定了右片在其自身平面内的旋转,即右光束绕其主光轴的旋转。

由于这种相对方位元素系统是以左片的像空间坐标系为参照基准,因此可以脱离地面辅助坐标系统而独立地确定两个光束的相对方位。这种相对方位元素系统的特点是,在相对定向过程中,只需移动或旋转其中一张像片(或光束),另一个则始终固定不变。

由上述可知,连续像对的相对方位元素可以理解为右光束(或右片的像空间坐标系)在左片像空间坐标系中的外方位元素(基线 B 或 B_X 可为任意假定值)。广义地说,连续像对的相对方位元素可认为是以左片(左光束)为基准的相对方位元素。假如左片在某一给定的摄测坐标系中的角方位元素是已知的,则可用该摄测坐标系为基准。此时,右片(右光束)在该摄测坐标系中的外方位元素(基线 B 或 B_X 可为任意假定值)仍叫作连续像对的相对方位元素,不过这时的相对方位元素是相对该摄影坐标系而言的。由于左片在该坐标系中的角方位元素是已知的,因而也就确定了两光束间的相对方位。例如,左片在 $S-XYZ$ 中的角方位元素($\varphi_1,\omega_1,\kappa_1$)为已知值,右片在 $S-XYZ$ 中的外方位元素为 B_X、B_Y、B_Z、φ_2、ω_2、κ_2,则 B_Y、B_Z、φ_2、ω_2、κ_2 就是连续像对的相对方位元素,或用 T、V、φ_2、ω_2、κ_2 作为相对方位元素。

2. 单独像对的相对方位元素系统

在单独像对的相对方位元素系统中,将摄影测量坐标系统的坐标原点定在摄站 S_1,其 X 轴与摄影基线 B 重合,Z 轴在左主核面内,如图 4-11 所示。把这种摄影测量坐标系叫作基线坐标系。所以,单独像对的相对方位元素系统是以基线坐标系为参考基准的。

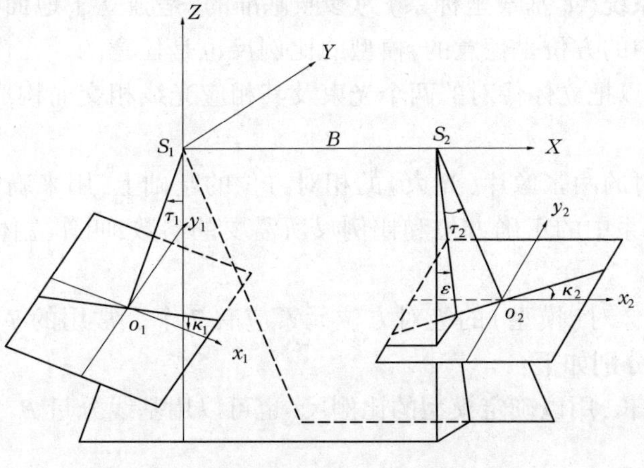

图 4-11 单独像对的相对方位元素系统

由于两个摄站 S_1 和 S_2 都在 X 轴上,它们之间的长度又无关紧要,可以为任一常数,因而两摄站之间的相对位置便可很简单地以任意比例尺确定下来。现在的问题是如何规定两光束在基线坐标系统中的姿态。因此,单独像对的相对方位元素由 5 个元素组成:τ_1、κ_1、ε、τ_2、κ_2,各含义分别如下:

τ_1——左主核面(XZ 面)上左主光轴 S_1o_1 与摄影基线的垂线(即 Z 轴)之间的夹角,由垂线起算,顺着坐标轴正向看,逆时针为正,图 4-11 中为负值。

κ_1——左片上左主核线与像平面坐标系 x_1 轴间的夹角,由左主核线起算,逆时针至 x_1 轴正方向为正,图 4-11 中 κ_1 角为负值。

ε——左右两像片主核面之间的夹角。由左主核面起算,图 4-11 中箭头所示的方向为正。

τ_2——右主核面上右主光轴与摄影基线 B 的垂线之间的夹角,由垂线起算,其方向正负与 τ_1 相同,图4-11中 τ_2 角为正值。

κ_2——右片上右主核线与像平面坐标系 x_2 轴间的夹角,由右主核线起算,正负号规定与 κ_1 相同,图4-11中 κ_2 为负值。

上述5个元素中,ε 可以确定两主核面间的相对位置;τ_1 和 τ_2 可分别确定两主光轴与基线的相对位置;κ_1 和 κ_2 可分别确定两张像片在其自身平面内的旋转,即控制两光束分别绕其主光轴旋转。所以,用这5个元素也可以确定两光束的相对方位。这种系统的特点是确定两光束相对方位时,要分别转动两光束来实现。它们同样与地面辅助坐标系无关。

单独像对相对方位元素的系统是以基线坐标系为基准的,从这方面来理解,可以认为 ε、τ_2 和 κ_2 是右光束(右片)在基线坐标系中的外方位角元素;τ_1 和 κ_1 是左光束(左片)在基线坐标系中的外方位角元素。它们的旋转顺序与第二种外方位角元素系统一致,即以 X 轴作为第一旋转轴(主轴),以 Y 轴作为第二旋转轴。而连续像对的相对方位元素系统的旋转顺序是与第一种外方位角元素系统相一致的。

(三)立体像对(模型)的绝对方位元素

在恢复了立体像对的两张像片(光线束)的相对方位之后,相应光线必在其核面内成对相交,这些交点的总和,形成了一个与实地相似的几何模型。不过,由于相对方位元素系统是以摄影测量坐标系统(如基线坐标系)为参照基准的,是独立于地面辅助坐标系统的,所以它在地辅坐标系中的方位是任意的,模型的比例尺也是任意的。在恢复了立体像对的相对方位之后,人们可以把立体像对的两个光束及其相应光线相交而构成的立体模型作为一个整体看待。

在恢复立体像对的两张像片(光束)的相对方位的基础上,用来确定立体像对(立体模型)在地面辅助坐标系中的正确方位和比例尺所需要的参数,叫作立体像对(模型)的绝对方位元素。

前已述及,立体像对(模型)的绝对方位元素应有7个。常用的7个元素是 B、X_S、Y_S、Z_S、Φ、Ω、K,各含义分别如下:

B——摄影基线长,用以确定模型的比例尺(也可以用基线分量 B_X 代替,或用模型的比例尺分母代替);

Φ——模型在 X 方向(航线方向)的倾斜角;

Ω——模型在 Y 方向(旁向)的倾斜角;

K——模型在 XY 平面内的旋转角;

(X_S, Y_S, Z_S)——某一摄站(如左摄站)在地面辅助坐标系 $O_T-X_TY_TZ_T$ 中的坐标(也可以用模型中某一已知点的地面坐标)。

上述立体像对(模型)的绝对方位元素的含义,还可以用解析几何学中坐标变换的方法来分析。假如在确定像对的相对方位元素时,是以摄影测量坐标系 $S-XYZ$(比如,在单独像对的相对方位元素系统中,$S-XYZ$ 就是基线坐标系)为参照基准的,那么立体像对(模型)的绝对方位元素就是确定摄影测量坐标系 $S-XYZ$ 在地面辅助坐标系 $O_T-X_TY_TZ_T$ 中的方位和统一长度单位所需要的参数。所需的参数有7个:λ、X_S、Y_S、Z_S、Φ、Ω、K,各含义分别如下:

Φ, Ω, K——摄影测量坐标系 $S-XYZ$ 相对于地面辅助坐标系 $O_T-X_TY_TZ_T$ 的3个旋转角;

(X_S,Y_S,Z_S)——摄影测量坐标系 $S\text{-}XYZ$ 的坐标原点 S 在地面辅助坐标系 $O_T\text{-}X_TY_TZ_T$ 中的坐标；

λ——两坐标系的单位长度的比值，实际为模型的比例尺分母。

二、空间前方交会

(一)空间前方交会的概念

在立体像对的相对方位元素已知的情况下，可以确定两张像片间的相对方位，也就是恢复两张像片(光束)在摄影时的相对方位，使其相应光线在各自的核面内成对相交。所有交点的集合便形成了一个与实地相似的几何模型。这些模型点坐标便可在相应的摄影测量坐标系统中计算出来。

利用立体像对两张像片的内外方位元素和同名像点的像坐标解算相应地面点地面坐标的工作，叫作空间前方交会。

(二)空间前方交会的一般公式

图 4-12 表示一个已恢复了相对方位的立体像对。其中，S 和 S' 代表两个摄站，$S\text{-}XYZ$ 是以左摄站 S 为原点的摄影测量坐标系统。现记：

$(\Delta X,\Delta Y,\Delta Z)$—— 模型点 A 在摄影测量坐标系 $S\text{-}XYZ$ 中的坐标；

(X,Y,Z)—— 模型点 A 在左片上的相应像点 a 在摄影测量坐标系 $S\text{-}XYZ$ 中的坐标；

(B_X,B_Y,B_Z)—— 右摄站 S' 在摄影测量坐标系 $S\text{-}XYZ$ 中的坐标。

为了推导方便，以右摄站为原点建立一个辅助的摄影测量坐标系 $S'\text{-}X'Y'Z'$，并使其三轴分别与上述的摄影测量坐标系 $S\text{-}XYZ$ 的三轴平行。现记：

$(\Delta X',\Delta Y',\Delta Z')$——模型点 A 在坐标系 $S'\text{-}X'Y'Z'$ 中的坐标；

(X',Y',Z')——模型点 A 在右片上的相应像点 a' 在坐标系 $S'\text{-}X'Y'Z'$ 中的坐标。

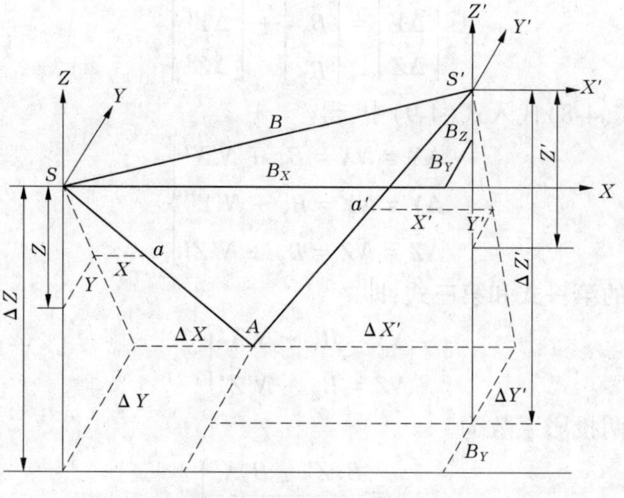

图 4-12　立体像对空间前方交会

显然，像点 a 在 $S\text{-}XYZ$ 中的坐标和相应像点 a' 在 $S'\text{-}X'Y'Z'$ 中的坐标分别取决于左右像片在这两个坐标系中的角方位元素。由于这两个坐标系的相应坐标轴平行，因而右片在 $S'\text{-}X'Y'Z'$ 中的角方位元素也就是它在 $S\text{-}XYZ$ 中的角方位元素。按空间坐标的旋转变换

式,有

$$\begin{bmatrix}X\\Y\\Z\end{bmatrix}=\boldsymbol{M}\begin{bmatrix}x\\y\\-f\end{bmatrix},\quad\begin{bmatrix}X'\\Y'\\Z'\end{bmatrix}=\boldsymbol{M}'\begin{bmatrix}x'\\y'\\-f\end{bmatrix}\tag{4-6}$$

式中 $\boldsymbol{M}$——左片对坐标系 $S-XYZ$ 的旋转矩阵;

$\boldsymbol{M}'$——右片对坐标系 $S'-X'Y'Z'$ 的旋转矩阵;

$(x,y,-f)$——左片像点 a 的像空间坐标;

$(x',y',-f)$——右片像点 a' 的像空间坐标。

注意,对于连续像对的相对方位元素系统,$\boldsymbol{M}=\boldsymbol{E}$(单位阵),而 $\boldsymbol{M}'$ 相对方位元素中的3个角元素($\Delta\bar{\varphi},\Delta\bar{\omega},\Delta\bar{\kappa}$)依式(3-17)确定。

下面推导前方交会公式。

由 S、a、A 3点共线,可以写出:

$$\begin{bmatrix}\Delta X\\\Delta Y\\\Delta Z\end{bmatrix}=N\begin{bmatrix}X\\Y\\Z\end{bmatrix}\tag{4-7}$$

又由 S'、a'、A 3点共线,可以写出:

$$\begin{bmatrix}\Delta X'\\\Delta Y'\\\Delta Z'\end{bmatrix}=N'\begin{bmatrix}X'\\Y'\\Z'\end{bmatrix}\tag{4-8}$$

N 和 N' 叫作投影系数。

因为摄影测量坐标系 $S-XYZ$ 和 $S'-X'Y'Z'$ 之间只是一个平移变换关系,由线性代数,得

$$\begin{bmatrix}\Delta X\\\Delta Y\\\Delta Z\end{bmatrix}=\begin{bmatrix}B_X\\B_Y\\B_Z\end{bmatrix}+\begin{bmatrix}\Delta X'\\\Delta Y'\\\Delta Z'\end{bmatrix}\tag{4-9}$$

将式(4-7)和式(4-8)代入式(4-9)中,得

$$\left.\begin{aligned}\Delta X=NX=B_X+N'X'\\\Delta Y=NY=B_Y+N'Y'\\\Delta Z=NZ=B_Z+N'Z'\end{aligned}\right\}\tag{4-10}$$

取式(4-10)中的第一式和第三式,即

$$\left.\begin{aligned}NX=B_X+N'X'\\NZ=B_Z+N'Z'\end{aligned}\right\}$$

联立即可求得两投影系数为

$$\left.\begin{aligned}N=\frac{B_XZ'-B_ZX'}{XZ'-X'Z}\\N'=\frac{B_XZ-B_ZX}{XZ'-X'Z}\end{aligned}\right\}\tag{4-11}$$

式(4-10)和式(4-11)便是在单模型内计算模型点坐标的公式,称为空间前方交会公式。它是空间前方交会公式的一般形式,其他某些特定条件下的空间前方交会公式可以由它转化而来。

由式(4-10)可得 $NY-(B_Y+N'Y')=Q$,Q 叫作模型的上下视差。如果立体模型建立,同名光线成对相交,则各点的 Q 值应为零。

(三)用标准式像对确定模型点坐标的公式

对于标准式像对,由于其摄影基线水平,在地面辅助坐标系中两张像片的角方位元素均为0。此时,若取基线坐标系为摄影测量坐标系,则有 $B_Y=B_Z=0$,$B_X=B$。将这些关系代入式(4-10),得

$$\begin{bmatrix}\Delta X\\ \Delta Y\\ \Delta Z\end{bmatrix}=N\begin{bmatrix}x_1^0\\ y_1^0\\ -f\end{bmatrix}=\begin{bmatrix}B\\ 0\\ 0\end{bmatrix}+N'\begin{bmatrix}x_2^0\\ y_2^0\\ -f\end{bmatrix} \tag{4-12}$$

$$N=N'=\frac{B}{x_1^0-x_2^0}=\frac{B}{p^0} \tag{4-13}$$

这就是用标准式像对确定模型点空间坐标的公式,式(4-13)中 $p^0=x_1^0-x_2^0$ 称为地面点 A 在标准式像对上的左右视差。

设以 H 表示摄站对任一地面点 A 的相对航高,则 $H=-\Delta Z$。由式(4-12)的第三式,可以写出:

$$p^0=\frac{f}{H}B=\frac{1}{M}B \tag{4-14}$$

式中 M——像片比例尺分母,$M=\dfrac{H}{f}$。

由式(4-14)可知,p^0 为按该点像比例尺缩小后的摄影基线长度,称为该点的像片基线。由于地面上各点高低不同,因此摄站对各点的相对航高也不同,各点的像比例尺也不同。所以,在标准式像对上,各地面点的左右视差等于按该点像比例尺缩小后的摄影基线长度。这是关于左右视差的重要概念。

(四)标准式像对的高差公式

如图4-13所示,P_1、P_2 为标准式像对,设地面点 A_1 为起始点,其相对航高为 H_1,左右视差为 p_1^0,A 为任意地面点,其相对航高为 H,左右视差为 p^0,由式(4-14)得

$$\left.\begin{aligned}H_1&=\frac{B}{p_1^0}f\\ H&=\frac{B}{p^0}f\end{aligned}\right\} \tag{4-15}$$

设地面点 A 相对起始点 A_1 的高差为 Δh,则

$$\Delta h=H_1-H=\frac{B}{p_1^0}f-\frac{B}{p^0}f=Bf\frac{p^0-p_1^0}{p_1^0p^0}=\frac{p^0-p_1^0}{p^0}H_1 \tag{4-16}$$

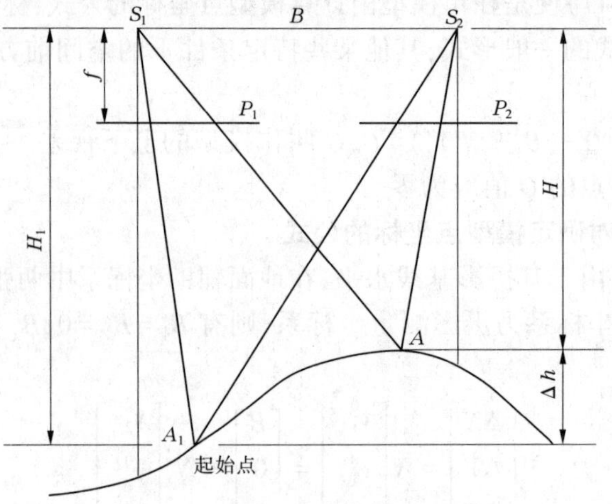

图 4-13　标准式像对的高差

任意点的左右视差与起始点的左右视差的差值称为左右视差较，以 Δp 表示，即

$$\Delta p = P - P_1 \tag{4-17}$$

对于标准式像对，则 $\Delta p^0 = p^0 - p_1^0$，$p^0 = p_1^0 + \Delta p^0$。

将其代入式(4-16)，得

$$\Delta h = \frac{\Delta p^0}{p_1^0 + \Delta p^0} H_1 \tag{4-18}$$

$$\Delta p^0 = \frac{\Delta h}{H_1 - \Delta h} p_1^0 \tag{4-19}$$

式(4-19)可用于已知某地面点相对起始点的高差 Δh，反求它在标准式像对上的左右视差较 Δp^0。在标准式像对上，Δp^0 相等的点，高程必相等，将 Δp^0 相等的点连接起来，即为等高线。

三、立体像对的相对定向——共面条件方程

恢复立体像对中两张像片（或光束）间的相对方位的过程，叫作立体像对的相对定向。在讲述立体像对的基本定义时，相应光线和摄影基线共处于一个核面内，这也是恢复立体像对的相对方位的几何条件，称为共面条件。共面条件的解析表达，称为共面条件方程。

码 4-2　相对定向目的

（一）共面条件方程的一般形式

如图 4-14 所示，在摄站 S 和 S' 处摄取一个立体像对 $P-P'$，任一地面点 A 在像片 P 和 P' 上的相应像点分别为 a 和 a'。图 4-14 中，$S-XYZ$ 为所选定的摄影测量坐标系，过 S' 作一辅助的摄影测量坐标系 $S'—X'Y'Z'$，使其各坐标轴与坐标系 $S-XYZ$ 的相应坐标轴平行。设

码 4-3　相对定向原理

(X, Y, Z) 为 a 点在坐标系 $S-XYZ$ 中的坐标；

(X', Y', Z') 为 a' 点在坐标系 $S'-X'Y'Z'$ 中的坐标；

(B_X, B_Y, B_Z)为S'点在坐标系$S\text{-}XYZ$中的坐标。

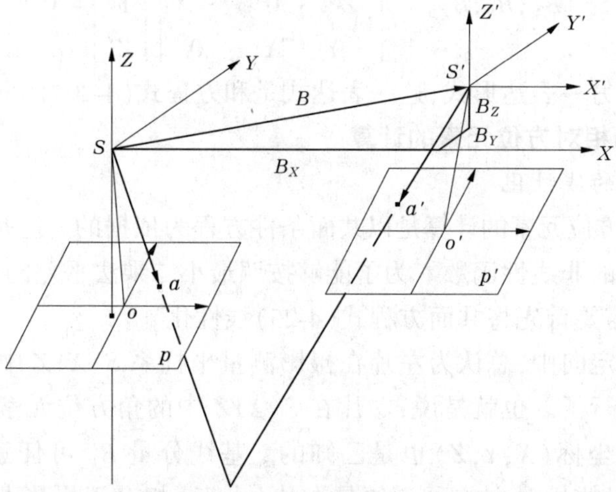

图 4-14 立体像对共面示意图

则由向量代数知,向量$\overrightarrow{SS'}$、$\overrightarrow{Sa}$和$\overrightarrow{S'a'}$共面(即S,S',a,a' 4 点共面)的充要条件是它们所组成的数量向量积等于零,即

$$\overrightarrow{SS'}\cdot(\overrightarrow{Sa}\times\overrightarrow{S'a'})=0 \tag{4-20}$$

这就是共面条件方程的向量表达式,其相应的坐标表达形式为

$$\begin{vmatrix} B_X & B_Y & B_Z \\ X & Y & Z \\ X' & Y' & Z' \end{vmatrix}=0 \tag{4-21}$$

它的几何解释是由此 3 个向量所形成的平行六面体的体积必须等于零,由此保证这一对相应光线共处于一个核面之内,成对相交。

当然,式(4-21)还可以改化成其他的表达形式,如将式(4-21)按第一行元素展开,有

$$B_X\begin{vmatrix} Y & Z \\ Y' & Z' \end{vmatrix}-B_Y\begin{vmatrix} X & Z \\ X' & Z' \end{vmatrix}+B_Z\begin{vmatrix} X & Y \\ X' & Y' \end{vmatrix}=0 \tag{4-22}$$

即

$$[B_X, B_Y, B_Z]\begin{bmatrix} YZ'-Y'Z \\ X'Z-XZ' \\ XY'-X'Y \end{bmatrix}=0 \tag{4-23}$$

因

$$\begin{bmatrix} YZ'-Y'Z \\ X'Z-XZ' \\ XY'-X'Y \end{bmatrix}=\begin{bmatrix} 0 & -Z & Y \\ Z & 0 & -X \\ -Y & X & 0 \end{bmatrix}\begin{bmatrix} X' \\ Y' \\ Z' \end{bmatrix} \tag{4-24}$$

故

$$[B_X, B_Y, B_Z]\begin{bmatrix} 0 & -Z & Y \\ Z & 0 & -X \\ -Y & X & 0 \end{bmatrix}\begin{bmatrix} X' \\ Y' \\ Z' \end{bmatrix} = 0 \tag{4-25}$$

这是共面方程的另一表达形式,这一表达式是和方程式(4-20)的向量表达式对应的。

(二)连续像对的相对方位元素的计算

1. 共面条件方程的线性化

连续像对的相对方位元素的计算是以共面条件方程为依据的。但是,共面方程式(4-25)是立体像对方位元素的非线性函数。为了能够按照最小二乘法平差的原理解算出相对方位元素的最小二乘解,需要首先将共面方程式(4-25)线性化。

在连续像对相对定向中,总认为左片在摄影测量坐标系 $S-XYZ$ 中是固定不动的,只移动或旋转右方像片就行了。也就是说,左片在 $S-XYZ$ 中的角方位元素是已知的。所以,左片上像点的摄影测量坐标 (X,Y,Z) 也是已知的。基线分量 B_X 可任意给定,是一个常数。在这样的条件下,像对的相对方位元素便是右片(光束)相对于摄影测量坐标系统 $S-XYZ$ 的外方位元素,即 B_Y、B_Z、$\Delta\varphi$、$\Delta\omega$、$\Delta\kappa$。

依空间坐标的旋转变换式求出右片上相应像点 a' 在辅助摄影测量坐标系 $S'-X'Y'Z'$ 中的坐标 (X',Y',Z') 的近似值(见图 4-14),得

$$\begin{bmatrix} (X')^0 \\ (Y')^0 \\ (Z')^0 \end{bmatrix} = \boldsymbol{M}'\begin{bmatrix} x' \\ y' \\ -f \end{bmatrix} \tag{4-26}$$

式中 $\boldsymbol{M}'$——右片对辅助摄影测量坐标系 $S'-X'Y'Z'$ 的旋转矩阵,是 $\Delta\varphi$、$\Delta\omega$、$\Delta\kappa$ 的函数;

$(x',y',-f)$——右片上相应像点 a' 的像空间坐标。

若将这些近似值代入到共面方程式(4-21)中,则左方的三阶行列式必不等于零,而等于某一非零的数值 $\boldsymbol{R}$,则有

$$\begin{vmatrix} B_X^0 & B_Y^0 & B_Z^0 \\ X & Y & Z \\ (X')^0 & (Y')^0 & (Z')^0 \end{vmatrix} = \boldsymbol{R} \tag{4-27}$$

这就表明,此时没有满足共面条件。要使共面条件得以满足,必须在相对方位元素的近似值中加入相应的改正数,即有

$$\begin{vmatrix} B_X & B_Y + \mathrm{d}B_Y & B_Z + \mathrm{d}B_Z \\ X & Y & Z \\ X' + \mathrm{d}X' & Y' + \mathrm{d}Y' & Z' + \mathrm{d}Z' \end{vmatrix} = 0 \tag{4-28}$$

注意,从式(4-28)开始,为符号的简便起见,省去了代表近似值的括号和角符“0”,但应明确式中的 B_X、B_Z、X'、Y'、Z' 都是近似值。

将式(4-28)展开,略去二次微小项,有

$$\begin{vmatrix} B_X & B_Y & B_Z \\ X & Y & Z \\ X' & Y' & Z' \end{vmatrix} + \begin{vmatrix} 0 & \mathrm{d}B_Y & \mathrm{d}B_Z \\ X & Y & Z \\ X' & Y' & Z' \end{vmatrix} + \begin{vmatrix} B_X & B_Y & B_Z \\ X & Y & Z \\ \mathrm{d}X' & \mathrm{d}Y' & \mathrm{d}Z' \end{vmatrix} = 0 \tag{4-29}$$

参照旋转变换的微分关系展开，可以写出

$$\begin{bmatrix} dX' \\ dY' \\ dZ' \end{bmatrix} = \begin{bmatrix} 0 & -d\Delta\kappa & -d\Delta\varphi \\ d\Delta\kappa & 0 & -d\Delta\omega \\ d\Delta\varphi & d\Delta\omega & 0 \end{bmatrix} \begin{bmatrix} X' \\ Y' \\ Z' \end{bmatrix} \tag{4-30}$$

将式(4-30)代入式(4-29)中，得

$$\begin{vmatrix} B_X & B_Y & B_Z \\ X & Y & Z \\ X' & Y' & Z' \end{vmatrix} + \begin{vmatrix} 0 & dB_Y & dB_Z \\ X & Y & Z \\ X' & Y' & Z' \end{vmatrix} +$$

$$\begin{vmatrix} B_X & B_Y & B_Z \\ X & Y & Z \\ -Y'd\Delta\kappa - Z'd\Delta\varphi & X'd\Delta\kappa - Z'd\Delta\varphi & X'd\Delta\varphi + Y'd\Delta\omega \end{vmatrix} = 0 \tag{4-31}$$

按相对方位元素集项，将式(4-31)整理成如下的形式，得

$$\begin{vmatrix} B_X & B_Y & B_Z \\ X & Y & Z \\ 0 & -Z' & Y' \end{vmatrix} d\omega + \begin{vmatrix} B_X & B_Y & B_Z \\ X & Y & Z \\ -Z' & 0 & X' \end{vmatrix} d\Delta\varphi + \begin{vmatrix} B_X & B_Y & B_Z \\ X & Y & Z \\ -Y' & X' & 0 \end{vmatrix} d\Delta\kappa -$$

$$\begin{vmatrix} X & Z \\ X' & Z' \end{vmatrix} dB_Y + \begin{vmatrix} X & Y \\ X' & Y' \end{vmatrix} dB_Z + R = 0 \tag{4-32}$$

其中，$\boldsymbol{R}$ 如式(4-27)所示。式(4-32)就是共面条件方程的线性化形式。

由 $\Delta\varphi$、$\Delta\omega$、$\Delta\kappa$ 3 个角元素为独立参数构成的各片旋转矩阵 $\boldsymbol{M}'$ 将会用到许多角函数的运算，不大方便。为了计算便利，在近似垂直摄影的情况下，像片的倾斜角一般很小，直接取用 3 个独立的方向余弦作为独立参数，以取代 $\Delta\varphi$、$\Delta\omega$、$\Delta\kappa$ 3 个角元素。为此，可做如下代换

$$da_2 = -d\Delta\kappa, da_3 = -d\Delta\varphi, db_3 = -d\Delta\omega \tag{4-33}$$

此外，在线性化的共面条件方程式(4-32)中，dB_Y 和 dB_Z 是长度值，而 $d\Delta\varphi$、$d\Delta\omega$、$d\Delta\kappa$ 是角度值，在迭代运算的过程中不便于统一规定限差的标准。为此再做如下代换：

$$\left.\begin{aligned} T = B_Y/B_X, \quad B_Y = B_X T, \quad dB_Y = B_X dT \\ v = B_Z/B_X, \quad B_Z = B_X v, \quad dB_Z = B_X dv \end{aligned}\right\} \tag{4-34}$$

经过上述代换以后，便得到作业中广泛使用的线性化共面条件方程式，为

$$\begin{vmatrix} B_X & B_Y & B_Z \\ X & Y & Z \\ 0 & Z' & -Y' \end{vmatrix} db_3 + \begin{vmatrix} B_X & B_Y & B_Z \\ X & Y & Z \\ Z' & 0 & -X' \end{vmatrix} da_3 + \begin{vmatrix} B_X & B_Y & B_Z \\ X & Y & Z \\ Y' & -X' & 0 \end{vmatrix} da_2 -$$

$$\begin{vmatrix} X & Z \\ X' & Z' \end{vmatrix} B_X dT + \begin{vmatrix} X & Y \\ X' & Y' \end{vmatrix} B_X dv + R = 0 \tag{4-35}$$

式(4-35)可改化为下列形式，具体推导过程略。

$$\left(\Delta Z' + \frac{\Delta Y'\Delta Y'}{\Delta Z'}\right) db_3 + \frac{\Delta X'\Delta Y'}{\Delta Z'} da_3 - \Delta X' da_2 + B_X dT - B_X \frac{\Delta Y'}{\Delta Z'} dv - Q = 0 \tag{4-36}$$

式中

$$Q = -B_Y + NY - N'Y' \tag{4-37}$$

$(\Delta X', \Delta Y', \Delta Z')$ 是模型点在以右方摄站 S' 为原点的辅助摄影测量坐标系 $S'-X'Y'Z'$ 中

的坐标。

2. 连续像对的相对方位元素的计算过程

(1)输入原始数据。

①定向点的像坐标(x_i,y_i)和(x_i',y_i')，$i=1,2,3,\cdots,n(n\geqslant5)$；

②航摄仪主距f；

③已知的左片的旋转矩阵$\boldsymbol{M}$；

④给定的模型基线分量B_X(一般可任意给定为某一适当的常数)。

(2)确定相对方位元素的初始近似值。

在近似垂直摄影的情况下，这5个相对方位元素的近似值通常可给定为零。

(3)由b_3、a_3、a_2的近似值计算右片的旋转矩阵$\boldsymbol{M}'$。

(4)计算左片和右片相应像点的摄影测量坐标。

$$\begin{bmatrix}X\\Y\\Z\end{bmatrix}=\boldsymbol{M}\begin{bmatrix}x\\y\\-f\end{bmatrix},\begin{bmatrix}X'\\Y'\\Z'\end{bmatrix}=\boldsymbol{M}'\begin{bmatrix}x'\\y'\\-f\end{bmatrix}\tag{4-38}$$

码 4-4 相对定向

码 4-5 相对定向工作流程

(5)按式(4-38)逐点组成误差方程式，并逐点加以法化，以形成法方程式。其中所用到的模型坐标$(\Delta X,\Delta Y,\Delta Z)$和$(\Delta X',\Delta Y',\Delta Z')$等数据按空间前方交会的式(4-10)和式(4-11)计算。

(6)答解法方程，求出相对方位元素近似值的改正数。

(7)计算改正后的相对方位元素值。

码 4-6 相对定向(技能训练视频)

$$\begin{bmatrix}b_3\\a_3\\a_2\\T\\v\end{bmatrix}^{k+1}=\begin{bmatrix}b_3\\a_3\\a_2\\T\\v\end{bmatrix}^{k}+\begin{bmatrix}\mathrm{d}b_3\\\mathrm{d}a_3\\\mathrm{d}a_2\\\mathrm{d}T\\\mathrm{d}v\end{bmatrix}^{k+1}\tag{4-39}$$

这里的k代表迭代的次数。

(8)重复上述(3)~(7)各步骤的计算过程，直到所求出的相对方位元素的改正数小于规定的限差，即其可以忽略时。这时，就把最后一次迭代计算所求得的改正后的相对方位元素值作为该像对的相对方位元素的精确值使用。

四、立体模型的绝对定向——空间相似变换

当一个立体像对完成相对定向之后，相应光线在各自的核面内成对相交，其交点的集合便形成了一个与实地相似的几何模型。这些模型点在摄影测量坐标系统(有时亦称为模型坐标系统)中的坐标，可用空间前方交会的方法计算出来。

但是，这样建立的模型是相对于摄影测量坐标系统的，它在地面坐标系统中的方位是未知的，其比例尺也是任意的。现在的问题就是要确定立体模型在地面坐标系中的正确方位

和比例尺归化因子，从而确定出各模型点所对应的地面点在地面辅助坐标系中的坐标，这项工作就叫作立体模型的绝对定向。

把模型点的摄影测量坐标变换成相应地面点的地面坐标，包含三方面内容：一是模型坐标系相对于地面辅助坐标系的旋转；二是模型坐标系相对于地面辅助坐标系的平移；三是确定模型缩放的比例尺因子（见图 4-15）。现在，假定某模型点在模型坐标系统中的坐标为 (X,Y,Z)，其对应的地面点在地面辅助坐标系中的坐标为 (X_T,Y_T,Z_T)，那么上述变换在数学上可表述为

$$\begin{bmatrix} X_T \\ Y_T \\ Z_T \end{bmatrix} = \lambda \begin{bmatrix} a_1 & a_2 & a_3 \\ b_1 & b_2 & b_3 \\ c_1 & c_2 & c_3 \end{bmatrix} \begin{bmatrix} X \\ Y \\ Z \end{bmatrix} + \begin{bmatrix} X_0 \\ Y_0 \\ Z_0 \end{bmatrix} \tag{4-40}$$

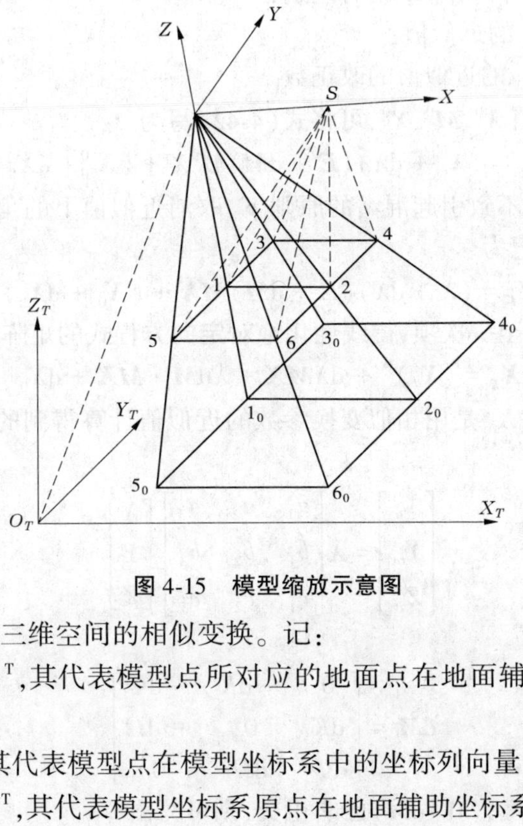

图 4-15　模型缩放示意图

这在数学上通称为三维空间的相似变换。记：

$\boldsymbol{X}_T=(X_T \quad Y_T \quad Z_T)^{\mathrm{T}}$，其代表模型点所对应的地面点在地面辅助坐标系中的坐标列向量；

$\boldsymbol{X}=(X \quad Y \quad Z)^{\mathrm{T}}$，其代表模型点在模型坐标系中的坐标列向量；

$\boldsymbol{X}_0=(X_0 \quad Y_0 \quad Z_0)^{\mathrm{T}}$，其代表模型坐标系原点在地面辅助坐标系中的位置向量；

$\boldsymbol{M}=\begin{bmatrix} a_1 & a_2 & a_3 \\ b_1 & b_2 & b_3 \\ c_1 & c_2 & c_3 \end{bmatrix}$，其代表模型坐标系相对于地面辅助坐标系的旋转矩阵（它有 3 个独立参数）。

则式（4-40）可用矩阵符号简写为

$$\boldsymbol{X}_T = \lambda \boldsymbol{M}\boldsymbol{X} + \boldsymbol{X}_0 \tag{4-41}$$

式（4-40）或式（4-41）便是严格的立体模型绝对定向数学方程式。在这个方程式中共有 7 个变换参数：3 个平移参数 X_0、Y_0、Z_0；构成旋转矩阵 $\boldsymbol{M}$ 的 3 个独立的角元素，习惯上都用 Φ、

Ω、K 表示;再一个就是比例尺归化因子 λ,称这 7 个参数为立体模型的绝对定向元素。

显然,如果 7 个绝对定向元素(或称相似变换的 7 个变换参数)为已知,就可以按照式(4-40)将模型点的摄影测量坐标归算成相应地面点的地面坐标。

现在的问题是如何求出这 7 个绝对定向元素。通常都是通过一定数量的控制点反求。但是由于式(4-40)所表达的三维空间相似变换是变换参数的非线性函数,为了适应于最小二乘法平差运算,必须首先将式(4-40)线性化。为了推导简单,从式(4-41)出发。现设:

λ^0——比例尺因子 λ 的近似值;

$d\lambda$——比例尺因子 λ 的近似值的改正数;

$\boldsymbol{M}^0$——旋转矩阵 $\boldsymbol{M}$ 的近似值(应是正交的);

$(\boldsymbol{E}+d\boldsymbol{M})$——旋转矩阵近似值 M^0 应该与之相乘的补充旋转矩阵,它本身应是正交的,但与单位矩阵 $\boldsymbol{E}$ 稍有差别;

X_0^0——平移向量 X_0 的近似值;

dX_0——平移向量 X_0 的近似值的改正数。

则对于给定的近似值 λ^0、$\boldsymbol{M}^0$、$\boldsymbol{X}^0$,可将式(4-42)写为

$$\boldsymbol{X}_T = (\lambda^0 + d\lambda)(\boldsymbol{E} + d\boldsymbol{M})\boldsymbol{M}^0\boldsymbol{X} + (\boldsymbol{X}_0^0 + d\boldsymbol{X}_0) \tag{4-42}$$

为了符号的简明,在不致引起混淆的原则下,取消近似值上的角标“0”,但读者应明确,它们仍是近似值。于是记为

$$\boldsymbol{X}_T = (\lambda + d\lambda)(\boldsymbol{E} + d\boldsymbol{M})\boldsymbol{M}\boldsymbol{X} + (\boldsymbol{X}_0 + d\boldsymbol{X}_0) \tag{4-43}$$

将式(4-42)展开,取至一次项,得线性化绝对定向方程式的矩阵表达式为

$$\boldsymbol{X}_T = (\boldsymbol{X}_T)^0 + d\lambda\boldsymbol{M}\boldsymbol{X} + \lambda d\boldsymbol{M}\cdot\boldsymbol{M}\boldsymbol{X} + d\boldsymbol{X}_0 \tag{4-44}$$

式中,$(\boldsymbol{X}_T)^0=\lambda\boldsymbol{M}\boldsymbol{X}+\boldsymbol{X}_0$ 是用相似变换参数的近似值计算得到的地面点坐标的近似值。记 $X_{tr}=\lambda\boldsymbol{M}\boldsymbol{X}$,即

$$\begin{bmatrix} X_{tr} \\ Y_{tr} \\ Z_{tr} \end{bmatrix} = \lambda \begin{bmatrix} a_1 & a_2 & a_3 \\ b_1 & b_2 & b_3 \\ c_1 & c_2 & c_3 \end{bmatrix} \begin{bmatrix} X \\ Y \\ Z \end{bmatrix}$$

并且取

$$d\boldsymbol{M} = \begin{bmatrix} 0 & -dK & -d\Phi \\ dK & 0 & -d\Omega \\ d\Phi & d\Omega & 0 \end{bmatrix}$$

注意:这里已有近似性,$(\boldsymbol{W}+d\boldsymbol{M})$ 已非正交,则可写出

$$\boldsymbol{X}_T = (X_{tr})^0 + X_{tr}\frac{d\lambda}{\boldsymbol{\lambda}} + X_{tr}d\boldsymbol{M} + dX_0 \tag{4-45}$$

记
$$\delta\boldsymbol{X} = \boldsymbol{X}_T - (\boldsymbol{X}_T)^0,\ d\lambda' = \frac{d\lambda}{\lambda}$$

则有

$$\delta X = d\boldsymbol{X}_0 + X_{tr}d\lambda' + X_{tr}d\boldsymbol{M} \tag{4-46}$$

写成具体的展开形式,为

$$\begin{bmatrix}\delta X\\ \delta Y\\ \delta Z\end{bmatrix}=\begin{bmatrix}\mathrm{d}X_0\\ \mathrm{d}Y_0\\ \mathrm{d}Z_0\end{bmatrix}+\mathrm{d}\lambda'\begin{bmatrix}X_{tr}\\ Y_{tr}\\ Z_{tr}\end{bmatrix}+\begin{bmatrix}0 & -\mathrm{d}K & -\mathrm{d}\Phi\\ \mathrm{d}K & 0 & -\mathrm{d}\Omega\\ \mathrm{d}\Phi & \mathrm{d}\Omega & 0\end{bmatrix}\begin{bmatrix}X_{tr}\\ Y_{tr}\\ Z_{tr}\end{bmatrix} \tag{4-47}$$

或改写成:

$$\begin{bmatrix}1 & 0 & 0 & X_{tr} & 0 & -Z_{tr} & Y_{tr}\\ 0 & 1 & 0 & Y_{tr} & -Z_{tr} & 0 & X_{tr}\\ 0 & 0 & 1 & Z_{tr} & Y_{tr} & X_{tr} & 0\end{bmatrix}\begin{bmatrix}\mathrm{d}X_0\\ \mathrm{d}Y_0\\ \mathrm{d}Z_0\\ \mathrm{d}\lambda'\\ \mathrm{d}\Omega\\ \mathrm{d}\Phi\\ \mathrm{d}K\end{bmatrix}=\begin{bmatrix}\delta X\\ \delta Y\\ \delta Z\end{bmatrix} \tag{4-48}$$

这就是线性化的绝对定向方程式。在式(4-48)中,如果给出了立体模型绝对定向元素的近似值 λ^0、Ω^0、Φ^0、K^0、X_0^0、Y_0^0、Z_0^0,那么其中的未知数便只有 7 个,即 7 个绝对定向元素的近似值的改正数。给定一个平面高程控制点,便可按式(4-48)列出一组 3 个方程式;给定两个平面高程控制点和一个高程控制点即可列出 7 个方程式。联立解答这 7 个方程式,便可求得 7 个绝对定向元素的近似值的改正数;加之修正绝对定向元素的近似值,从而取得更精确的绝对定向元素值。

由于式(4-48)是线性化的近似公式,要取得足够精确的绝对定向元素值,绝对定向的计算过程必须是反复趋近的迭代过程。

前文已述,一个立体模型的绝对定向起码要有两个平面高程控制点和一个高程控制点。但是,为了保证绝对定向的质量和提供检核数据,通常总是有多余的地面控制点。这就要按最小二乘法求解绝对定向元素的最小二乘解。

绝对定向元素的近似值的确定应视具体情况而定。在竖直摄影的情况下,模型的倾斜角很小,可取

$$\Omega^0=\Phi^0=K^0=0 \tag{4-49}$$

λ^0 可由两个已知控制点间的实地距离和其在模型上的相应距离之比来确定:

$$\lambda^0=\frac{\sqrt{(X_{T1}-X_{T2})^2+(Y_{T1}-Y_{T2})^2+(Z_{T1}-Z_{T2})^2}}{\sqrt{(X_1-X_2)^2+(Y_1-Y_2)^2+(Z_1-Z_2)^2}} \tag{4-50}$$

在使用空间相似变换进行模型连接运算时,由于相邻模型的比例尺大体相当,此时可直接取用 $\lambda^0=1$。至于 3 个平移参数的初始近似值 X_0^0、Y_0^0、Z_0^0,一般可先将摄影测量坐标的原点移到某一个控制点上,此时该控制点的地面坐标便提供了相当精确的 3 个平移参数的近似值。

码 4-7 测区建立(技能训练视频)

码 4-8 内定向(技能训练视频)

码 4-9 VirtuoZo 的绝对定向——软件操作建立(技能训练视频)

码 4-10 绝对定向(技能训练视频)

动手动脑

一、填空题

1. 相对定向的目的是(　　),最少需要(　　)对 。

2. 当采用连续法对像对进行相对定位时,通常采用(　　)作为描述两张像片相对位置的像空间辅助坐标系。

3. 单元模型的绝对定向最少需要(　　)个平面和(　　)个高程地面控制点。

4. 两个空间直角坐标系间的坐标变换最少需要(　　)个平面和(　　)个高程地面控制点。

5. 恢复立体像对左右像片的相互位置关系依据的是(　　)方程。

二、名词解释

1. 摄影基线。

2. 人造立体视觉。

3. 相对定向元素。

三、简答题

1. 摄影测量中,建立人造立体视觉应满足哪些条件?

2. 双像解析摄影测量测求地面点三维坐标的方法有哪 3 种?

3. 立体像对前方交会的目的是什么?

4. 解析相对定向的目的是什么? 有哪两种方法? 各种方法的定向元素是哪几个?

5. 绝对定向的目的是什么? 定向元素有哪些? 如何求解绝对定向元素? 求解中至少需要几个控制点?

6. 绝对定向中需要几个控制点? 为什么? 怎样求解 7 个定向元素?

7. 简述立体像对相对方位及相对方位元素的概念。

8. 简述立体像对绝对方位及绝对方位元素的概念。

9. 简述空间前方交会、共面条件方程、空间相似变换的原理。

项目五　像片控制测量

像片控制点是直接为摄影测量的控制点加密或因测图需要而在实地布设并进行测定的控制点。像片控制测量是指在少量大地点或其他基础控制点的基础上，按照航测内业的需要，在航摄像片规定位置上选取一定数量的点位，利用控制测量的方法测定出这些点的平面坐标和高程的工作。

那么如何选取像片控制网布设方案？如何实施像片控制测量？如何布设及实施像片控制点呢？

项目综述

本教学项目总学时为8个，由2个学习任务组成。通过该项目的实施，学生能理会像片控制测量的过程。

该部分内容包含2个任务：①像片控制网布设方案的选取；②像片控制点布设及实施。

教学目标

1. 知识目标

掌握像片控制测量的定义与作用，像片控制点的分类，像片控制测量的布点方案，像片控制点实地选刺；理解像片控制点布设的基本原则和基本要求，像片控制测量技术计划的拟订，控制像片的整饰；了解像片控制点的联测。

2. 技能目标

能进行像片控制点布设方案的选取；能进行室内像片控制点选刺。

3. 思政目标

通过不同案例像控点选刺的练习，培养“真实、准确、细致、及时”的测绘精神和职业素养。

任务一　像片控制网布设方案的选取

任务描述

一、学习型工作任务

学习有关像片控制网布设方案的选取，以及像片控制测量技术计划的拟订。通过课堂讨论相互答疑；通过练习，掌握像片控制网布设方案的选取方法。

二、教学目标

(一)知识目标

(1)掌握像片控制测量的定义与作用。

(2)掌握像片控制测量的布点方案。

(3)理解像片控制测量技术计划的拟订。

(二)技能目标

能进行像片控制点布设方案的选取。

(三)态度目标

(1)培养学生实事求是的工作态度。

(2)培养学生求真务实、一丝不苟的工作精神。

(3)培养学生严谨、耐心、细致的工作作风。

三、教学组织设计

(1)学生角色:扮演航空外业测量人员。

(2)教学情景:由企业提供航空摄影资料,学生根据这些相关数据资料学习像片控制网布设方案的选取方法,以及像片控制测量技术计划的拟订。

(3)教学材料:教学课件、航空摄影资料。

(4)教学内容过程设计:由教师在课堂上利用多媒体讲授像片控制网布设方案的选取方法,以及像片控制测量技术计划的拟订。

四、其他说明

在教学组织过程中,教师必须引导学生在概念认识的基础上进行相互答疑,并对其效果进行评定。

相关知识

一、概述

像片控制测量是指在少量大地点或其他基础控制点的基础上,按照航测内业的需要,在航摄像片规定位置上选取一定数量的点位,利用控制测量的方法测定出这些点的平面坐标和高程的工作。内业纠正或测图所需要的控制点可以用两种方法获得:一种是全部由野外测定;另一种是少量由野外测定,多数由内业加密取得。前一种方法又叫作全野外布点方案,后一种方法又叫作非全野外布点方案。

像片控制测量的主要内容如下:

(1)像片控制测量技术计划的拟订。

(2)高级地形控制点的观测与计算。

(3)控制点的选刺。

(4)像片控制点的观测与计算。

(5)控制测量成果的整理。

二、像片控制测量的布点方案

码 5-1　像片控制测量

根据成图方法和成图精度的要求在航摄像片上确定航外控制点的分布、数量和性质等各项内容,叫作像片控制测量的布点方案。在航测成图中按照外业控制点的作用分为全野外布点方案和非全野外布点方案。非全野外布点方案又包括单航线布点方案和区域网布点方案等,现分述如下。

(一)全野外布点方案

通过野外控制测量获得的航外控制点不需要内业加密,直接提供内业测图定向或纠正使用,这种布点方案称为全野外布点方案。这种布点方案精度高但费工费时,只有在遇到下列情况时才采用。

(1)航摄像片比例尺较小,而成图比例尺较大,内业加密无法保证成图精度。

(2)用图部门对成图精度要求较高,采用内业加密不能满足用图部门的需要。

(3)由于设备限制,航测内业暂时无法进行加密工作。

(4)由于像主点落水或其他特殊情况,内业不能保证相对定向和模型连接精度。

全野外布点方案根据内业成图方法的不同分为综合法全野外布点方案、微分法全野外布点方案和全能法全野外布点方案。

供像片纠正时,每隔号像片四个角上各布设 1 个平面点,如图 5-1 所示。若需分带纠正,则图 5-1 中的平面点均改为平高点。当航线间像片交错,控制点不能共用时,应分别布点。

微分法成图的全野外布点,当像片控制点采用内业加密不能满足平面及高程精度要求时,应采用平高全野外布点。全野外布点时,像片控制点的点位应满足内业成图的要求,在立体像对测图面积的四角布设 4 个平高点,另布设 1 个高程检查点,如图 5-2 所示。高程检查点应位于垂直于航向的两行平高点的大致中央,左右偏离时,距垂直于航向的两行平高点连线要分别大于基线长的 1/3。如果检查点在方位线两侧的两个高程点连线之外,离开连线不得大于 1 cm。

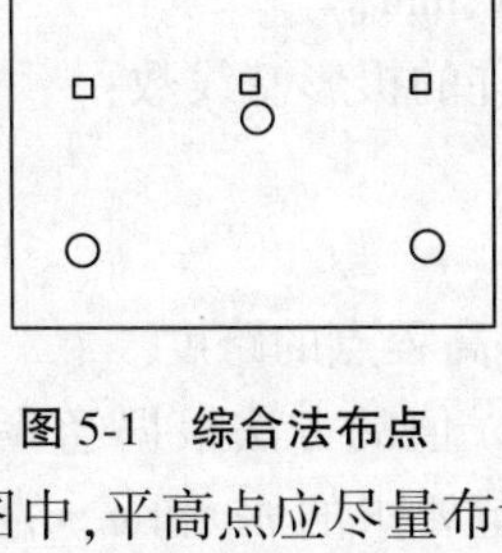

图 5-1　综合法布点

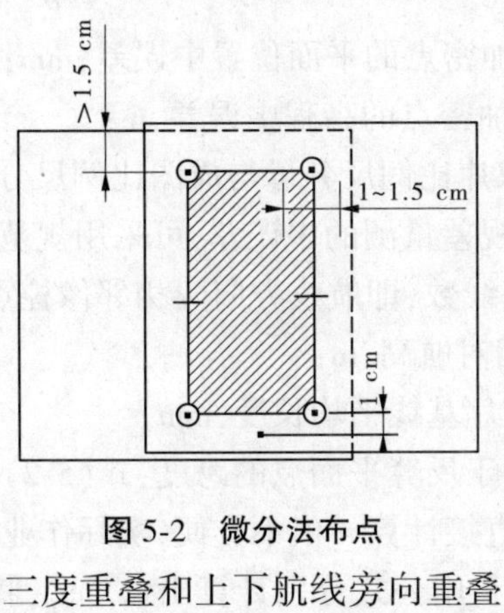

图 5-2　微分法布点

立测法成图中,平高点应尽量布设在航向三度重叠和上下航线旁向重叠中线附近,所选点位尽量能共用。若上下航线像控点不能共用时,可分别布点。像片控制点左右偏离经主点且垂直于方位线的直线的垂距一般应小于 1 cm,最大不得大于 1.5 cm。立体测图的全野外布点的点位,同样适用于丘陵地、山地利用正射投影仪制作像片影像平面图的点位布置要求。综合法测图时,像片控制点应在上下航线及像片左右均能共用,以便于编制像片平面图的片与片之间接边。航测立体测图时,当像片控制点采用内业加密能满足平面精度但不能满足高程精度时,应采用高程全野外布点,经外业选测高程点后,高程点的平面位置由航测内业加密获得。选刺高程点的点位同图 5-2。

全能法成图的全野外布点又可分为单模型和双模型两种布点方案。单模型布点方案是以一个立体像对为单位布设控制点;双模型布点方案是以两个立体像对为单位布设控制点。无论是单模型布点,还是双模型布点,它们布点的基本原理都是一样的,都是为了满足内业测图定向所需的控制点。

应当明确,无论是综合法、微分法还是全能法全野外布点方案,像片控制点的位置和分布除应满足方案本身要求外,还应满足像片控制点布设的基本要求和其他有关规定。

(二)非全野外布点方案

1.航线网控制点跨度的限制

解析法空中三角测量航线网加密,是通过航线上每隔一定距离由外业提供的少量控制点加密测图定向点,如果外业控制点间隔增大,则距离控制点较远的加密点的精度就会降低,显然离野外控制点越远,精度也就越低。一般情况下,精度最弱处应在航向两野外控制点间隔的中央。如果要使航线网内精度最弱处的加密点平面和高程中误差不超出允许值,就必须限制每段航线网的跨度,即限制野外控制点在航线方向上的间隔距离(或基线数)。限制航线网跨度是通过计算航线上最弱点精度是否满足测图要求来实现的,航线网跨度越大,最弱点的误差就越大,在这一位置上的加密点的精度就越低。

通常限制航线网跨度是按空中三角测量的精度估算公式进行反算的,即根据规范规定的加密点的允许误差,由给定的精度估算公式反算出相应的航线网跨度值。

空中三角测量中加密点的平面位置和高程中误差按式(5-1)和式(5-2)进行估算。

$$m_s = \pm 0.28 K m_q \sqrt{n^3 + 2n + 46} \tag{5-1}$$

$$m_h = \pm 0.088 \frac{H}{b} m_q \sqrt{n^3 + 23n + 100} \tag{5-2}$$

式中 m_s——加密点的平面位置中误差,mm;

m_h——加密点的高程中误差,m;

K——像片比例尺分母与成图比例尺分母之比;

m_q——视差量测的中误差,可采用规范的规定值,mm;

n——基线数,即航线方向两相邻像控点之间允许的摄影基线数;

H——相对航高,m;

b——像片基线平均长度,mm。

式(5-1)用于反算平面点的跨度,式(5-2)用于反算高程点的跨度。

利用公式直接计算 n 值不方便,实际作业中,计算 n 值的方法根据经验,先给公式中的 n 假设一个值,利用公式分别计算出 m_s、m_h,将其与规范要求的 m_s 和 m_h 的值进行比较,当计算值小于且接近规范给定的值时,此时对应的 n 值就是合适的基线跨度值。

需要注意的是,式(5-1)和式(5-2)估算的精度,是指相邻航线加密结果取中数后的精度。因此,当为单航线加密时,反算的跨度应再除以 $\sqrt{2}$,即为最后结果。

2. 平面单航线布点

平面单航线布点沿航向跨度为按式(5-1)(按单航线)计算得到的 n,并在航线两端及中间布设三对平面点,如图 5-3 所示。

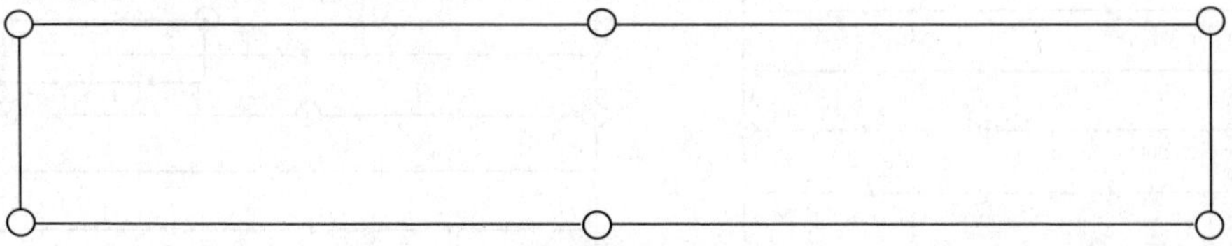

图 5-3 平面单航线布点

3. 平高单航线布点

平高单航线布点航向跨度为由式(5-1)和式(5-2)(按单航线)计算得到的 n,并在航线两端及中间布设三对平高点,当平面点与高程点的 n 值不等时,一般应尽量按较小的 n 值,平高结合布点。当平面点间隔和高程点间隔相差较大时,也可分别布点,如图 5-4 所示。

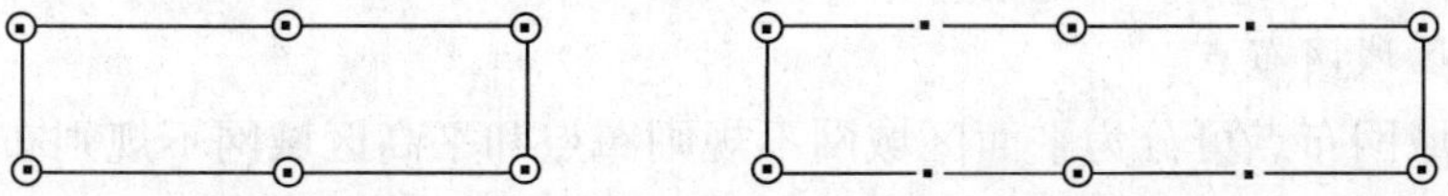

图 5-4 平高单航线布点

控制点的点位除满足一般规定外,还需满足下列条件:

(1)航线两端的上下点位于通过像主点且垂直于方位线的直线上,互相偏离一般不大于半条基线,个别最大不得大于 1 条基线。

(2)航线中间的 2 个控制点,布设在两端控制点的中线上,其偏离一般不超过左右 2 条基线的范围;困难地区偏离不得超过左右 3 条基线,其中一个控制点位于中线上或 2 个控制点同时等距离向中线两侧偏离,若两控制点同时向中线一侧偏离,则不得超过 1 条基线。

4. 平高区域网布点

航测成图常以区域进行控制和加密。对区域的划分,应依据成图比例尺、航摄比例尺、测区地形特点、航区的实际分划、程序具有的功能以及计算机容量等进行全面考虑。可根据自身具体情况选择最优方案实施。为方便作业,区域网的形状和保持图内加密精度基本一致,一般以横两幅、纵两幅为宜,也可不按图幅而按航线段或航摄分区划分区域。

平高区域网布点要求每条航线的两端必须布设高程点(已布设平高点处,为高程点与平面点相结合布设),平高区域网布点、估算平面点和高程点的间隔 n,应根据相应成图比例尺、地形类别的加密点平面位置中误差 m_s 和高程中误差 m_h,并应用式(5-1)和式(5-2)来估算。

在平地和丘陵地,高程点除区域网周边布点外,区域网内部高程点按高程点计算间隔

(n)布设。在山地和高山地,区域网内部高程点分别可按 2(n)及(n)交替布设,如图 5-5 所示。

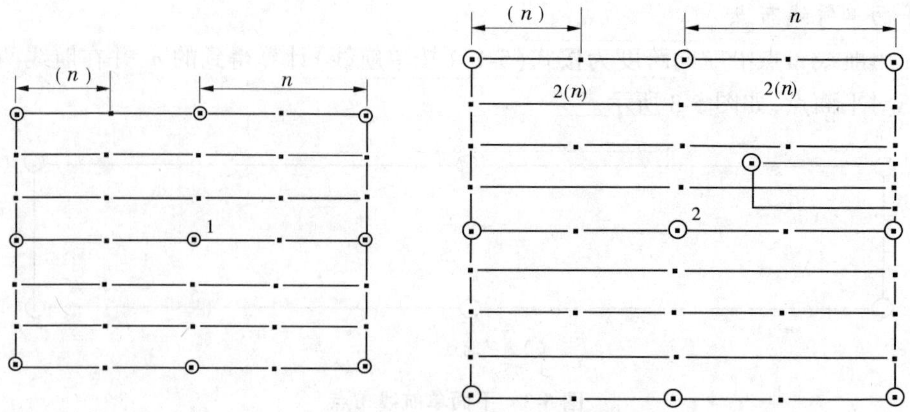

(a)平地、丘陵地, $2\leqslant K<4$　　　　(b)山地、高山地, $K<2$

(n)为高程点间隔; n 为平面点间隔。

图 5-5　平高区域网布点

图 5-5 中,为了区域网的再划分,1、2 点也可布设为平高点。在区域网中,如遇有补飞航线,可按图 5-5 中补飞航线的两端布设 1 个平高点和 2 个高程点。

5. 不规则区域网布点

不规则区域网布点可分为平面区域网不规则布点和平高区域网不规则布点两种。

1)平面区域网不规则布点

当平面区域网边界不规则时,应将区域网周边的凸角布成平面点;当沿航向的凸凹角间距大于或等于 3 条基线时,凹角亦应布设平面点,如图 5-6 所示。

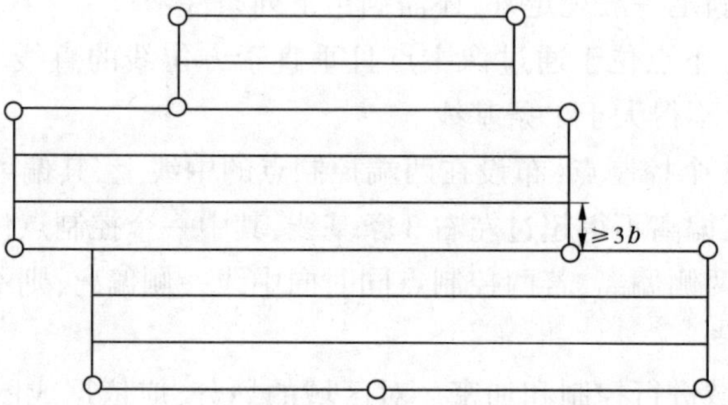

图 5-6　平面区域网不规则布点

2)平高区域网不规则布点

当平高区域网边界不规则时,应在区域网周边的凸角处布设平高点,凹角处布设高程点;当沿航向的凸凹角间距大于或等于 3 条基线时,在凹角处也应布设平高点。布点的其他要求同平高区域网,如图 5-7 所示。

(三)地面标志的布设

当航测放大成图的放大倍率较大而致平面精度难以达到规范要求时,应在航空摄影前布设对空地面标志,以提高像片控制点的平面精度,保证航内加密及立体测图的平面精度。

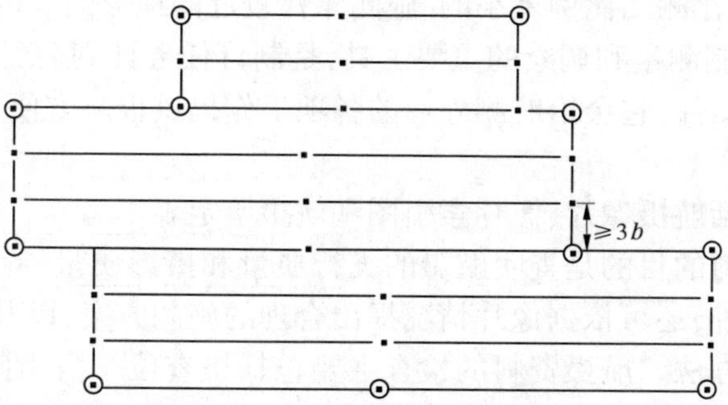

图 5-7 平高区域网不规则布点

对空地面标志应布设在对空视角宽广的地区，防止标志落入摄影死角。标志的颜色与实地要有鲜明的反差。标志材料应按照价格便宜、易于制作、不易破坏等原则来选择。对空地面标志的形状可根据实地情况采用圆形标志、三翼标志和十字标志等，如图 5-8 所示。

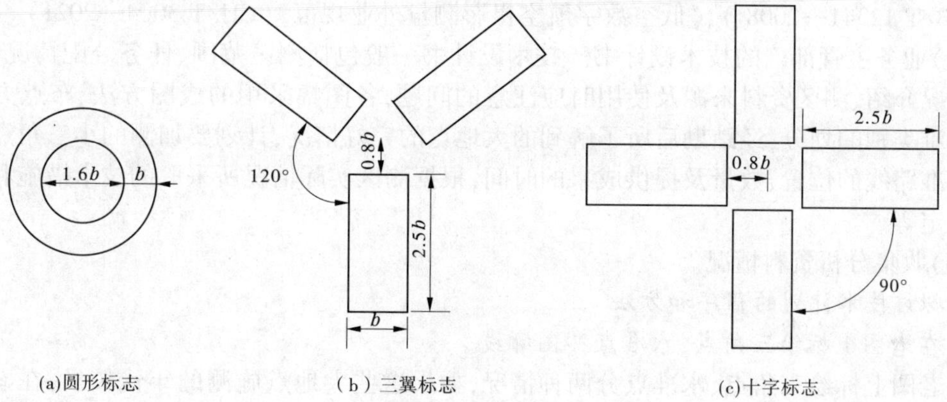

b 等于 0.05 $m_{像}$；0.05 单位为 mm；$m_{像}$ 为像片比例尺分母。

图 5-8 对空地面标志的形状

三、像片控制测量技术计划

(一)资料的收集和分析

在拟订技术计划之前，首先要收集各种资料。要收集的资料包括两方面：一是控制成果资料；二是航摄资料。

1. 控制成果资料

控制成果资料包括控制点的坐标、高程以及与使用与这些成果有关的其他数据、文字材料、图件等。控制点是指国家等级的三角点、导线点、GPS 点和水准点。控制成果资料一般由各省测绘主管部门的资料馆统一分管。

控制成果资料是计算航外控制点平面坐标和高程的起算数据，是进行航外控制测量的基础，控制成果的精度和控制点分布的密度都直接影响航测成图的质量，因此收集和分析控制成果资料具有十分重要的作用。在收集控制成果资料时，要注意资料的完整性，不能只是抄取成果，还要注意收集在使用成果时将要用到的其他资料，如技术总结、成果说明、点之记、三角点联测图、水准点路线图等，这些资料对于控制成果资料的使用可以提供很多帮助。

另外,还必须收集比测图比例尺小的、施测年代较近的地形图。因为测区原有的地形图(又称老图)是航外控制测量和调绘的重要工具,是制订任务计划、指导调绘工作、进行控制测量技术设计的基础图件,它会给航测外业的各项工作提供很多方便。

2. 航摄资料

航摄资料主要包括航摄像片、像片索引图和航摄鉴定表。

分析检查航摄资料的目的是查明航摄的飞行质量和摄影质量,弄清航摄像片能否满足航测成图的要求。另外,还可依据像片情况提出合理的施测方案,以及对航摄资料的某些质量问题提出具体处理办法。航摄资料的检查主要包括检查位于自由图边的像片是否满幅,检查像片的摄影质量和像片的飞行质量等内容。

(二)像片控制测量技术计划的拟订

1. 技术计划拟订的依据

(1)参考航空摄影测量相关国家标准,如《1:500 1:1 000 1:2 000 地形图航空摄影测量外业规范》(GB/T 7931—2008)、《1:25 000 1:50 000 1:100 000 地形图航空摄影测量外业规范》(GB/T 12341—2008)、《低空数字航空摄影测量外业规范》(CH/T 3004—2021)。

(2)业务主管部门的技术设计书。技术设计书一般包括测区范围、任务分配情况、测区一般情况介绍、测区资料来源及使用时应注意的问题,各图幅采用的成图方法、布点方案和图幅困难类别的划分,经踏勘后所了解到的大地点的完好情况,计划要加测的小三角点和高等级水准路线的位置、数量及提供成果的时间,根据测区实际情况所采取的技术措施和技术补充规定等。

(3)收集分析资料情况。

2. 拟订技术计划的程序和方法

1)在老图上标绘三角点、水准点和图廓线

在老图上标绘三角点、水准点分两种情况,如果这些大地点施测的年代较早,在老图上已经用相应的符号表示出来,这时只需根据它们的坐标、点之记、路线图或联测图检核其位置、名称或编号即可确定。如果这些大地点施测年代较近,在老图上没有表示,这时可根据坐标,对照老图上的公里格网,用展点的方法确定三角点或精密导线点在老图上的位置,再用点之记和联测图做检查。对于水准点则可根据点之记和路线图与老图上的地物、地貌相对照,判定其概略位置。

在老图上找出三角点、精密导线点和水准点的位置后,应以图式规定的相应符号和颜色标绘,并注出点号或编号。三角点用边长约 7 mm 的红色三角形,小三角点及精度低于国家等级的三角点、导线点用边长约 7 mm 的红色倒三角形表示,水准点用直径约 7 mm 的绿色圆中加叉符号表示。

在老图上标绘图廓线可采用对称折叠和量算两种方法。一般情况下,老图比例尺比成图比例尺小,可根据老图与成图比例尺的比例关系,以老图的图廓线为准纵横等分折叠,沿折叠的痕迹线绘出图廓线,基本上可以满足在像片上标绘图廓线的要求。所谓量算法,是指用直尺量出老图四周图廓线的长度,将每条图廓线边长等分,得出等分点,然后以对称点为准纵横连线,得出所需的图廓线的位置。

2)在航摄像片上转标图廓线和大地点

在航摄像片上选点需要考虑图廓线、大地点的位置,因此还需要将老图上标出的图廓线和大地点转标到航摄像片上。转标前应将像片按航线和像片右上角的编号进行清点和排列,然后用老图所表示的地物、地貌符号和航摄像片相应的影像对照判读,在像片上判出图廓线和大地点的位置并用红、绿(或蓝)玻璃铅笔以相应的符号把它们标注出来。

从老图向像片上转标对于初学者比较困难,这不仅需要有一定的识图基础,而且要有根据像片影像在航摄像片上判读地物、地貌的能力,因此要注意学习掌握转标的方法。

首先,根据航摄分区的情况,对照老图大致确定航摄像片所属图幅的范围(用航摄鉴定表或像片索引图的图号与老图的图号对照);然后,弄清航线和像片的排列顺序与重叠关系,在对照老图和像片影像进行判读时要注意以“从总貌到细部,从易到难”的原则,也就是首先抓住这一地区具有明显特征的地物、地貌,如较大的村庄、河流、湖泊、水库、山峰、道路等,找到大致的范围;最后,再根据这些地物、地貌和周围地物的关系,找出图廓线和大地点在像片上的位置。所谓从易到难,就是先从容易找到的地物、地貌入手,根据它们与周围地物的相对位置,逐步推移的判定方法。

判断像片控制点在像片上的位置是否满足规范的有关规定,选点前还应用铅笔标出像主点、像片编号、方位线以及过像主点垂直于方位线的直线等内容。

3)在像片上选点

像片选点就是指在满足规范各种要求的情况下,在像片上初步圈定野外像片控制点的大概位置。选点是拟订技术计划的基础,选点的质量直接影响成图的精度,同时也直接影响内外业测量工作,因此必须耐心、细致、全面地考虑问题,才能获得最好的位置。像片选点一般应考虑以下问题:

(1)选点必须满足布点方案的要求。规范根据地形类别和成图比例尺给出了各种不同的布点方案,如平地、丘陵地、山地、高山地,在这些地形类别不同的情况下,又分为按全野外布点、按航线加密布点、按区域加密布点各种方案,每一种布点方案所要求的野外控制点的性质、数量、分布都各不相同,因此确定布点方案是像片选点最先要考虑的问题。

(2)选点应满足野外控制点在像片上的基本位置要求。例如,野外控制点应选在航向及旁向六片或五片重叠范围内;距像片边缘不小于1.5 cm;距像片的压平线和各类标志不小于1 mm等。

(3)选点应考虑刺点目标的要求。刺点就是用针在像片上刺孔,用以标示控制点在像片上的准确位置,它是内业量测的依据,具有十分重要的作用。因此,刺点目标的选择必须符合有关规定。如平面控制点应选在能准确刺出点位的地物点上,高程控制点应选在高差变化不大的地方,平高控制点应兼顾平面和高程控制点两者的要求等。

(4)选点应考虑实际施测的可能。所选的控制点虽然能满足上述各项要求,但实际无法施测也无济于事,或者能施测,但要增加很多工作量,造成浪费,显然这也不好。

由于选点时涉及的航线多、像片多,切忌混乱。选点前应将所用的像片整理好并有次序排放(但不必都展开),涉及相邻航线间共用的控制点,因为必须满足六片或五片重叠,选点时须将相邻航线有关像片取出,同时考虑控制点的位置,保证控制点在每张像片上都能满足规范规定的有关要求。因为选点时必须考虑地形情况,在有起伏的地区最好在立体观察下选点。选出的平面点、平高点均用玻璃铅笔以直径约1 cm的红圆圈标定;高程控制点以绿色(或蓝色)圆圈标定;并由北向南,从左向右进一步按规定符号进行编号;同一图幅或同一区域内不能重号。如果利用邻幅或邻区的控制点,则应在其编号后加注其所在图幅的图号。

(5)选点还应考虑已有大地点的利用。凡符合上述各项要求的大地点均可代替像片控制点,以减少野外工作量。

4)拟订野外像片控制点测量联测计划

拟订控制点联测计划一般在老图上进行,因此在像片上选出控制点后,还要将这些控制点转标到老图上(转标的方法和前面所讲在像片上转标图廓线和大地点的方法类似),但转标的符号应小一倍。然后,在老图上根据大地点和控制点的分布情况,结合地形特点、控制点的性质和精度要求综合思考,比较合理地制订全部控制点的平面和高程联测计划。

联测计划包括联测方法的选择和按规定确定具体的联测图形或联测路线。

在测区内通视良好、大地点较多且分布均匀时,一般可根据本单位的设备、人员技术等情况采用测角交会的方法进行联测,也可采用GPS定位技术测定各控制点坐标。

在测区平坦、隐蔽,通视困难的情况下,可采用全站仪测距导线施测。由于全站仪测距精度高,通视条件容易满足,这种方法方便、灵活,是当前对付隐蔽地区的主要施测手段。

控制点的高程联测是航外控制测量的重要组成部分,像片上设计的高程点、平高点均须测定其高程。根据地形条件不同,控制点的高程联测一般采用测图水准、经纬仪水准、高程导线、三角高程导线、独立交会高程点等方法。

5)绘制野外像片控制点联测计划图

在老图上按上述各项要求拟订野外像片控制点联测计划,一般用铅笔草绘。在联测计划拟订之后,另外用方格纸或其他质量较好、较厚的白纸进行转绘,并按规定的符号和颜色整饰。联测计划图的比例尺应大于或等于老图比例尺,联测计划图上的大地点、控制点的位置是概略标定的。

动手动脑

1. 什么是布点方案?在航测成图中有哪些布点方案?
2. 选择布点方案时应考虑哪些因素?
3. 在进行航线网或区域网加密时,为什么要限制野外像片控制点的跨度值?
4. 什么是全野外布点方案?全野外布点方案适用于哪些范围?
5. 什么是非全野外布点方案?非全野外布点方案有哪些优点?
6. 分析、检查航摄资料包括哪些内容?其目的是什么?

任务二 像片控制点布设及实施

任务描述

一、学习型工作任务

学习像片控制点的分类、像片控制点布设的基本原则及基本要求、像片控制点实地选刺及联测、控制像片的整饰、像片控制点的接边等;通过课堂讨论相互答疑;通过练习掌握像片控制点布设及实施的方法。

二、教学目标

(一)知识目标

(1)掌握像片控制点的分类。

(2)理解像片控制点布设的基本原则和基本要求。

(3)掌握像片控制点实地选刺。

(4)了解像片控制点的联测。

(5)理解控制像片的整饰。

(6)理解像片控制点的接边。

(二)技能目标

能进行室内像片控制点选刺。

(三)态度目标

(1)培养学生实事求是的工作态度。

(2)培养学生求真务实、一丝不苟的工作精神。

(3)培养学生严谨、耐心、细致的工作作风。

三、教学组织设计

(1)学生角色:扮演航测外业测量人员。

(2)教学情景:由企业提供航空摄影资料,学生根据这些相关数据资料学习像片控制点布设及实施的方法。

(3)教学材料:教学课件、航空摄影资料。

(4)教学内容过程设计:由教师在课堂上利用多媒体讲授像片控制点的分类、像片控制点布设的基本原则及基本要求、像片控制点实地选刺及联测、控制像片的整饰、像片控制点的接边等内容。

四、其他说明

在教学组织过程中,教师引导学生在概念认识的基础上进行相互答疑,并对其效果进行评定。

相关知识

一、像片控制点的分类

航外控制测量对像片控制点分为以下三种:

(1)平面控制点,只需测定点的平面坐标。

(2)高程控制点,只需测定点的高程。

(3)平高控制点,需同时测定点的平面坐标和高程。

在生产中为了方便地确认控制点的性质，一般用 P 代表平面点，G 代表高程点，N 代表平高点。另外，引点及支点的编号采用在本点编号和点名后加注数字的形式表示。

野外像片控制点连同测定这些点所做的过渡控制点，在同期成图的一个测区内要分别统一编号，编号方法可采用按字母后附加数字（如 P_5）的方法，编号顺序采用同一航线从左到右，航线间从上到下的顺序，编号中不得出现重号，以免发生混淆。

平面点：P_1、P_2、P_3、…；

平高点：N_1、N_2、N_3、…；

高程点：G_1、G_2、G_3、…；

引点：在本点编号后加注数字，如 P_{37-1}；

过渡控制点：字母不作统一规定，可自己选用，如 A_1、A_2 或 F_1、F_2 等。

同一幅图或同一区域内，像片控制点应按从左至右、从上到下的顺序统一安排，有次序地进行编号，以方便查找和记忆。同一类点在同一图幅或同一布点区内不得同号；利用邻幅或邻区的控制点时仍用原编号，但应注明邻图幅图号。

二、像片控制点布设的基本原则

(1)像片控制点的布设必须满足布点方案的要求，一般情况下按图幅布设，也可以按航线或采用区域网布设。

(2)位于不同成图方法的图幅之间的控制点或位于不同航线、不同航区分界处的像片控制点，应分别满足不同成图方法的图幅或不同航线和航区各自测图的要求，否则应分别布点。

(3)在野外选刺像片控制点时，不论是平面点、高程点还是平高点，都应该选刺在明显目标点上。

(4)当图幅内地形复杂，需采用不同成图方法布点时，一幅图内一般不超过两种布点方案，每种布点方案所包括的像对范围相对集中，可以时应尽量按航线布点，以便于航测内业作业。

(5)像片控制点的布设，应尽量使内业作业所用的平面点和高程点合二为一，即布设成平高点。

三、像片控制点布设的基本要求

航外像片控制点的布设不仅和布点方案有关，而且必须考虑航测成图的特点，即考虑在航测成图过程中像点量测的精度，绝对定向和各类误差改正对像片控制点的具体点位要求。为此，规范规定航外像片控制点应满足下列要求：

(1)选用的像片控制点，其目标影像应清晰，易于判别，当目标与其他像片条件发生矛盾时，应着重考虑目标条件。

(2)航外像片控制点一般应布设在航向及旁向六片或五片重叠范围内。六片或五片重叠范围应理解为一般情况下控制点应选在六片重叠范围内，如果选点有困难也可以选在五片重叠范围内，而且同一控制点在每张像片上的点位都能准确辨认、转刺和量测，符合刺点目标的要求及其他规定，这样内业加密或测图定向时可增加量测次数，提高量测精度。

(3)布设的控制点尽量能共用。

(4)航外像片控制点距像片边缘不小于1 cm(18 cm×18 cm 像幅)或1.5 cm(23 cm×23 cm 像幅)。这样规定是因为像片边缘存在着较大的各种影像误差,清晰度也较低,不能保证立体量测精度。

(5)航外像片控制点距像片的压平线和各类标志不小于1 mm。这条规定是为了保证不影响立体观测,因为在接近压平线和各类标志进行立体观测时,测标不能准确地切准目标,影响量测精度。

(6)立体测图时每个像对4个基本定向点离通过像主点且垂直于方位线的直线不超过1 cm,最大也不能超过1.5 cm,4个定向点的位置应近似成矩形。

这些规定是根据立体测图仪定向的特点和像对立体模型的变形规律提出的,有利于控制和改正模型变形,保证测图定向精度。

(7)控制点应选在旁向重叠中线附近,离开方位线的距离应大于3 cm(18 cm×18 cm 像幅)或4.5 cm(23 cm×23 cm 像幅)。当旁向重叠过大时,离开方位线的距离应大于2 cm(18 cm×18 cm 像幅)或3 cm(23 cm×23 cm 像幅),否则应分别布点。

这项规定是为了保证旁向模型连接,控制点共用,提高航线网旁向倾斜和鞍形扭曲两种模型变形的改正精度。

(8)解析法空中三角测量布点时,航线两端的控制点应分别布设在图廓线所在的像对内,每端上下两控制点最好选在通过像主点且垂直于方位线的直线上,相互偏离不超过一条基线;航线中央的控制点应尽量选在两端控制点的中间,左右偏离不超过一1条基线。

航线两端的控制点限制在图廓线所在的像对内,是为了方便于按图幅作业;限制控制点在航线上的分布位置是为了保证航线模型定向和模型变形的改正精度。航线模型变形和像对模型变形的规律一样。因此,航线两端四角的控制点要求尽量成矩形分布,航线中央的控制点应有利于控制抛物线弯曲改正。

(9)控制点在相邻航线上不能共用时要分别布点,此时控制范围所裂开的垂直距离不得大于2 cm。这是因为当出现控制裂缝时,无论内业加密或测图,超出控制点以外1 cm就不能保证规范规定的精度要求。

(10)位于不同布点方案区域间的控制点应确保精度高的布点方案能控制其相应面积,并尽量共用,否则按不同要求分别布点。这是因为布点方案与成图方法和地形类别有关,精度要求不一样。这一规定是为了不降低高精度图幅的成图精度。

(11)位于自由图边、待成图边及其他方法成图的图边控制点,须布设在图廓线外4 mm以上。这是因为对自由图边必须有更严格的要求,以保证和以后测图的相邻图幅接边时不发生问题。

四、航测成图对地形类别的划分

地形类别是指对地表形态所规定的分类标准和分类名称。制定这些规定是为了便于给不同地形类别确定不同的测图精度要求和作业计划,为组织测绘生产提供方便。

现行航空摄影测量外业规范按图幅内大部分地面坡度和高差划分地形类别,规范将我国的地形划分为4类(见表5-1)。

表5-1 地形类别划分标准

地形类别	地面坡度	高差/m	
		1∶5 000	1∶10 000
平地	2°以下	<20	<20
丘陵地	2°~6°	20~150	20~150
山地	6°~25°	150~300	150~500
高山地	25°以上	>300	>500

同时规定,当地面倾斜角和地面高差发生矛盾时,划分地形类别应以地面倾斜角为主。这是因为高差和坡度既有联系又有区别,当地面为等倾斜面坡时,坡度与高差一致,但实际情况往往比较复杂,如石山地区,按高差属丘陵地,但坡度很大,高程测量精度只能达到山地要求,黄土地貌也有类似情况。也就是说,测绘等高线的精度与地面坡度关系更为密切,划分地形类别时应以地面倾斜角为主。

地形类别是根据用图部门在不同地形条件下测制的地形图的精度要求划分的,因此地形类别不同,对成图精度要求也不同。如规范要求1∶10 000地形图等高线对最近的野外高程控制点的高程中误差:平地、丘陵地、山地、高山地分别是不超过0.5 m、1.5 m、3.0 m、6.0 m。地形类别不同,对相应的加密点、高程注记点、等高线的高程要求也不一样。由此可以看出,地形类别的划分实质上是成图精度的划分。

五、像片控制点实地选刺

(一)像片控制点的实际选定

在室内拟订像片控制点联测计划后,已经在像片上确定了这些控制点的概略位置,但目的是一方面要在实地测定这些控制点的坐标和高程,以提供内业加密或测图使用,因此还必须在实地找到这些控制点的相应位置,到实地落实联测方案并最后选定像片控制点;另一方面,在像片上室内预选的像片控制点和在已有地形图上室内拟订的联测方案,只是主观上所计划的在纸上的东西,不一定都能符合实际情况,必须到野外去对预选的像片控制点一一实地核实确定,对拟订的联测方案的可行性一一现场落实。对存在问题就地纠正,实际选点时应着重考虑以下问题:

(1)首先勘查已知控制点,以熟悉测区已知控制点的情况。

(2)根据像片上预选像片控制点的影像,经实地判读,反复对照,辨认出所预选的像片控制点在地面上的位置,并核对点位是否符合刺点目标的要求,以及摄影后刺点目标有无变动和破坏。

(3)根据拟订的联测方案在该像片控制点上有哪些观测方向,并逐个观察所有方向是否通视。若所有方向都通视,则像片控制点就被最后选定,联测方案就被落实。

(二)刺点目标的选择要求

为保证刺点的准确和内业量测的精度,对刺点目标应根据地形条件和像片控制点的性质进行选择,以满足规范要求。

平面控制点的刺点目标应选在影像清晰、能准确刺点的目标点上,以保证平面位置的准确量测。一般应选在线状地物的交点和地物拐角上,如道路交叉点、固定田角、场坝角等,此时线状地物的交角或地物拐角应在 30°~150°,以保证交会点能准确刺点。在地物稀少地区,也可选在线状地物端点,尖山顶和影像小于 0.3 mm 的点状地物中心。弧形地物和阴影等均不能选作刺点目标,这是因为摄影时的阴影与工作时的阴影不一致,而弧形地物上不易确定其准确位置。

高程控制点的刺点目标应选在高程变化不大的地方,这样内业在模型上量测高程时,即使量测位置不准,对高程精度的影响也不会太大。因此,高程控制点一般应选在地势平缓的线状地物的交会处,如地角、场坝角;在山区,常选在平山顶及坡度变化较缓的圆山顶、鞍部等处。狭沟、太尖的山顶和高程变化急剧的斜坡等,均不宜选作刺点目标。

平高控制点的刺点目标,应同时满足平面和高程两项要求。

(三)像片控制点刺点的精度和要求

野外像片控制点的目标选定之后,应根据像片上的影像,在现场用刺点针把目标准确地刺在像片上,刺点的精度直接关系着航内加密成果的精度和在仪器上测图的精度。刺点时要注意以下几点:

(1)应在所有相邻像片中选择影像最清晰的一张像片用于刺点。

(2)刺孔要小而透。针孔直径不得大于 0.1 mm。

(3)刺孔位置要准,不仅目标要判读准确,而且下针位置也要准确,刺点误差应小于像片上 0.1 mm。

(4)同一控制点只能在一张像片上有刺孔,不能在多张像片上有刺孔。

(5)同一像片控制点在像片上只能有一个刺孔,不允许有双孔,以免内业无法判断正误。

(6)所有国家等级的三角点、水准点及小三角点均应刺点。当不能准确刺出时,对于三角点、小三角点可用虚线以相应符号表示其概略位置,在像片背面写出点位说明或绘出点位略图。

(7)各类野外像片控制点根据刺孔位置在实地打桩,以备施测时用之。

做精致航测人

以小见大——像片控制点选刺

航测是集“天、空、地、人”四要素于一体的综合性测绘技术。像片控制点的选刺作业流程简单,技术难度低,但协同性强,准确性高。刺点是航空摄影测量中的关键环节,具有承上启下的作用。刺点也是像片控制测量的后续操作,同时也是空三加密的必要步骤,刺点的水平直接影响着航测作业的成败。

蜀汉昭烈帝刘备曾说,“勿以恶小而为之,勿以善小而不为”。因此,刺点虽小,但意义重大,不容有失。谋事要“深刻、细致、翔实”,成事要“稳重、准确、果敢”,抓住生活中的细节,以小见大,做一个精致的航测人。

六、野外像片控制点的整饰

(一)野外像片控制点的反面整饰和注记

野外像片控制点(连同三角点、水准点等)在像片反面整饰和注记一律在刺孔像片上用黑色铅笔进行。首先,根据透到像片反面的针孔用相应符号标出点位、注上点号(或点名),再用文字写上点位说明及刺点者、检查者、年月日。当文字的点位说明不能清楚地表达出点的准确位置时,还应在像片反面加绘点位略图。

按照规范对野外像片控制点的要求,其反面整饰格式如图 5-9 所示。

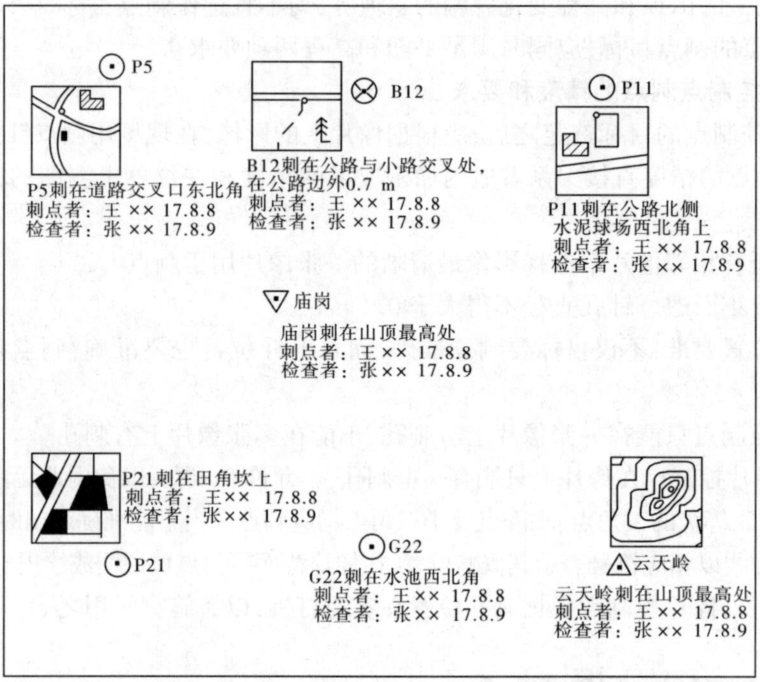

图 5-9　野外像片控制点的反面整饰和注记

(二)野外像片控制点的正面整饰和注记

刺在控制像片上的野外像片控制点(连同三角点、水准点等)除进行反面整饰和注记外,还需用彩色颜料在刺孔像片的正面进行整饰和注记。根据刺孔用规定符号标出点位(对不能精确刺孔的点,符号用虚线绘制),用分数形式进行注记,分子为点号或点名,分母为该点的高程。野外像片控制点正面整饰符号的形状、尺寸、颜色,如表 5-2 所示。

按照规范规定,野外像片控制点正面的整饰格式如图 5-10 所示。

图 5-9 和图 5-10 的控制像片整饰格式适用于各种成图方法和各种布点方案。像片所在的图幅编号应注于像片的北部中央,像片所在图幅内的航线编号写在图幅号下面,由北向南用阿拉伯数字 1、2、3、…方式编写,后跟一短线,短线后的数字为像片号。

七、像片控制点的接边

控制测量成果完成以后,应及时与相邻图幅或区域进行控制接边,控制接边工作包括以下内容:

表 5-2　野外像片控制点正面整饰符号的规定

类别	三角点	五等小三角点	埋石点	水准点	平面点、平高点	高程点
符号	△	▽	□	⊗	○	○
边长或直径/mm	7	7	7	7	7	7
颜色	红	红	红	绿	红	绿

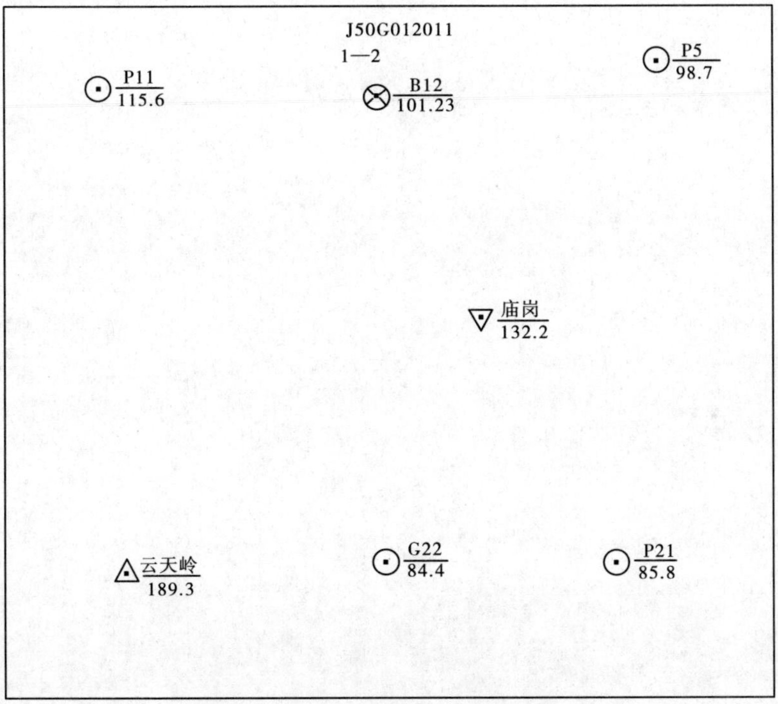

图 5-10　野外像片控制点正面的整饰格式

(1)邻幅或邻区所测的像片控制点，如果为本幅或本区公用，则应检查这些点是否满足本幅或本区的各项要求。如果符合要求，则将这些控制点转刺到本幅或本区的控制像片上，同时将成果转抄到计算手簿和图历表中，同样如果按任务分配，本幅或本区所测的控制点应提供给邻幅或邻区使用，亦应按同样方法转刺、转抄成果。

(2)自由图边的像片控制点，应利用调绘余片进行转刺并整饰，同时将坐标、高程等数据抄在像片背面，作为自由图边的专用资料上交。

(3)接边时应着重检查图边上或区域边上是否因布点不慎产生了控制裂缝，以便补救。

所有观测手簿、测量计算手簿、控制像片、自由图边以及接边情况，都必须经过自我检查和上级部门检查验收，经修改或补测合格后方可上交。

动手动脑

1. 像片控制点布设的基本要求有哪些？并简要说明提出这些要求的原因。
2. 什么是实地选点？实地选取像片控制点应考虑哪些问题？
3. 像片刺点应满足哪些要求？

项目六　像片判读与调绘

航摄像片的判读与调绘是航测成图过程中的一项主要工序。像片判读又称像片解译,是指根据地物的光谱特性、空间特征、时间特征和成像规律,识别出与像片影像相应的地物类别、特性和某些要素或者测算某种数据指标的过程。像片调绘是利用像片进行判读、调查、描绘和注记等工作的总称。

那么,如何进行像片判读、像片调绘呢?

项目综述

本教学项目总学时为22个,由11个学习任务组成。通过该项目的实施,使学生能学会像片判读、各类地物及地貌的调绘、新增地物的补测、调绘像片整饰与接边等。该部分内容包含11个任务:像片判读,像片调绘的准备工作,居民地调绘,道路调绘,水系调绘,测量控制点、方位物与独立地物调绘,植被调绘,管线、垣栅和境界调绘,地貌的调绘,补测新增地物,调绘像片整饰与接边。

教学目标

1. 知识目标

掌握像片判读特征和像片判读方法,地物和地貌的调绘,新增地物的补测方法;理解综合取舍的目的和原则,地理名称的调查和注记方法,调绘像片的整饰与接边;了解像片调绘的准备工作,像片调绘的基本方法。

2. 技能目标

能进行像片判读;能调绘各类地物及地貌;能补测新增地物;能进行调绘像片整饰与接边。

3. 思政目标

通过正确、规范的像片判读和调绘实施,增强维护主权完整的版图意识,提高国土信息安全完整的严谨态度,培养规范使用标准地图的责任意识,激发爱国主义情怀和民族使命感。

任务一　像片判读

任务描述

一、学习型工作任务

学习像片判读特征、像片判读方法、像片判读的综合取舍等。通过课堂讨论相互答疑;通过练习,掌握像片判读及综合取舍的方法。

二、教学目标

(一)知识目标

(1)掌握像片判读特征。
(2)掌握综合取舍的原则。
(3)理解像片判读的概念。
(4)理解像片判读与像片调绘的关系。
(5)理解像片比例尺、摄影时间、测区情况对像片判读的影响。
(6)理解综合取舍的含义。

(二)技能目标

(1)能运用像片判读特征进行室内判读。
(2)会进行野外判读。
(3)会进行综合取舍。

(三)态度目标

(1)培养学生实事求是的工作态度。
(2)培养学生求真务实、一丝不苟的工作精神。
(3)培养学生严谨、耐心、细致的工作作风。

三、教学组织设计

(1)学生角色:扮演航测外业调绘工。

(2)教学情景:由企业提供航空摄影资料,学生根据这些相关数据资料学习像片判读的方法,然后结合航空像片进行像片室内判读。

(3)教学材料:教学课件、判读像片或图片、判读工具。

(4)教学内容过程设计:首先由教师在课堂上讲授像片判读的概念和方法及像片调绘综合取舍的原则,并结合实际摄影像片由学生进行判读作业练习。根据资料情况组织学生进行实地判读。

四、其他说明

在教学组织过程中，教师必须引导学生在概念认识的基础上进行相互答疑，并对其效果进行评定。

相关知识

航摄像片以影像的表现形式提供了丰富的地面信息，根据像片影像所显示的各种规律，借助相应的仪器设备及有关资料，采用一定的方法对像片影像进行分析判断，从而确认影像所表示的地面物体的属性、特征，为测制地形图或为其他专业部门提供必要的地形要素，这一作业过程称为像片判读或像片解译。

像片判读所指的像片不仅是航摄像片，也可以是航天像片、地面摄影像片或其他特殊摄影像片；不仅是黑白像片，也可以是彩色像片、多光谱像片、红外像片、微波像片等。像片判读技术不但应用于地形测量，而且更广泛应用于环境保护、土地详查、林业资源调查、地质调查、铁路选线、军事侦察等众多专业部门，在国民经济和国防建设中具有十分重要的作用。

根据判读的目的不同，像片判读可区分为地形判读和专业判读。地形判读主要是指航空摄影测量在测制地形图过程中所进行的判读，其判读目的是通过像片影像获取地形测图所需的各类地形要素。专业判读则是为解决某些部门专业需要所进行的带有选择性的判读，其判读目的是通过像片影像获取本专业所需要的各类要素。

根据判读方法不同，像片判读又可区分为目视判读和电子计算机判读。目视判读是指判读人员主要依靠自身的知识和经验以及所掌握的其他资料和观察设备，在室内或者与实地对照去识别像片影像的过程。电子计算机判读称为电子计算机模式识别，模式识别是借助电子计算机，根据识别对象的某些特征，对识别对象进行自动分类和判定。

目视判读又可进一步分为野外判读和室内判读。野外判读就是把像片带到所摄地区，主要根据实地地物地貌的分布状况和各种特征，与像片影像对照去进行识别的方法。在很长时间内航测成图中的像片调绘工作都是采用这种判读方式。它的优点是判读方法简单，易于掌握，判读效果稳定可靠；缺点是野外工作量大，效率低。目前条件下野外判读在生产中仍占有十分重要的地位。室内判读则是主要根据物体在像片上的成像规律和可供判读的各种影像特征以及可能收集到的各种信息资料，采取平面、立体观察和影像放大、图像处理等技术，并与野外调绘的“典型样片”比较，采用推理分析等方法，完全脱离实地所进行的判读。显然室内判读的主要优点是能充分利用像片影像信息，发挥已有的各种图件资料、仪器设备的作用，减少野外工作量，改善工作环境，提高工作效率。无疑室内判读是未来的发展方向。但室内判读对判读人员自身的素质要求较高，目前判读的准确率只能达到 85%左右。因此，室内判读必须和野外判读结合起来，这就是所谓室内外综合判读法。显然，电子计算机判读也是室内判读。

航摄像片调绘是以像片判读为基础，就是把航摄像片上的影像所代表的地物识别和辨认出来，并按照规定的图式符号和注记方式表示在航摄像片上。这是摄影测量中一项复杂而不可缺少的工作,是航测外业工作的主要内容之一。目前,大多采用先室内判绘,后野外检查补绘的办法来完成。

一、像片判读特征

航摄像片是地面的中心投影,像片上的影像与相应目标在形状、大小、色调、阴影、纹形图案、位置布局等特征方面有着密切的关系,人们就是根据这些特征去识别目标和解释某种现象的,这些特征称为判读特征。值得注意,不同类型的像片及像片倾斜和地形起伏等因素的影响会使判读特征有很大差异。因此,掌握判读特征及各种因素对它们的影响,对像片判读有很重要的意义。下面介绍航空摄影像片的主要判读特征。

(一)形状特征

形状特征是指地物外部轮廓在像片上所表现出的影像形状。地物的形状不同,其影像形状也不同。影像形状在一定程度上反映出地物的某种性质,所以形状特征是识别目标的重要依据之一。

在近似垂直摄影的像片上,倾斜误差对地物影像形状的影响很小,平坦地面上地物影像形状与其俯视图形相似,但是投影误差对具有一定高度的目标影像形状的影响是不能忽视的。高于地面的地物影像一般都有变形,相邻像片上相应影像的形状也不一致。位于斜面而不突出所依附斜面上的地物,由于斜面受投影误差的影响,地物影像形状也有变形,物、像形状不相似,相邻像片上同一地物影像形状也不一致。由投影误差的性质知道,这种变形不仅与目标本身高度有关,而且与地物相对于航摄机镜头的位置有关。目标位于底点处,不管多高,影像形状与相应地物顶部形状相似,没有变形;离底点愈远,变形愈大,影像不仅反映了地物顶部形状,而且显示了地物侧面形状。

投影误差引起高出地面目标影像变形,而且压盖其他地物,对判读和量测有不利的一面。但是,投影误差对于判读也有有利的一面,如可以根据投影影像反映的地物侧面形状识别地物或根据投影误差的大小确定地物高度等。

(二)大小特征

大小特征是指地物在像片上的影像尺寸。根据像片比例尺能明确给出地物大小的概念,因此判读前应弄清像片比例尺和像片比例尺的变化。在航空摄影像片上,平坦地区各地物影像的比例尺基本一致,实际大的地物反映在像片上的影像尺寸也大,反之则小;起伏不平的丘陵地和山地的影像在同一张像片上比例尺处处不一致,处于高处的地物,相对航高小,影像比例尺大,处于低处的地物,相对航高大,影像比例尺小。因此,同样大小的地物,反映在像片上的影像,位于山顶的比山脚的大。

大小特征除主要取决于像片比例尺外,还与地物形状和地物的背景有关。例如:在航空摄影像片上,与背景密度差较大的小路和通信线等线状地物的影像宽度往往超过根据像片比例尺计算所应有的宽度。

像片倾斜对影像大小也有一定影响,但由于航摄像片的倾斜角一般不超过 3°,对大小特征的影响可以不予考虑。

(三)色调特征

地面物体呈现出的各种自然色,在黑白像片上就以不同的黑度层次表现出来,这种黑度差别称为色调。影像的色调主要取决于感光材料(航摄底片)的感光特性、地物表面的照度和地物表面的反射能力。

在全色摄影像片上的影像色调主要取决于地物表面亮度,而地物表面亮度与照度、地物亮度系数、地物表面粗糙程度有关。

1. 色调与地物表面高度与照度的关系

地物表面受太阳光直接照射和天空光照射,照度的大小和光谱成分随太阳高度角变化而变化,在太阳高度角相同的情况下,如同类地物亮度系数相同,则照度大的部分亮度大,在像片上的影像色调浅,反之则深。

2. 色调与地物亮度系数的关系

物体的亮度系数是指在照度相同的条件下,物体表面的亮度与理想的绝白表面的亮度之比。亮度系数大的地物在像片上的影像色调浅,反之就深。

不同性质的地物,亮度系数不同;同一类地物,表面状态不同,亮度系数也不一样。同类性质的地物,表面干湿程度不同,亮度系数也不同,含水量多,亮度系数小,在像片上的影像色调深;粗糙程度不同,亮度系数也不同,表面愈粗糙,亮度系数愈小,在像片上的影像色调愈深;植被的亮度系数随着生长期不同,即随着季节不同而变化。

由于航摄底片对天然颜色的感光程度是不一样的,所以在像片上呈现的色调也不一样,如白色、黄色物体在像片上的色调为白色或浅灰色,红色、深棕色物体在像片上为灰色,绿色、黑色物体在像片上为深灰色或黑色。

(四)阴影特征

阴影是指地面物体在阳光照射下投落在地面上的影子。阴影在像片上也是有影像的,它的方向取决于太阳的照射方向。航空摄影是在晴天进行的,故高出地面的物体(如水塔、烟囱、悬崖等)及低于地面的物体(如冲沟、雨裂等)均会出现阴影。阴影一般与物体的高度成正比,与阳光的高度角成反比。在同一张像片上,各地物阴影影像的方向都是一致的,不因点的位置不同而异。阴影对突出地面物体的判读有重要意义,特别是当物体较小,而与周围地物的影像缺乏色调上的差异时,阴影特征显得特别有用。有时阴影也会造成判读上的困难,如高大建筑物的阴影盖住小而重要的地物影像,或把阴影误认为地物的影像等。所以,当判读有阴影地物时,最好用立体观察,以免造成错觉。

(五)纹形图案特征

细小地物在像片上有规律地重复出现所组成花纹图案的影像称为纹形图案特征。纹形图案是形状、大小、阴影、空间方向和分布的综合表现,反映了色调变化的频率。纹形图案的形式很多,有点、斑、纹、格、垄和栅等。在这些形式的基础上根据粗细、疏密、宽窄、长短、直斜和隐显等条件还可再细分为更多的类型。

每种类型的地物在像片上都有本身的纹形图案。因此,可以从影像的这一特征识别相应地物,如针叶树与阔叶树可根据影像纹形图案的差异区分,沙漠类型、海滩性质等可以根据纹形图案识别。有些地物,如草地与灌木林依照影像的形状和色调不易区分,但草地影像呈现细致丝绒状的纹理,而灌木林为点状纹理,比草地粗糙,容易区分。

(六)位置布局特征

位置布局特征是指地物的环境位置,以及地物间空间位置配置关系在像片上的反映,也称相关位置特征,是最重要的间接判读特征。

地面上的各种地物都有它存在的位置,并且与周围其他地物之间有某种联系。例如,造船厂要求设置在江、河、湖、海边,不会在没有水域的地段出现;公路与沟渠相交处一般为桥涵。特别是组合目标,它们由一些单个目标按一定的关系位置布局配置。例如:火力发电厂由燃料场、主厂房、变电所和供水设备等地物组成,这些地物按电力生产的流程顺序配置。因此,地物间的相关位置特征有助于识别地物性质。

例如:草原上有的水井,影像很小,不容易直接判读,但可以根据很多条放牧小路的影像相交于一处来识别;河流的流向可根据河流中沙洲滴水状尖端方向、支流汇入主流相交处的锐角指向、停泊船只尾部方向、浪花与桥的相关位置等标志判断。

(七)活动特征

活动特征是指目标的活动所形成的征候在像片上的反映。例如:坦克在地面活动后留下的履带痕迹;舰船行驶时激起的浪花;工厂生产时烟囱排烟等,这些都是目标活动的特征,是判读的重要依据。

上述7个判读特征,在应用中要综合分析、综合考虑,单凭某一特征来判读,通常是不完全可靠的。对于判读特征的运用,必须通过不断地学习和实践,不断地总结经验,才能较好地掌握。

二、像片判读方法

像片判读的方法,不论是室内判读、野外判读,还是综合判读,普遍采用的都是目视判读方法。

(一)目视判读前的准备工作

1. 收集各种辅助资料

如地形图、图表、现状图以及官方确认的文字说明等。

2. 收集或制作样片

我国幅员辽阔,地形复杂,判读人员要了解各种地物地貌的信息,必须借助于判读样片,判读样片可以帮助判读人员构思以图像形式出现的信息,并指导判读者正确识别未知物体。

判读样片可以自己制作,也可以利用有关单位的样片图集。

3. 训练判读能力

作为一个航测外业工作者,必须有较好的视觉敏锐度和立体效应、逻辑推理能力、自然地理和地貌学知识以及专业知识,还要有一定的社会经验和工作责任心。所以,这些能力都必须在平时加以训练提高。

4. 准备辅助判读的仪器设备

如放大镜、立体镜、航空判读仪等。

5. 评定像片影像质量

用于判读的像片,必须满足以下条件:

(1)航片上所有地面景物的细节必须充分显示,并具有适当密度。

(2)相邻地物影像和同一地物的细节影像都应具有明显的、眼睛能觉察到的反差。

(3)亮度相同的地物,不论它构像于像幅中的任何位置,都应当有相同的色调和密度。

(二)判读的方法

1. 判读的一般原则

一般情况下,判读可从宏观的整个地区分析开始,然后对细部进行认真的判读分析。判读者要按顺序编排像片、爱护像片、有条不紊地进行工作,从一般细部到个别细部,从已知特征到未知特征,从局部特征到整个区域的判读特征,循序渐进地进行工作。

2. 判读的一般方法

(1)直判法:直接应用判读特征,对像片影像做出较有把握的判读。

(2)对比法:利用典型样片进行对比分析判读。

(3)综合判认法:利用地物之间的相关性、依存关系做出综合分析判读。

(三)野外判读

1. 了解像片比例尺

了解像片比例尺对于判读具有重要意义,因为利用它可以衡量判读的难易程度。一般来讲,像片比例尺越大,影像特征越明显,越易于判读,而且确定了像片比例尺后,可以在影像上进行尺寸量测,从而确定较小地物及新增地物的准确位置和大小,有利于综合取舍等。

像片比例尺大概的数值可以从航摄鉴定书上查找,但该比例尺是依据每个航摄区的平均航高概算的,不能用于地物的实际尺寸计算。较精确的测定比例尺的方法有以下两种。

1)利用地形图求像片比例尺

用像片上某一线段的量测值和由旧地形图上量得的相应线段实际长度之比求得像片比例尺。

在选择线段时,一般应大致对称于像主点,且互相垂直的两条线段来计算像片比例尺,以减少像片倾斜带来的影响。

2)利用实地距离求像片比例尺

用像片上某地物影像的量测值和该地物的实际长度之比求得像片比例尺。

一般在1∶10 000航测成图中,要求用于像片判读的像片比例尺应大于1∶16 000。为了保证精度,当像片比例尺太小时,可在放大后用于作业。

2. 了解摄影时间

摄影时间可以从航摄资料鉴定表中查取。了解摄影时间,可以从中了解到航摄像片的新旧程度。摄影时间距离实际进行野外判读的时间越长,测区的变化越大,判读越困难。另外,了解摄影时间可以知道摄影的季节。不同季节摄影,地物的面貌有很大不同,地物在像片上构像的色调相应也会不一样,地物存在的状况也会产生变化。例如:雨季摄影时,季节性河流和干河床可能暂时有水,判读时实际无水,河流、湖泊、水库的水涯线比常水位高;冬季摄影时,田里庄稼已收割,大部分树林已落叶,像片上的色调与夏季判读时看到的相应的颜色不相同等。这些情况在判读时都应注意。

3. 了解测区的一般情况

在进入实地判读之前,应根据像片、老图和其他资料对测区进行一般的了解,做到判读心中有数。例如:了解测区的地形是平地、丘陵、山地、沙漠还是草原等;了解测区的水系状况和交通状况;了解测区森林的、类别以及分布情况;了解测区居民地的类型和分布情况等。了解这些情况对于在像片判读中宏观地分析问题会有许多帮助。

4. 野外判读的方法

到实地判读,对于初学者最好先选择地物比较简单、像片比例尺比较大的航摄像片进行练习。因为像片比例尺大,判读特征在像片上就表现得比较明显;地物简单,判读就比较容易,这对掌握基本判读方法是有利的。以后像片比例尺可以逐步由大到小,地物可由简到繁,逐渐提高判读技术。

1)选好判读时的站立位置

判读时,判读人员要尽可能站在判读范围内比较高的地方。这样,看的范围大,总地貌特征比较明显,容易确定像片方位和自己在像片上所处的位置。

2)确定像片方位

确定像片方位就是将像片的方向与实地的方位联系起来,使它们基本一致,这也叫像片定向。像片定向时,首先要判读出判读人员所在的位置,然后与周围明显突出的目标相对照,旋转像片,使之与实地方位一致,像片定向后再进行详细的判读就比较容易了。

3)判读地物、地貌元素

像片判读最终的目的是判读航测成图所需要的地物、地貌元素。在像片定向后即可进行判读地物、地貌元素,此时应注意掌握"由远到近、由易到难、由总貌到碎部、逐步推移"的方法,寻找判读目标的准确位置。

由远到近:远处范围大,总貌清楚,容易弄清大的明显的地物之间的关系,从而迅速地在像片上找到它们的具体位置。由远到近就是先判读远处大的、明显的目标的位置,再推向近处,寻找判读目标的准确位置。

由易到难:就是先抓住容易判定的特征地形,迅速找到它们在像片上的单体位置,作为判读其他地物的突破口。以此为基础,向周围扩展,找出较难判定的目标的准确位置。

由总貌到碎部:一个地区、大的河流、村庄、山岭、铁路、公路、森林等主要明显的地物,构成这一地区地形的总貌。总貌描绘了这一地区地形的轮廓,清晰、突出,给人以很深的印象,在像片上也最容易判定。在判定总貌的基础上,再缩小到某一范围去判定某一目标的位置就比较容易了。

逐步推移:这是判读中常使用的方法。假设第一个地物已经判出,则紧靠着的第二个地物不难判定;第二个地物已经判出,则紧靠的第三个地物也就判定了。如此逐步推移下去,一定可以准确判出所需要判读的目标。

综合运用以上方法就能较迅速、准确地判定全部地物、地貌元素的位置。

4)走路过程中的判读

全野外调绘就意味着全野外判读,因此更多的时候是在走路进程中进行判读,或者叫边走边判读。尤其是在地物密集的地区,到处都分布着需要判读的目标,这时就应注意"看、听、想、记"相结合,才能收到良好的效果。

看:就是边走边看,留心周围需要判读的目标。一旦发现目标,立即判读、记录。

听:就是用耳朵寻找需要判读的目标,如听见汽车、火车鸣笛,就一定有公路或铁路;听见流水声就可能有河流或其他水源;听见放炮的爆炸声就可能有采石场等。

想:就是边走边思索、分析。如想一想现在在像片上什么位置?下面该往哪里走?想一想还有什么目标需要判读,是否有遗漏?想一想是否有需要量注数据的地物?

记:就是要记住走过地方的特征,判读过的地物的形状、位置、方向等特点。这样,就可以在清绘时检查记录的正确性,修正和补充记录的不足,而实际判读时,许多地物往往不需要记录而全凭记忆在清绘时绘出,如铁路、公路、树林、大的桥梁、大面积的旱地、水稻田,甚至比较明显的乡村路、小路等。判读人员应培养自己职业记忆的能力。

5)勤看立体、随时检核

看立体是帮助判读的重要手段。立体模型可以使需要判读的地物显得更清楚、更生动、对比感更强。许多从平面像片上很难辨认的地物,在立体模型下却很清楚,尤其是对于地形起伏、地物繁杂的地区更为重要。

应当指出,由于地物众多,地形千变万化,判读中出现错判的事时有发生,因此在判读过程中经常要进行检查,从多方面推判,直到确信无误。

总之,野外判读是一项复杂、细致、有责任心、技术性强的工作。要求从事这项工作的专业人员,不但要有很好的技术水平,而且要有优良的思想素质,才能有效地完成这项工作任务。

三、像片调绘的综合取舍

(一)综合取舍的概念

在1∶5 000或1∶10 000成图的像片调绘时,不可能也没必要将地面上的地物、地貌全部表示在像片上,因为像片上过多地表示地物地貌元素,不但会造成主次不分,影响图面的清晰,而且会增加不必要的外业工作量,所以在外业调绘时要进行综合取舍。所谓综合,就是根据一定的原则,在保持地物原有的性质、形状、轮廓、密度和分布等主要特征的同时,对某些地物分不同情况进行数量和形状上的概括;所谓取舍,就是根据测制地形图的需要,在调绘的过程中,选取重要的地物、地貌元素予以表示,对次要的部分舍去,不予表示。综合与取舍是互相制约的,综合取舍的过程就是对地貌、地物进行选择和概括的过程。

综合还包括两层意思:一是将许多同性质而又联结在一起的某些地物,如房屋、稻田、旱地、树林等聚集在一起,不再表示它们单个的特征,而是合并表示它们总的形状和数量;二是在许多同性质的地物中,还存在某些别的地物,如稻田中有一小块旱地,连成片的房屋中还有一小块空地等,这些地物如果被舍去,则意味着已经将它们合并在周围的多数地物中,改变了它们原有的性质,这也算是综合。这些地物如果被选取,则意味着它应从周围地物中脱离出来,不能综合。如稻田中的小块旱地比较大,有一定目标作用,应单独表示。

综合与取舍是互相联系、互相制约的。综合取舍过程,就是对地物地貌进行选择和概括的过程。综合过程中有取舍,而取舍过程中也有综合,不能孤立地去看待它们。

(二)综合取舍的目的

(1)地面上的地物很多,从广义角度看,可以说整个地面都被地物覆盖着,要将全部地物都表示在缩小千倍、万倍的图纸上是不可能的。因为在这种情况下,许多地物都是要扩大以后才能在图面上表现出来,加上图面的各种注记也要占据一定的面积。这样就会造成表示的内容所需要的图幅面积超出了图幅的承受能力。也就是说地形图在表示地面物体时不能超出自己的承受能力,必须对地面物体进行有选择性的表示。因此,综合取舍的目的之一,就是通过综合和选择使地面物体在地形图上得到合理的表示。

(2)测制地形图是为了给国民经济建设提供基础资料,因此综合取舍的目的还在于从众多的地物中选取对国民经济建设有一定价值的地物进行表示;或者对某些地物进行综合表示,而保留它们对国民经济建设有一定作用的某些性质和特征。从这一观点出发,所谓重要地物就是指在国民经济建设中有重要作用的地物,反之就是次要地物。在综合取舍中就是要保证对选取的重要地物进行突出表示,对次要地物则可以适当综合表示或舍去。这样才能使图面所表示的内容具有一定的层次,主次分明,重点突出。

(3)繁杂的地物如果都描绘在地图上,往往会掩盖这一地区的本来面貌和某些反映地物本质的特征,而且还会使重要地物得不到准确表示。因此,综合取舍的第三个目的就是通过综合取舍更真实地、艺术地表现这一地区的特点,反映地物的本质,并使重要地物得到准确表示。

总的来说,综合取舍的目的就是:使地形图得到合理的表示,具有主次分明的特点,保证重要地物的准确描绘和突出显示,反映地区的真实形态,从而使地形图更有效地为国民经济建设服务。

(三)综合取舍的原则

综合取舍是调绘过程中比较复杂、比较难以掌握的一项技术。有的地物可以综合,如连成片的房屋、稻田、树木;有的地物又不能综合,如道路、河道、桥梁。同一地物在某种情况下可以综合,如房屋连成片;而在另一种情况下又不能综合,如房屋分散或整齐排列。同一地物在有些地区应该表示,如小路在道路稀少的地区应尽量表示;而在另一地区,如道路密集的地区则可以舍去或者选择表示。这就要求调绘人员认真理解综合取舍的精神和有关规定,而且只有通过长期实践,不断总结经验,才可能较好地掌握这项技术。

运用综合取舍进行调绘,还应遵循以下原则。

1. 根据地形元素在国民经济建设中的重要作用决定综合取舍

地形图主要是服务于国民经济建设的,因此地形图所表现的内容也应该服从这一主题,凡是在国民经济建设中有重要作用的地形元素,就是调绘时选择表示的主要对象,如铁路、公路、居民区、水源、三角点、水准点、电力线、较大面积的树林,还有在地图判读、定位,在设计和施工中进行量算具有重要作用的各种突出于地面的独立建筑物,如宝塔、烟囱、独立树等在国民经济建设中都有各自不同的作用,都是在调绘中应着重表示的地形元素。

2. 根据地形元素分布的密度进行综合取舍

地形元素的作用在一定条件下有相对性。如在水网地区个别的水源就显得不那么重要,但是在干旱地区水源的重要性就大大提高了,因此调绘时要根据地形元素分布的密度考虑综合取舍问题。一般情况是某一类地物分布较多时,综合取舍幅度可大一些,即可适当多舍去一些质量较次的地物;反之,综合取舍幅度就应小一些,即尽量少舍多取或进行较小的综合。如在人烟稠密的地区小路很多,则只选择主要的进行表示;在水网地区,到处都是水源，舍去几个小水坑和小水塘是常有的事；在树木生长较多的地方，田间的散树也多，可以少表示或不表示。但是，如果这些地物出现在人烟稀少的地区、干旱地区，很少生长植物的沙漠地区就必须表示，否则将算是重大遗漏。

3. 根据地区的特征决定综合取舍

在根据地形元素分布密度进行综合取舍的同时，还要注意反映实地地物分布的特征，否则就会使地形图表现的情况与实地不符，面貌失真，降低地形图的使用价值。如小路很多的地区，如果大量舍去，结果图面上变得与人烟稀少地区的小路分布差不多了，这就失去了这一地区小路分布的特征。同样，水多的地方应相对反映水多的特点；树多的地方应相对反映树多的特点。也就是说，在综合取舍过程中，也要注意地形元素的相对密度，即实地密度大，图上所表现的密度也大；实地密度小，图上所反映的密度也小，这才符合客观分布情况，综合取舍中，必须辩证地处理两者之间的关系。

4. 根据成图比例尺的大小进行综合取舍

成图比例尺越大，图面的承受能力也越大，用图部门对图面表示内容的要求也就越高，图面就应该而且有条件表示得详尽一些。因此，在调绘中，综合的幅度就应小一些，即多取少舍少综合；反之，成图比例尺越小，综合取舍的幅度就可以大些，即可以相对地多舍、多综合一些地形元素。

5. 根据用图部门对地形图的不同要求进行综合取舍

不同专业部门对地形图所表示的内容及表示的详尽程度也有不同要求，如水利部门要求详细表示水系分布、水工建筑、地貌形态、居民地分布、交通条件等内容；林业部门要求详细表示森林分布状况、生长情况、树种名称，还有密度、森林的采伐情况、林中的空地、通行情况等。总之，这些具有专用性质的地形图都各有侧重，调绘时可根据不同的要求决定综合取舍的内容和程度。

正确运用以上原则，还必须结合规范、图式的有关规定和实际情况，决不能照搬，采取统一的模式。

总之，取与舍、合并与保留是既对立又统一的，有取就有舍，有舍就有取，地面上繁多的地物，必然有主要和次要之分。即使是同一种地物，也要进行取舍，其原则是：取突出明显的，舍不突出不明显的；取主要的，舍次要的；取大的，舍小的；取永久性的，舍临时性的；与用图直接有关的优先表示，一般的可酌情简化。

（四）综合取舍的过程中应处理好的几个关系

1. 准确与相似的关系

准确是指重要地物的位置要准确表示，次要的地物可以移位、综合或舍去。相似是指次要地物移位、综合或舍去后要保持相关位置与实地一致，不失去总貌和轮廓特征，如工矿区的烟囱、水塔、主厂房等是主要地物，一定要准确表示，而其近旁的次要地物，不能按其真实位置表示时，可以舍去或移位，但移位后必须使相关位置与实地一致。又如小路旁的独立房屋要按其真实位置表示；河流、小路并行，且紧靠陡坎时，河流要保持真实位置，小路与河流不能重叠，陡坎可适当移位。

2. 主要特征与次要特征的关系

综合取舍时，一定要保持地物、地貌的主要特征，综合和舍去次要特征。例如：铁路通过居民地时,不得缩小其符号尺寸,也不得移动其位置,当然明显突出的独立地物紧靠铁路时,则铁路符号可中断,独立地物应按其真实位置表示。另外,如学校、厂房等建筑规则的散列式居民地不可合并,几个紧靠的池塘或砖窑只能取舍,不能合并。

3. 同一地区的地物取舍多与少的关系

同一地区的某种地物密度基本是一致的,因此在同一地区或同一幅地图中,对某一种地物取舍的多少应保持一致,或者说在同地区的每一张调绘片对某一种地物取舍的多少应保持一致,以反映该地区的地物分布和密度特点。如对大面积梯田区的每张调绘片上,在有些调绘片上取得很多,而在有些调绘片上舍得很多。

总之,综合取舍是一个比较复杂而又重要的问题,必须用对立统一的观点,辩证唯物的方法,经过实地调查和具体分析,才能取舍得当,同时也需要外业人员不断总结经验教训,使调绘成果能反映实际,满足用图需要。

规范地图判绘

一点都不能少

2021年9月23日,我国某出行软件因中国地图绘制不完整被罚20万元冲上热搜。我国某出行软件官方杂志中的中国地图,存在漏绘阿克赛钦、藏南地区、钓鱼岛、赤尾屿及南海诸岛的问题。使用错误中国地图的企业致歉、受罚是必须的。这也提醒所有企业要引以为戒:中国虽大,一点都不能少。

遗憾的是,"问题地图"已非首次出现在公众面前。此前,德国某著名汽车制造商在其2017年全球新闻年会中因运用错误的中国地图而备受争议。2019年,在热播电视剧《亲爱的,热爱的》第39集中,在绝大部分中国版图都着色的情况下,属于中国的海南岛和台湾岛却没有着色,地图在中印边境东西两端的划分上也出现错误。同年10月,法国某奢侈品牌在校园宣讲会上使用错误中国地图后连夜发声明致歉……问题地图的出现多数源于一些企业或机构版图意识的淡漠或版图知识的匮乏。

地图反映着国家的主权意识和政治外交立场,因为地图是国家版图最直观的表现形式,它与国旗、国徽和国歌同等庄严。一张完整的中国地图,绝不仅仅是一张图而已,它是国家主权和领土完整的象征,具有严肃的政治性和严格的法定性。祖国河山,一寸都不能丢,中国地图,自然也一点都不能错。闻者足戒。

单项技能训练

一、训练的内容

室内判读。

二、训练的目的

通过室内判读的技能训练，学生掌握利用像片判读特征进行判读的基本方法，能处理综合取舍中的各种关系，会应用常用图式符号表示地形要素。

三、训练的教学方法

任务驱动教学法。

四、训练器具

立体镜、铅笔、玻璃铅笔、直尺、透明纸。

五、训练要求

爱护器材和像片，按时完成任务。

六、具体训练的内容

每人利用2个像对，判绘不小于5类地形要素，判绘要素用图式符号在透明纸上着铅标出。

动手动脑

1. 什么是像片判读？

2. 什么是野外像片判读、室内像片判读？它们各有哪些优缺点？

3. 像片判读特征有哪几种？

4. 影响色调特征的因素有哪些？

5. 什么是阴影？阴影在像片上构像有什么规律？阴影在像片判读中有哪些有利和不利的作用？

6. 像片判读常用的立体观察设备有哪几种？它们各有什么特点？

7. 综合取舍的依据有哪些？

任务二　像片调绘的准备工作

任务描述

一、学习型工作任务

通过学习调绘像片的准备、调绘面积的划分、像片调绘的基本作业程序、像片调绘注意事项等内容，掌握像片调绘的基本作业程序和基本方法，学会画调绘面积线。

二、教学目标

(一)知识目标

(1)掌握像片调绘的基本作业程序和基本方法。

(2)掌握调绘面积划分的要求。

(3)了解像片调绘所使用的工具。

(二)技能目标

(1)会对调绘像片进行分析和编号。

(2)能合理选择调绘路线。

(3)会画出像片调绘面积线。

(三)态度目标

(1)培养学生团结协作、爱岗敬业的职业道德。

(2)培养学生吃苦耐劳、认真细致的职业精神。

三、教学组织设计

(1)学生角色:扮演航测外业调绘工。

(2)教学情景:由企业提供航空摄影资料,学生根据这些相关数据资料学习像片调绘的准备工作,学生学会进行调绘面积的划分。

(3)教学材料:教学课件、调绘像片(立体像对)。

(4)教学内容过程设计:首先,由教师在课堂上结合摄影像片,讲授像片调绘准备工作的内容和调绘面积划分的方法、要求,像片调绘的基本作业程序及注意事项。然后,组织学生分组,进行练习,重点进行调绘面积的划分。最后,由教师组织现场抽检,以检验学生的实训效果,并做记录。在教学组织过程中,教师必须在现场指导学生完成实训任务。

四、其他说明

在教学组织过程中,教师必须引导学生在概念认识的基础上进行相互答疑,并对其效果进行评定。

相关知识

一、像片调绘前的准备工作

(一)划分调绘面积

调绘面积是指每一张调绘像片进行调绘的有效工作范围。因为一幅图包括若干张航摄像片,而且像片之间又有一定重叠,这就一定会产生调绘像片之间的接边问题,必然要划分工作范围。这是调绘之前必须进行的工作,也是很重要的工作。

调绘面积的划分有以下要求:

(1)调绘面积以调绘面积线标定,为了充分利用像片,减少接边工作量,在正常情况下,要求采用隔号像片作为调绘像片描绘调绘面积线。

(2)调绘面积线应绘在隔号像片的航向和旁向重叠中线附近,这样可以充分利用像片上影像比较清晰、变形较小的部分进行调绘。

(3)根据同样理由,要求调绘面积线离开像片边缘1 cm以上,但压平线可以不考虑。

(4)当采用全野外布点时,调绘面积的4个角应在像片控制点附近,且尽可能一致,偏离控制点连线不应大于1 cm,因为内业不能超出控制点连线1 cm以外测图,势必要一部分内容要转到另一个立体像对才能测绘,这样会给内业增加某些不方便。

(5)调绘面积线在平坦地区一般绘成直线或折线;丘陵地和山地,则要求像片的东边、南边绘成直线或折线,相邻像片的西边、北边根据相应的直线或折线在立体下转绘成曲线,这是因为地形起伏所产生的投影差,使像片上的直线在相邻像片上变成了曲线。如果在相邻像片上都能过相应端点连成直线,则必然产生调绘面积的重叠或漏洞。

(6)划分调绘面积不允许有漏洞或重叠,所谓漏洞就是一部分地面不在任何调绘范围之内;所谓重叠就是一部分地面同时出现在相邻的两张调绘像片的调绘面积内。显然前一种情况使一部分地区成为空白,内业无法测图;后一种情况则增加了重复调绘的工作量。

(7)调绘面积线应避免分割居民地和重要地物,并不得与线状地物相重合,为此可将调绘面积线描绘成折线。否则,调绘面积线两边的地物,由于调绘面积线的误差影响,容易产生扩大、缩小或者遗漏,还应注意不要破坏重点目标的影像。

(8)图幅边缘的调绘面积线,如为同期作业图幅接边,可不考虑图廓线的位置,仍按上述方法绘出,以不产生漏洞为原则;如为自由图边,则依据老图在调绘像片上绘出图廓线后,实际调绘时应调出图廓线1 cm以外,以保证图幅满幅和接边不发生问题。

(9)图幅之间的调绘面积线用红色,图幅内部用蓝色,并以相应颜色在调绘面积线外注明与邻幅或邻片接边的图号、片号。这样做主要是为了便于区分和查找像片。

(10)当旁向重叠或航向重叠过小而需分别布点时,调绘面积线应绘在两控制点之间,距任一控制点的距离均不应大于1 cm。

(二)准备调绘工具

1.调绘像片的编号、选择、检查

首先应和控制像片一样,对调绘像片进行编号;然后选择最清晰的像片作为调绘像片,同时再对像片的质量进行一次仔细的检查,这时主要检查像片影像的质量是否符合调绘的一般要求,有无云影、阴影、雪影、航摄漏洞等情况;检查像片比例尺是否能保证调绘质量,最好的办法是看看各种比例尺表示的地物是否能清楚地在像片上描绘。如果像片比例尺太小,可申请放大。

2.调绘工具

调绘的工具应考虑周到。除调绘像片外,还应带上立体的像片、像片夹、老图、立体镜、铅笔、小刀、砂纸、橡皮、钢笔、草稿纸、皮尺或其他方便的量测工具、刺点针以及其他必要的安全防护用品等。另外,每一张调绘像片都要贴一张透明纸,透明纸的一边贴在像片背面边缘,透明纸的大小以翻折以后能盖住像片正面为原则,它的主要作用是在调绘时用作记录和描绘。

航摄像片比较光滑,调绘时不易着铅,清绘时也不易上墨,因此调绘前应对像片进行适当处理,一般的方法是用沙橡皮(硬橡皮)在像片正面适当用力地来回擦,直到像片上能着铅,但注意不要擦坏影像。

(三)做好调绘计划

如果第二天准备调绘某一张像片,事先应有一个小计划。所谓小计划就是通过对像片进行立体观察,结合老图和其他有关资料,对调绘地区进行初步分析,并在分析的基础上安排一下第二天调绘的范围、路线、重点,以及调绘中应注意解决的问题。

进行初步分析主要是指掌握调绘区域的地形特征,如居民地的分布及类型特征、水系、道路、植被、地貌、境界以及地理名称的分布情况。初步掌握这些情况后,就可以估计调绘的困难程度,调绘的重点应放在哪里,调绘的路线应如何安排,调绘可能出现哪些问题。有了这样的思想准备和打算,往往会取得较好的调绘效果。

调绘路线要根据地形情况和调绘重点进行选择。

(1)平地:居民地多,应沿着连接居民地的主要道路进行调绘,调绘路线可采用S形或梅花形,但沙漠、草原、沼泽等人烟稀少的平坦地区,应沿着主要道路进行调绘。

(2)丘陵地:居民地一般多在山沟内,调绘时主要是跟着山沟转。但有时为了走近路,或者调绘山脊上某些地物,也要穿过某些山脊。因为丘陵地的山都不高,调绘时有更多的灵活性。

(3)山地:一般采用分层调绘的方法,即先沿沟底,再上山坡,一层调完再上更高一层,直到一条大沟调绘完转到另一条大沟。

调绘范围内如果有铁路、公路和较大的河流,一般应作为调绘路线,沿线调绘,这样便于详尽地表示其附属建筑物。

调绘是比较复杂的工作,事先必须把问题想得多一些,计划安排得周到一些,这样才会取得好的调绘效果。

二、像片调绘的基本方法

(一)像片调绘的基本作业程序

(1)准备工作。准备工作包括划分调绘面积、准备调绘工具、做好调绘计划等内容。

(2)像片判读。像片判读的基本知识已在前面做了详细介绍,这时就应用像片对照实地判读,确定各种地形元素的性质以及它们在像片上的形状、大小、准确位置和分布情况,以便在像片上描绘。

(3)综合取舍。就是在像片判读的基础上对地形元素进行合理的概括和选择,这是调绘过程中的重要手段。

(4)着铅。就是在综合取舍原则下,用铅笔将需要表示的地形元素准确、细致地描绘在像片或透明纸上,这是着墨的重要依据。

(5)询问、调查。这里主要是指向当地群众询问地名和其他有关情况,调查各行政区界线的位置和可能没被发现的地形元素,同时应将所得结果准确记录在像片上或透明纸上。

(6)量测。量测指量测陡坎、冲沟、植被等需要量测的比高,并做出相应记录。

(7)补测新增地物。新增地物是指摄影后地面上新出现的地物。因像片上没有其影像,按规范要求若需要表示的元素,就需要在实地补绘,个别新增地物可根据与其相邻地物影像的相对位置补绘,但大面积的新增地物可采用其他方法补绘。

(8)清绘。就是根据实地判绘的结果,在室内着墨整饰,这时应按照图式规定的各种符号和规范的有关要求认真、仔细地描绘。

(9)复查。清绘中还有不清楚的地方及其他问题,应再到实地查实补绘。

(10)接边。就是调绘边线地方与邻幅或邻片调绘的内容是否衔接。如本片调绘的道路通过调绘边线伸入相邻调绘像片,相邻像片也必须有同一等级的道路与之相接,而且相接位置应吻合。如果有某一地物接不上,则必须查实、修改,直到地物全部接好。

(二)像片调绘注意事项

1. 注意采用远看近判的调绘方法

所谓远看,就是调绘时不但要调绘站立点附近的地物,而且要随时观察远处的情况。因为有些地物(如烟囱、独立树、高大的楼房)从远处观察十分明显突出;到近处时,往往由于地形或其他地物的阻挡,反而看不清或者感觉不出它们了。另外,有些地物(如面积较大的树林、稻田、旱地、水库等)从远处观察,容易看清它们的总貌、轮廓,便于勾绘,到近处时,由于现场狭窄,只能看到局部,描绘时反而感到困难了。但是,有些地物远处还不能判定准确位置,如独立物体,这时就必须在近处仔细判读它们的位置。因此,调绘独立地物往往采用远看近判相结合的调绘方法。

2. 应注意以线带面的调绘方法

以线带面就是调绘时以调绘路线为骨干,沿调绘路线两侧一定范围内的地物,都要同时调绘。做到走过一条线,调绘一大片,这样可以加快调绘速度。

3. 着铅要仔细、准确、清楚

着铅是调绘过程中最重要的记忆方式。它是在准确判读和进行综合取舍后记录在像片或透明纸上的野外调绘成果,是室内清绘的主要依据。因此,着铅必须仔细、准确、清楚。

除像片上影像明显、易记的地物,如铁路、公路、河流、水库、稻田、树林等可以不着铅或简单注记外,一般调绘的地物都要仔细着铅,即在像片上或透明纸上用铅笔详细勾绘出地物影像的轮廓,并且要求位置准确,线条清楚,在室内清绘时能准确区分。对于独立地物,必要时应准确判出其中心点位置。

着铅时既不能过于简单,也不能太详细。因为太详细会使得像片和透明纸上线划得过分繁杂,反而不清楚了。因此,调绘者还必须逐渐培养职业记忆能力,让所有的调绘内容牢牢记在自己头脑中,这样还可以加快调绘速度。

4. 调绘中要注意养成"四清""四到"的良好习惯

"四清"就是站站清、天天清、片片清、幅幅清。站站清就是调绘一处就把这里的问题全部搞清楚。天天清就是头天调绘的内容第二天全部清绘完。一般不允许隔天清绘,更不允许隔几天以后才清绘。因为一天调绘的内容很多,隔的时间长了,记不清,容易绘错。片片清就是调绘完一片,就要及时清完一片。幅幅清就是指一幅图彻底搞清楚后,再进行下一幅图的工作。尤其是收尾工作,如接边、复查、检查验收、修改、填写图历表等,一定要抓紧做完,不留尾巴。

"四到"指跑到、看到、问到、画到。"四到"的总目标还是看清、画准。因此,只要看清、画准,就能保证成图质量。

5. 注意依靠群众,多询问、多分析

调绘过程中有许多情况必须向当地群众询问、调查,以获得可靠信息。如地名、行政区界线、地物的季节性变化、某些植物的名称、隐蔽地物的位置等,都必须向当地群众调查才知道。因此,依靠群众、尊重群众是每个测量工作人员应有的态度和重要的工作方法之一。

有时由于语言不通,工作性质的差异,文化水平低,表达能力不强等,在询问过程中往往出现问不清楚或者说错的现象。因此,对了解的情况要综合分析以确保结论的准确性。

6. 注意发挥翻译、向导的作用

在少数民族地区或者方言口音较重的地区,一般应有翻译或向导协助调绘工作。翻译、向导多聘当地人,他们懂当地语言,有一定文化程度,熟悉当地情况,称得上是“活地图”,充分发挥他们的作用会给测绘工作带来很多方便,在生活上也会得到很多帮助。

调绘方法有许多地方是很灵活的,必须在实际工作中不断总结经验充实自己,以提高自己的作业水平。

单项技能训练

一、训练内容

绘制调绘面积线。

二、训练目的

通过绘制调绘面积线,学生掌握调绘面积的划分要求,能绘制像片调绘面积线。

三、训练的教学方法

任务驱动教学法。

四、训练器具

立体镜、铅笔、直尺。

五、训练要求

爱护器材和像片,按时完成任务。

六、具体训练的内容

利用器材和像片,绘制调绘面积线。

动手动脑

1. 像片调绘前应做哪些准备工作?
2. 调绘面积的划分有哪些要求?
3. 试述像片调绘的基本作业程序。

任务三 居民地调绘

任务描述

一、学习型工作任务

通过学习居民地及其分类、各种居民地调绘的方法、居民地注记方法,学会进行居民地调绘。

二、教学目标

(一)知识目标

掌握居民地及其分类。

(二)技能目标

(1)能对居民地进行分类。

(2)能用图式符号正确地表示各种类型的居民地。

(3)能正确地区别地面上窑洞和地面下窑洞。

(4)能正确地处理居民地与其他地物的关系。

(三)态度目标

(1)培养学生团结协作、爱岗敬业的职业道德。

(2)培养学生吃苦耐劳、认真细致的职业精神。

三、教学组织设计

(1)学生角色:扮演航测外业调绘工。

(2)教学情景:由企业提供航空摄影资料,学生根据这些相关数据资料学习居民地及其分类,并进行居民地调绘。

(3)教学材料:教学课件、各种居民地调绘样片。

(4)教学内容过程设计:首先教师在课堂上讲授各种类型居民地调绘方法,然后结合具体调绘像片,学生利用调绘像片进行居民地的调绘作业。

由学生编写成果报告,根据上交的成果情况,给予评价。

四、其他说明

在教学组织过程中,教师必须引导学生在概念认识的基础上进行相互答疑,并对其效果进行评定。

相关知识

一、居民地的调绘

我国是一个幅员辽阔、地理复杂、历史悠久、人口众多和多民族的国家。不同地理条件、不同历史时期和不同风俗习惯形成了不同类型的居民地。由于用途不同,对居民地的分类标准和表示方法的要求也不一样。有的按行政等级分类,有的依人口数量多少分类,有的以建筑形式和结构特点分类,有的根据分布特点和平面图形分类。对于测制国家基本比例尺地形图而言,居民地的分类必须从满足国家经济建设和国防建设的全局出发,兼顾特殊部门的需要。因为我国广大地区的居民地多为房屋建筑形式,黄土覆盖地区有窑洞建筑居民地,草原和荒漠地区还有蒙古包和帐篷等建筑形式居民地,所以我国居民地按建筑形式可分为三大类:

(1)房屋式居民地。

(2)窑洞式居民地。

(3)其他类型居民地。

在居民地调绘中应着重表示以下几个特征:

(1)外围轮廓特征:村头村旁的独立房屋、凸凹拐角、外围墙、主要道路进出口。

(2)结构类型特征:房屋的分布特点、排列特点、组合特点。有街区式、散列式、集团式等类型。

(3)通行情况特征:区分出主要街道、次要街道、小巷,表达清楚道路的分布和连接。

(4)方位意义特征:居民地内具有方位作用的突出建筑,或建筑物高大,或颜色明显,或造型别致。

(5)地貌形态特征:居民地内外的冲沟、陡坎、坑穴、土堆等。

(6)相关位置特征:居民地与水系、道路、垣栅之间的位置表示和避让关系。

(一)房屋式居民地

任何一个房屋式居民地,不外乎由独立房屋、街区、街道3个基本图形和固定名称组成,但不同类型的居民地,组成情况不同。

1. 独立房屋

独立房屋是指单幢房屋。有3种表示方式:当独立房屋的图上尺寸小于0.7 mm×1.0 mm时,用0.7 mm×1.0 mm的黑色方块表示,称为不依比例尺表示;当独立房屋的图上尺寸宽小于0.7 mm、长大于1.0 mm时,用宽0.7 mm、长为实际长的黑色方块表示,称为半依比例尺表示;当独立房屋的图上尺寸大于0.7 mm×1.0 mm时,用图上的实际尺寸表示;当称为依比例尺表示,如图6-1所示。

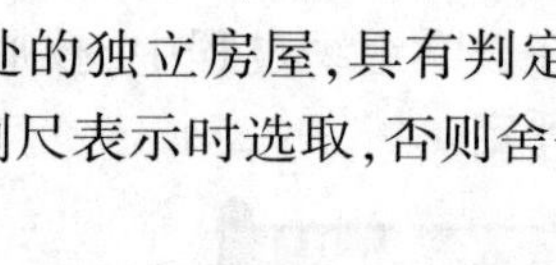

图6-1 独立房屋的表示

当独立房屋分布密集不能逐个表示时,可将外围全部选取,内部适当取舍,一般不宜综合。位于河边、路旁、村口处的独立房屋,具有判定方位的作用,要特别注意表示。独立房屋的围墙篱笆,可以用依比例尺表示时选取,否则舍去。

2. 街区式居民地

街区式居民地是指房屋毗连构成街道景观的居民地。要注意表示好街区外形特征:如街区外沿凸凹部分达图上1 mm以上时均应表示;位于街区边缘或道路进出口处的独立房屋不能舍去或合并;街区外围的河渠、冲沟、土堤、竹篱等要详细表示。要注意做好街区内部的综合取舍,如街区内房屋间距小于图上1.5 mm时可合并,较大的空地应区分表示,但工矿、机关、学校、新住宅区的房屋,不能视为街区,应逐个房屋表示。街道的表示应反映出通行特征:主要街道、次要街道应分明,巷道取舍应适当,十字街口、丁字街口、街道与巷道的交叉口位置要准确,具有方位意义的房屋,要用突出房屋的符号表示,如图 6-2 所示。

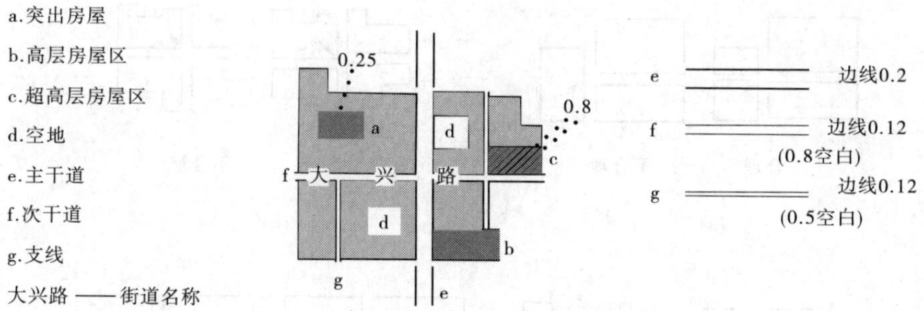

图 6-2　街区式居民地的表示

街区式居民地根据房屋建筑分布的疏密程度可分为房屋密集街区式居民地和房屋稀疏街区式居民地。

1)房屋密集街区式居民地

房屋密集街区式居民地的基本特点是房屋毗连成片或间距较小,有明显的主次街道和外部轮廓,由街道或河渠将居民地分割为大小不等的房屋密集街区。无论是在实地,还是在航摄像片上都比较容易识别。

房屋密集街区式居民地在地形图上表示的基本要求是突出表示通道,准确地表示突出房屋,形象地表示外部轮廓。

(1)主次街道。

主次街道仅根据通行情况区分,能通行载重汽车的为主要街道,不能通行载重汽车的为次要街道。

街道在航摄像片上容易识别,一般为贯通居民地的线状地物,影像色调主要取决于街道路面性质,路面为混凝土路面或黄土路面时,街道为白色色调,路面为沥青路面时,则为深灰色色调。因街道边缘多有房屋,所以街道一边有房屋阴影影像,甚至有的街道可能被房屋的投影或阴影压盖,而不易识别。在小比例尺的像片上直接判断主次街道比较困难,通常是根据所连接的道路等级判断,与公路相连接的街道,一般都为主要街道,或者参考老图确定。

当主要街道和次要街道以半依比例尺符号表示时,两种符号空白间隔相差仅 0.2 mm。因此,描绘主、次街道时要注意区分。在判绘像片上主次街道符号宽度不分是初学判绘者的常见错误。

为了正确地反映居民地内的通行情况,主要街道一般都应表示,对于次要街道可以进行取舍。大中城市一般街道都能通行载重汽车,为了突出连接公路、车站、码头、广场和公园等的重要通道,对于非主要通车街道可降为次要街道。当居民地中街道密集时,可舍去死胡同和拐弯过多、短小、无重要通行方向的次要街道。次要街道的取舍要从反映通行情况和街区形状特点出发,注意保持街区的主要形状和方向,要能反映居民地各部分街道网疏密程度不同的特点。凡与道路相连接的次要街道不能舍去;凡十字交叉的街道不能舍去一条而以丁字交叉表示,如图 6-3(a)所示。

街道交叉口的表示要准确、形象。实地不为十字交叉的街道,不能因错开很小,人为地绘成十字交叉口,如图 6-3(b)所示;实地不相交的交叉口,不能因相距很近,人为地表示相交,如图6-3(c)所示;影响超长汽车通行的主要街道的弯道,不能绘成直道,如图6-3(d)所示。

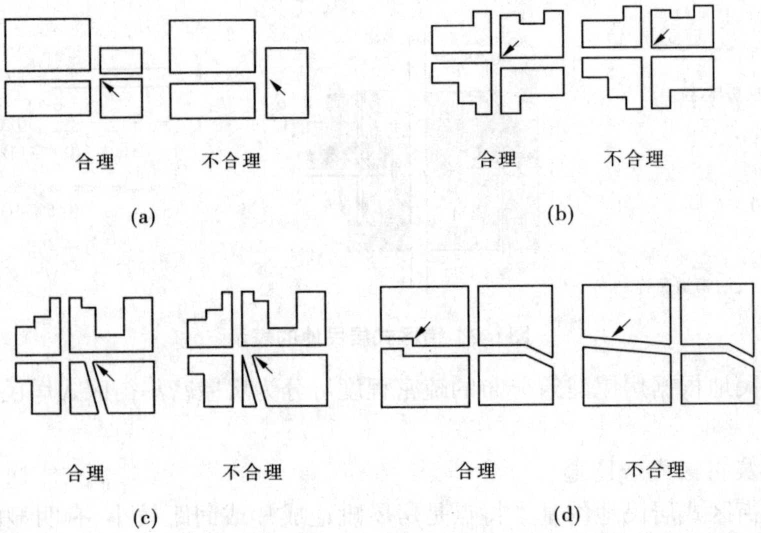

图6-3 主、次街道表示

为了反映街道的贯通情况和准确表示道路进出居民地的位置,要正确使用街道线。所谓街道线就是表示街道边缘的细实线。当用单线或双线符号表示的道路与街道口相接时,若两边街道不等长,应在短街区一边绘街道线补齐,如图6-4(a)所示。当用单线表示的道路沿街区边缘通过时,若街道明显,应绘街道线表示,如图6-4(b)所示。当没有形成明显的街道时,道路符号直接通过,不得随意加绘街道线。当两条街道相距很近,用道路符号连接不能显示其特点时,用街道线表示,如图6-4(c)所示。当用单线表示的道路沿独立房屋边缘通过时,不绘街道线,独立房屋按真实位置绘出,道路移位表示,但不得形成人为的拐弯,如图6-4(d)所示。当用双线表示道路沿街区的边缘或独立房屋边缘通过时,不绘街道线,街区或独立房屋紧靠双线道路边缘绘出,如图6-4(e)所示。

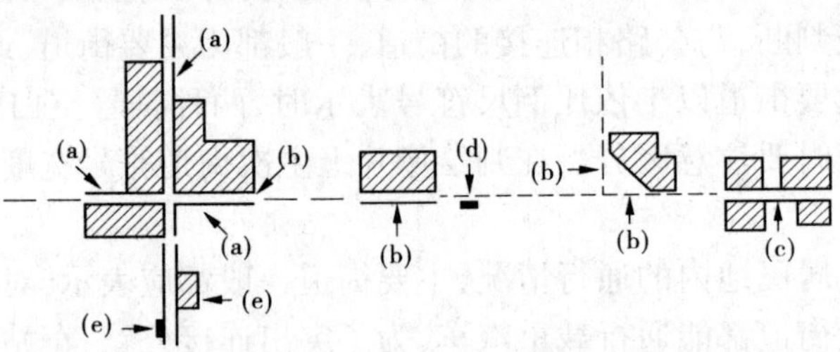

图6-4 街道线绘制

(2)外部轮廓。

居民地外部轮廓主要指外围墙壁、围墙和栏栅等,对判定方位、通行和障碍都有影响,必须准确、形象地表示。

居民地外围的土城墙、围墙、垒石围和篱笆等,凡高于1.5 m的一般都要表示。当高不足1.5 m,但确有方位意义时,也应表示。当围墙与街道线或房屋边缘线重合时,不绘围墙符号。

街区外缘的拐角,当大于图上 0.2 mm 时,一般应表示。但当拐角过多时,在保持其总轮廓形状的前提下,可舍去小的拐角,以突出主要轮廓特征。

居民地内的方位物、水渠、水塘、堤、坎等地物用相应符号表示。

房屋密集街区式居民地内的小块空地一般不表示,但当空地或广场在图上边长大于 1 mm 时,应表示,不应综合成街区,以显示其特点和方位作用。

2)房屋稀疏街区式居民地

房屋稀疏街区式居民地的基本特点:房屋一般不相毗连,且间距较大,其间有空地或植被,各户之间一般有围墙或篱笆相隔,有明显的主次街道和外部轮廓。与密集街区式居民地比较,仅是房屋分布的疏密程度不同,一般分布在人烟不太稠密的平原地区。

稀疏街区式居民地的表示方法是以街道和垣栅等相应符号将居民地划分为若干小区域,其内的房屋按分布特点用独立房屋表示。当对房屋进行取舍时,应注意表示突出房屋和位于街道口、拐角处,以及能起控制范围作用的房屋,其他是以反映分布疏密特点为原则择要表示。当某片房屋比较密集时,可以综合成街区符号表示。

3. 散列式居民地

房屋间距较大,排列分散,形不成街道的居民地称为散列式居民地。工矿、机关、学校、新住宅区的房屋也属散列式居民地。其综合取舍的原则:对三五成团连接紧密的房屋可以综合,但综合不能过大,其余房屋应逐个表示,尤其对于外围的独立房屋更应注意表示,以不失散列分布的特点为原则。

散列式居民地的特点是房屋依天然地势沿山坡、河渠、道路、堤岸构筑。房屋之间不相毗连,有的均匀分布,有的三五成团,有的整齐排列,有的零散分布,没有明显的街道和外轮廓,相邻居民地之间也无明显的界限。

散列式居民地的判读比街区式居民地困难,但是散列式居民地周围一般有茂盛的树木或竹丛,房前有空地,而植被和空地与居民地的背景有明显的反差,有利于发现散列式居民地并正确判读。

散列式居民地表示的关键是独立房屋的取舍问题。很多散列式居民地中,独立房屋分布密度较大,不能逐个表示,而必须进行取舍。通常是取道路交叉处、道路旁、河渠边、山顶、鞍部等有方位意义或坚固稳定的房屋,舍去矮小、破旧等无方位意义的房屋。经取舍后表示在像片上的独立房屋符号的疏密状况应与实地特点一致。对于房屋相对集中的散列式居民地应注意选取村庄外围的房屋表示,以反映村庄的范围;而对于范围不明显的散列式居民地,则应注意舍去村庄间相邻处无方位意义的独立房屋,以利于用图者判断村庄的界限。

在散列式居民地中,有局部范围房屋分布较密时,应按规范要求综合成街区符号或小居住区符号表示,不应采用缩小符号的尺寸和间隔的方法逐个用独立房屋符号表示。

4. 居民地与其他地物关系的处理

在居民地判绘中,经常遇到居民地与其他地物不能同时完整表示的矛盾。这些矛盾可依据重要的程度准确、突出地表示,次要的被压盖或移位表示,或者舍去不绘的原则进行。当这些矛盾同时表示时,地物间的关系位置要正确、合理。

1)居民地与三角点、水准点、军控点

居民地内的三角点、水准点、军控点绘出后如影响居民地图形清晰时,可不表示,或者只绘符号不注高程。但水准点的符号和高程注记必须同时表示或同时舍去。

2)居民地与方位物

居民地内外的方位物如水塔、烟囱、古塔等,可压盖居民地准确表示。

居民地内无特殊方位作用的彩门、牌坊和石碑等独立地物,如果单个表示影响居民地图形清晰时,可以不表示。

3)房屋与堤

当堤上的房屋与堤不能同时准确表示时,要注意处理好相互关系。

(1)当房屋在堤顶或以堤为街道时,房屋准确表示,堤断开表示。

(2)当房屋在堤坡上时,房屋按相应位置准确表示,堤断开或省略符号一边的短线。

(3)当房屋在堤脚时,堤的符号准确、完整表示,房屋移位绘出。

4)房屋与水系

高架在河、湖水面上的房屋,按真实位置绘出,连接房屋的道路、桥梁根据实际情况用相应符号表示。房屋部分伸入水面时,水涯线绘至房屋边缘间断。沟渠上的水磨房、抽水机房,以独立房屋符号压盖沟渠符号表示。

分割居民地的河、渠、池塘,应注意表示。当房屋紧靠用双线表示的河渠、湖泊时,以房屋边线代替水涯线。但当房屋与水涯线之间有通道或图上间隔大于0.2 mm时,应间隔表示。

(二)窑洞式居民地

窑洞式居民地是我国黄土覆盖地区农村的主要居住建筑形式之一,分布在河南、山西、陕西和甘肃等省。窑洞的分布位置与地形和水源条件关系密切,多建筑在黄土源的坡壁及冲沟的沟壁上,影像为黑色小块,窑洞前空地影像呈白色,这是其构像特点。窑洞影像易被阴影遮盖,给判读带来困难,应在立体观察下判读为好。窑洞要按真方位表示,符号绘在洞口位置,方向一般应和等高线大致垂直。窑洞的调绘,要注意反映出其分布特征,窑洞应逐个表示,在图上放不下时,可以适当舍去,不能综合。窑洞有地面上窑洞和地面下窑洞两种。地面上窑洞是指直接在坡壁上挖成的窑洞;地面下窑洞是指先向地下挖一大坑,形成四面坑壁,再由坑壁水平掏成窑洞。窑洞式居民地图式符号如图6-5所示。

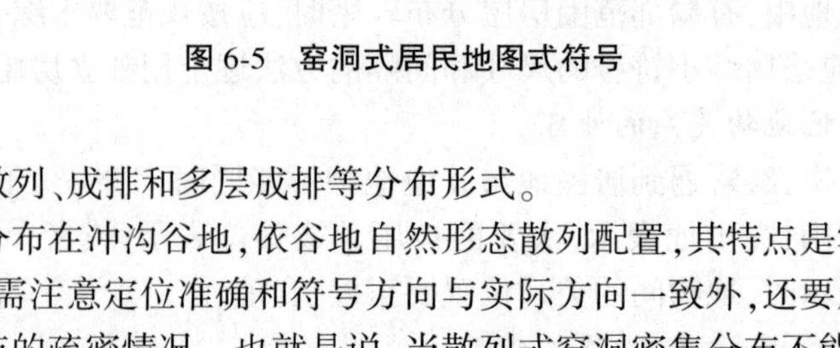

图6-5 窑洞式居民地图式符号

1.地面上窑洞

地面上窑洞有散列、成排和多层成排等分布形式。

散列式窑洞多分布在冲沟谷地,依谷地自然形态散列配置,其特点是零乱、松散,方向互不一致。表示时,除需注意定位准确和符号方向与实际方向一致外,还要反映居民地窑洞分布的范围和内部分布的疏密情况。也就是说,当散列式窑洞密集分布不能逐个表示时,应选取进出村口处、路岔附近、高处、离水源较近处和能显示出村庄范围的窑洞表示,舍去零散的无方位作用的窑洞。

成排分布的窑洞是在同一坡壁上按同一高度以大致相等的距离挖掘的窑洞,判绘中当不能逐个表示时,在保持两端位置准确的前提下,其间用两个以上窑洞符号并联表示;当其长度不能依比例尺用两个符号表示,而用一个符号又不能反映其特点时,用两个符号并联表示。其定位点可根据周围地物情况,保持一端位置准确,另一端移位,或者向两端移位。

多层成排窑洞,当不能逐层表示时,选择其中方位意义大的一层按真实位置绘出,另一层移位表示。

2. 地面下窑洞

地面下窑洞最重要的特征是从地面向下挖掘方坑,方坑的四周坡壁有窑洞。当方坑能用依比例尺表示时,用细实线绘出方坑范围,再在其范围内绘一示意性的地下窑洞符号,符号方向垂直于南图廓线。当方坑较小,不能用依比例尺表示时,用一个地下窑洞符号表示。由于方坑四周都有窑洞,为形象地显示窑洞的分布特征和突出显示街道,其定位点通常选在靠近街道一边坑壁或出口一边坡壁的中心,符号倒向坑内,压盖方坑影像绘出。

有些地区为防护地下窑洞,在地面上围着地下窑洞筑有砖围墙,当其图上面积小于窑洞符号时,仍以一个地下窑洞符号表示。若各地下窑洞的围墙毗连或相距很近,并且中间的通道又可舍去,则应像综合街区那样将外轮廓进行综合,用围墙符号表示。如果构成了街道,则以街道符号表示。

3. 窑洞与房屋

窑洞与房屋兼有的居民地,各自用相应符号表示。当需进行取舍表示时,在窑洞占多数的居民地,要注意表示房屋,因为房屋位于地面,方位明显;在房屋为主的居民地,则应注意表示窑洞,即在一般中表示特殊的。

黄土地区有一种窑洞式的房屋,其外形与普通房屋基本相同,正面和内部结构为窑洞式,这种用砖石砌成顶部填土的窑洞式房屋用房屋符号表示。

石窟是在岩石陡壁上经人工凿掘而成的石洞,选择主要的石洞用地上窑洞符号表示,并加注“石”字,著名的还应注记专有名称,如龙门石窟、麦积山石窟等。

4. 窑洞与其他地物的关系处理

窑洞居民地与冲沟、陡坎关系密切,地面上窑洞都修建在其坡壁上,描绘冲沟、陡坎时应反映这一特点,并应注意对分割居民地的冲沟的表示。

窑洞式居民地地区通行一般比较困难,因此贯通居民地的道路应交代清楚,不得断在村口。当道路通过散列式窑洞居民地时,为了显示通道,宁可少取窑洞,也应表示道路。道路是从窑洞前,还是从窑洞顶上通过也应交代清楚。当双线道路通过窑洞居民地,或形成街道时,用相应符号表示通行情况。

在窑洞和房屋兼有的居民地,有的窑洞与房屋形成的街区间距很近,当其间有通道时,空开 0.2 mm 分别表示。当其间无通道时,可以省去街区一边线表示。这样表示有利于显示窑洞与房屋的关系和居民地的通行情况。

(三) 其他类型居民地

其他类型居民地包括蒙古包、牧区帐篷和棚房等。蒙古包、帐篷是我国牧区少数民族居住的主要形式,分布在西北地区。棚房是指有顶棚而四周无墙或仅有简陋墙壁的建筑物,如有些工厂的工棚,看管田园和森林的草棚和季节性居住的渔村等。

1. 蒙古包

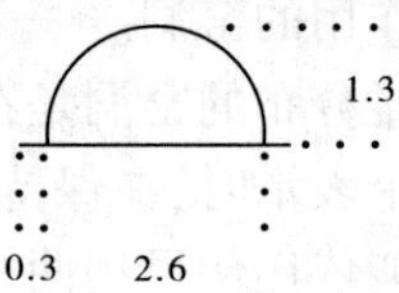

图 6-6　蒙古包的表示

蒙古包是我国蒙古族传统的居住场所,其特点是搭拆方便、避暑防寒、宜于游牧,蒙古包一般不是常年固定在一个草场内,属季节性建筑物。在内地,一般季节性的地物不表示,这是因为草原上其他地物很少,蒙古包及蒙古包迁走后留下的痕迹都有很好的方位作用。另外,蒙古包的表示还能反映该地区草场的经济价值等信息,如图 6-6 所示。

蒙古包一般都是单个零散分布的,也有密集分布的。在航摄像片上,蒙古包呈白色或灰色圆点影像,与草地影像有较大的反差。蒙古包不管其分布形式如何,只在蒙古包影像中心或牲口圈痕迹附近用单个蒙古包符号表示,并加注居住的月份,有名称的还应注记名称。居住月份的注记除参考老图和向当地群众调查外,还可以根据摄影时间和蒙古包所处的地形位置判断。

2. 牧区帐篷

帐篷是牧区放牧的临时居住地,多见于西藏、青海等地区的草场。帐篷有黑色和白色两种,判读和表示方法与蒙古包相同。但是帐篷的流动性更大,虽然也属季节性的,但每年的位置并不固定,因此对帐篷符号的定位不必严格要求。

3. 棚房

在航摄像片上,棚房不易与其他房屋区分,一般只有通过实地调查,或参考大比例尺地形图识别。城郊和农村人工种植经济作物和蔬菜的暖房,在大比例尺图式上有专门的符号,而在中、小比例尺地形图图式上没有专门符号,也可用棚房符号表示,并加注“温”字,如图 6-7 所示。

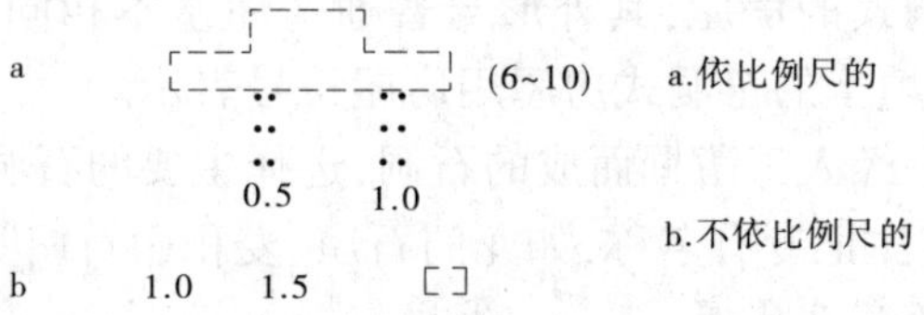

图 6-7　棚房的表示

动手动脑

1. 调绘居民地时应着重表示哪些特征?

2. 调绘独立房屋应注意哪些问题?

3. 什么是独立地物? 调绘独立地物的基本要求是什么?

4. 房屋位于河、湖内,或部分伸入水面,或紧靠河、湖岸堤,应如何表示? 房屋在堤上、堤坡、堤脚时应如何表示?

任务四　道路调绘

任务描述

一、学习型工作任务

通过学习道路调绘、道路与其他地物关系处理方法、道路注记,学会进行各种道路调绘。

二、教学目标

(一)知识目标

(1)掌握道路调绘需重点表示的内容。

(2)明确道路的分类和等级划分。

(二)技能目标

(1)会运用图式符号表示各等级的道路并能正确注记。

(2)会表示道路的各类附属设施。

(3)能处理道路与其他地物的表示关系。

(三)态度目标

(1)培养学生团结协作、爱岗敬业的职业道德。

(2)培养学生吃苦耐劳、认真细致的职业精神。

三、教学组织设计

(1)学生角色:扮演航测外业调绘工。

(2)教学情景:由企业提供航空摄影资料,学生根据这些相关数据资料学习各种道路调绘的方法、道路与其他地物关系处理方法,并进行道路调绘。

(3)教学材料:教学课件、各种类型的道路样片。

(4)教学内容过程设计:首先教师在课堂上讲授各种道路调绘方法,然后结合具体调绘像片,学生利用调绘像片进行各种道路的调绘作业。

由学生编写成果报告,教师根据上交的成果情况,给予评价。

四、其他说明

在教学组织过程中,教师必须引导学生在概念认识的基础上进行相互答疑,并对其效果进行评定。

相关知识

道路起着连接居民地和担负交通运输的作用,是重要的地形要素,分铁路、公路、大车

路、乡村路、小路5个等级。道路调绘要着重表示以下几点:

(1)等级分明:指公路与简易公路、大车路与乡村路、乡村路与小路的等级区分要正确,能正确反映道路的通行能力。

(2)位置准确:符号中心线即实地道路中心线,道路的交叉口、转弯、附属建筑物不得移位。

(3)取舍适当:主要表现在对小路的取舍,道路稀少的山丘区要多取,道路密集的平坦区要少取。在取舍中要注意反映各地区道路网分布的特点和保持相对密度,道路应条条走得通,连接合理,去向分明,形成网络。

(4)注记正确:指公路的铺面材料和路宽注记,以及对电气铁路、窄轨铁路、轻便铁路的注记等,注记要与实际情况相符。

(5)交接清楚:道路与道路、道路与居民地、道路与堤、道路与地貌、道路与其附属设施等的关系要交接清楚,表达正确。

一、铁路

铁路按两条铁轨间的距离分为标准轨铁路和窄轨铁路。标准轨铁路与窄轨铁路、单线铁路与复线铁路、电气化铁路与非电气化铁路在运输能力上不同,因此在地形图上的表示也有区别。

标准轨铁路与窄轨铁路用不同宽度的实线加以区别,如图6-8、图6-9所示。复线铁路加绘两短线与单线铁路区分,电气化铁路加注“电”字与非电气化铁路区分,如图6-10所示。

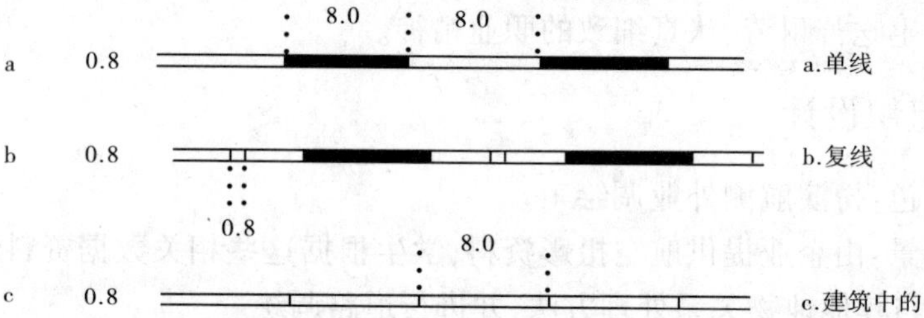

图6-8 标准轨铁路的表示

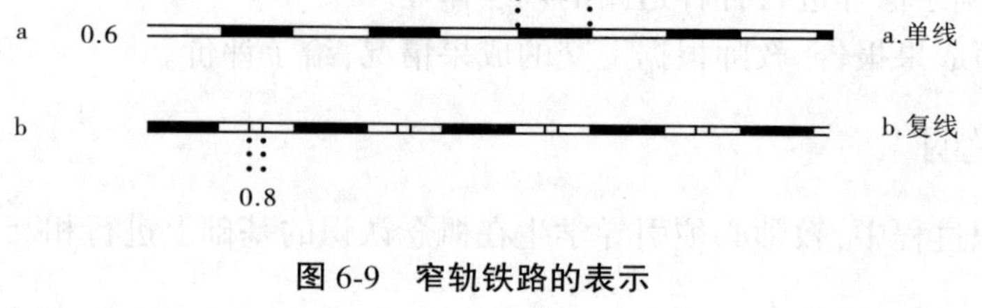

图6-9 窄轨铁路的表示

轻便铁路是供机动牵引车、手压机车或手推车运输的铁路,轻便铁路多分布在矿区、林区和大型工厂企业中。临时性轻便铁路可不表示。

另外,铁路线路表示时还应注意以下问题:

(1)复线铁路中途分岔为两条路基或两条铁路在某一地段并行,当不能同时准确表示

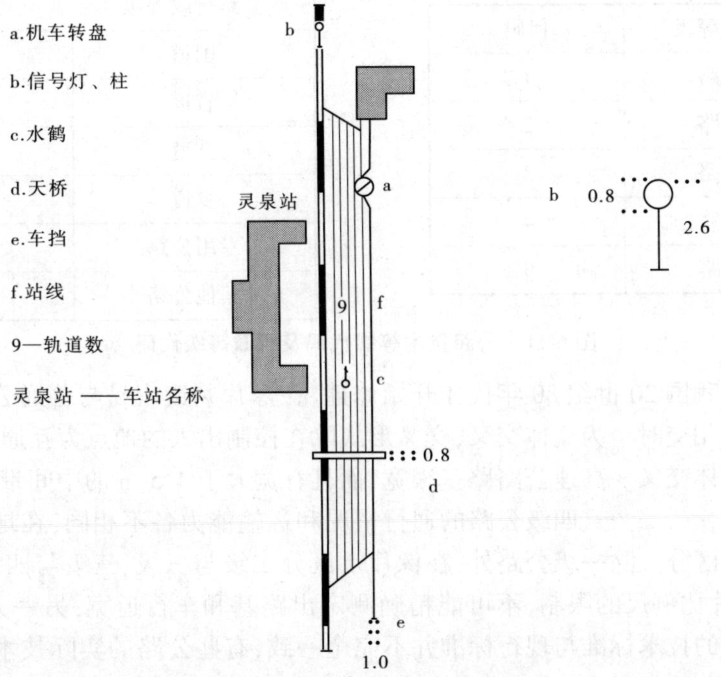

图 6-10 火车站及附属设施的表示

时,选取其中一条用复线铁路符号准确表示;当能分别表示时,应分别用两条单线铁路符号表示。

(2)建筑中的标准轨铁路、窄轨铁路用相应符号表示,但不加注记,其路堤、路堑不表示。

(3)站线符号的表示要根据具体情况而定,当正线符号已全部压盖了站线位置时,站线不表示;当正线符号不能压盖全部站线位置时,将能反映正线的一侧或两侧站线范围的线路用站线符号准确表示,中间内插站线符号。内插的站线符号是示意性质的,既不代表站线的真实位置,也不能反映站线实际条数的多少。

二、公路

公路是各城镇、乡村和工矿之间主要供汽车行驶的道路。它是城乡之间联系的纽带,像片调绘时必须将地面的公路全部表示在像片上或地形图上,并注意区分不同技术等级和沿线设施的表示。

(一)公路等级

公路部门根据交通量及其使用任务和性质将公路分为 5 个等级。

公路由路基、路面、桥涵和沿线设施组成。不同等级的公路,所组成的技术标准是不同的。在现行地形图图式上,公路分别用高速公路和普通公路符号表示,即高速公路用高速公路符号表示,不加注记;一、二、三、四级公路用普通公路符号加注记表示。

地形图上应每隔 15~20 cm 注出公路技术等级代码及其行政等级代码及编号,见图 6-11。

公路技术等级	代码
一级公路	1
二级公路	2
三级公路	3
四级公路	4
等外公路	9

公路行政等级	代码
国道	G
省道	S
县道	X
乡道	Y
专用公路	Z
其他公路	Q

图 6-11　公路技术等级代码及行政等级代码

高速公路在我国 20 世纪 80 年代才开始修建,在像片判读中易与普通公路区分。高速公路与其他通道相交时全为立体交叉,交叉形式除在控制出入的地点为互通式立体交叉外,其他均为简单立体交叉。高速公路路基很宽,而且有宽大于 4.5 m 的中间带。

普通公路中,一、二、三、四级公路的通行情况和运输能力各不相同,在地形图上表示时用注记的方法相区分。除一级公路外,在像片上区分二级与三级、三级与四级是较困难的。一方面,由于像片比例尺的限制,不可能精确测定出路基和车行道宽;另一方面,我国 1981 年以前修建公路的技术标准与现行标准并不完全一致,有些公路的实际技术指标并不与现行标准的同一级公路相对应。因此,在像片判绘中确定公路技术等级比较困难,通常采用实地调查或参阅有关公路资料确定,公路的表示如图 6-12 所示。

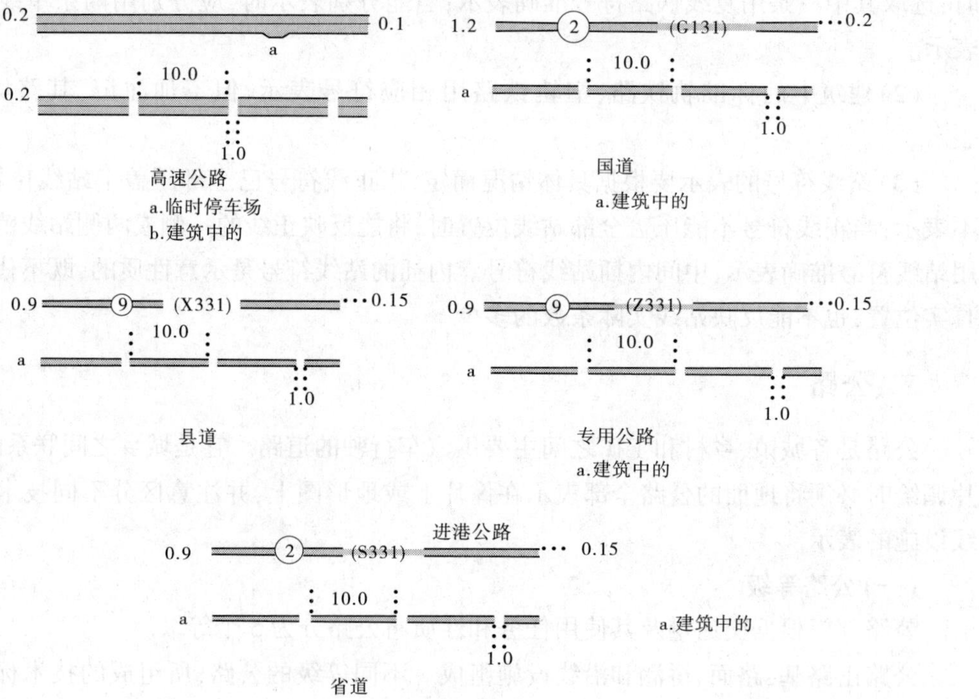

图 6-12　公路的表示

（二）路堤、路堑及沿线设施

1. 路堤

铁路、公路通过低洼地段，为保持线路平直，用土或其他材料填筑的高于地面的路基叫作路堤。公路路堤比较复杂，除填筑形式外，还有半填半挖式、台口式等。

废弃公路上的路堤，根据其实际情况用堤或岸垄符号表示。路堤的表示如图 6-13 所示。

2. 路堑

路堑是铁路和公路通过高地，为保持线路平直，向下挖掘形成路基，两侧或一侧低于地面的地段。

路堑的上沿棱线和坡壁比较整齐。黄土地区，沿自然冲沟的沟壁简单修整形成的路堑也用路堑符号表示，当上沿棱线或坡壁不齐时用陡崖符号表示，如图 6-14 所示。

图 6-13　路堤的表示

图 6-14　路堑的表示

路堤和路堑的表示，对于反映道路的通行情况很有意义，在地物稀少地区对于判定方位也有作用。因此，在像片判绘时要注意表示。有明显方位作用的路堤和路堑，其长度虽没有达到规定要求表示的长度，在不影响其他地物表示的情况下，也可适当放长表示。

3. 路标

公路标志也是公路沿线设施之一，主要包括交通标志和指路标志。交通标志又分为指示标志（如弯道、陡坡标志）、警告标志（如危险路段、急弯鸣号标志）、禁令标志（如限速、限通行车类别标志）。指路标志有指向牌、指路牌和里程碑。指向牌一般在叉路口前 100～200 m 处，指路牌设置在叉路口处，如图 6-15 所示。

指向牌和指路牌在地形图上用路标符号表示，交通标志一般不表示。里程碑是夜间沿道路行进的方位物，一般情况下每隔一段距离准确表示一个，并注记公里数。有的里程碑两面有不同的里程数字，注记时只取较小的里程数注记，如图 6-16 所示。

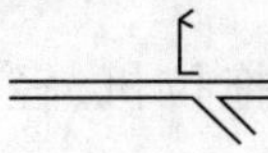

图 6-15　路标的表示

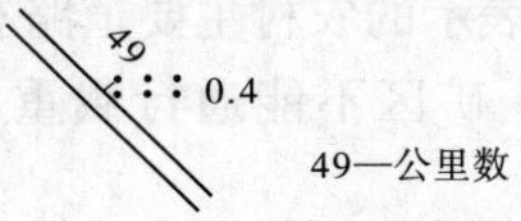

图 6-16　里程碑的表示

4. 行树

行树是指沿道路一侧或两侧栽植成行的乔木。公路部门要求凡宜林路段都应绿化，以稳定路基、美化路容和保证行车安全，但路肩上不得植树。在地形图上，行树用相应符号表示。

当道路一侧或两侧栽植灌木时，图上以狭长灌木符号表示。

三、其他道路

其他道路在这里主要介绍内部道路、机耕路、乡村路和小路等。

(一)内部道路

公园、工矿、机关、学校、居民小区等内部有铺装材料的道路。宽度在图上大于1 mm的采用依比例尺表示,小于1 mm的择要表示,如图6-17所示。

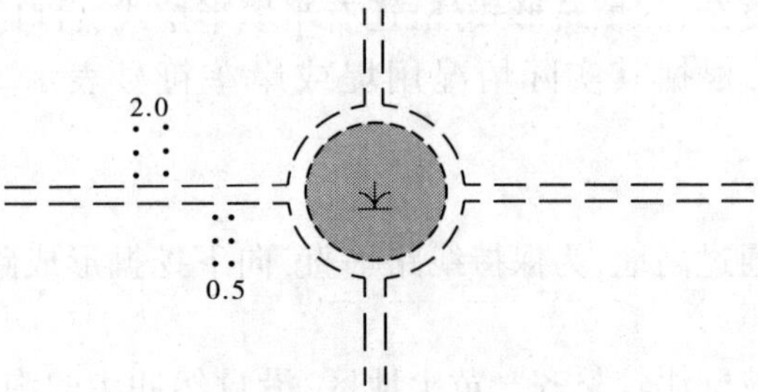

图6-17　内部道路的表示

(二)机耕路

机耕路是指经过简易修筑,但没有路基,一般能通行拖拉机、大车等的道路,某些地区也可通行汽车,如图6-18所示。

图6-18　机耕路的表示

(三)乡村路和小路

乡村路是农村不能通行载重汽车的主要通道,而小路是农村的次要道路或仅适于单人单骑行走的小径。它们的区别不取决于路面的宽窄,而根据重要性决定,判绘时要注意区分。乡村路的表示如图6-19所示。

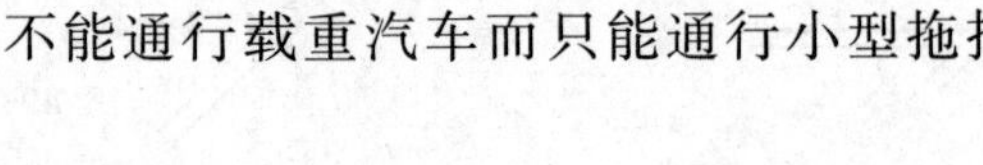

图6-19　乡村路的表示

1. 乡村路

用乡村路符号表示的农村主要道路有下面3种情况:

(1)农村、林区、矿区不能通行载重汽车而只能通行小型拖拉机、轻型汽车和马车的道路。

(2)农村大居民地之间或大居民地通往城市、乡镇、集市,而不通行载重汽车的道路,用乡村路符号表示。这些道路路面宽度不一定很大,一般不进村、不绕行、行人较多,有的路面还铺有石条或石块,沿路设施较好,有的还有路亭、茶亭、桥梁、渡口,比较完整,这种乡村路多分布于南方农村。

(3)我国西南山区农村公路不发达,大居民地间的连接主要是驮运路。驮运路虽然路面较窄,但运输能力较强,比较重要,也应用乡村路符号表示。

2. 小路、栈道

在农村比乡村路次要的道路,或通行困难地区只能供单人单骑行走的路为小路。一般丘陵地小路较密,判绘应注意取舍,否则容易造成主次不分、图面不清晰。取舍的一般原则是，当小路密集时，两村庄间只取捷径路，舍去绕行小路。多条小路与乡村路以上等级的道路并列，舍去与高级道路相近的小路。仅通向田间的小路一般不表示，但出入山地、森林、沼泽地区和在缺水地区通往水源的小路必须着重表示。通行困难地区和地物稀少地区，小路有着重要的意义，因此上山的“之”字形小路，为了保持其“之”字形特征，可以适当放大表示。通过悬崖、绝壁，路面用支柱支撑，或铁索吊拉的栈道，也用小路符号表示，并在栈道地段注记“栈道”二字，符号如图 6-20 所示。

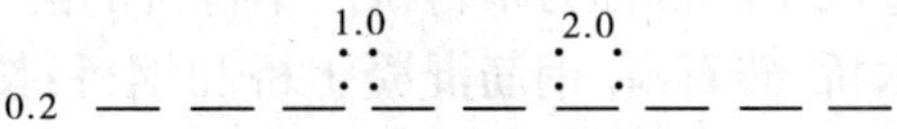

图 6-20　小路、栈道的表示

3. 时令路、无定路

时令路是指只有在一定季节才能通行的道路，它多分布于沼泽和高原雪山地区。前者一般是在枯水和冰冻季节能通行，而后一种情况则是在夏季能通行。

无定路是只有走向而没有固定路线或路迹、时隐时现的道路，它多分布于沙漠、戈壁、海边等地区。

现行图式对时令路和无定路采用同一符号表示，但时令路还要加注通行月份，如图 6-21 所示。

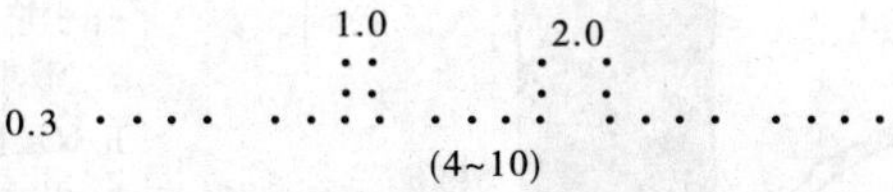

图 6-21　时令路、无定路的表示

有的干河床、谷地和戈壁滩，地面平坦，土质较硬，适于通行载重汽车，对于越野机动车很有意义。对此，应根据实际情况在判绘像片的相应位置上用红色加以注记，如“能通行汽车，时速××千米每小时”。

大路、乡村路、小路在一般地区的像片上根据浅色调自然弯曲的线状影像容易识别，它们之间的区分可根据路面宽度和连接居民地的情况而定。当道路影像不清、等级不明时，除可参考较大比例尺现势性较好的地形图外，应实地调查处理。

四、桥涵、渡口、徒涉场

桥涵、渡口、徒涉场是跨越河渠等障碍物的设施和场地，对交通运输有重要影响。判绘时必须正确区分桥梁与涵洞、车行桥与人行桥、车渡与人渡，准确注记各种数据和性质，以正确反映这些地区的通行情况和运输能力。

（一）桥梁与涵洞的区分

桥梁与涵洞是道路跨越水流、山谷、线路等障碍的建筑物。但它们的方位作用、建筑规模和对通行的影响程度各不相同，所以在地形图上桥梁与涵洞分别用不同符号表示。

桥梁与涵洞一般易于区分，但在实际工作中，一些小桥与涵洞的界限却难以掌握。

铁路部门认为，凡结构上没有梁，填料（土、石）厚度（铁轨底至泄水建筑物顶）1 m 以上为涵，其他为桥。公路部门规定：孔形泄水建筑的单孔跨径 5 m 以下，多孔跨径 8 m 以下者为涵洞;圆管形及箱形泄水建筑,不论管径、跨径大小及数量多少,均为涵洞。显然,铁路与公路部门区分桥涵的标准不尽一致。为便于地形图的使用,像片判绘时对桥涵的区分主要从建筑形式和跨径两个方面判定,即跨径 5 m 以下,路面又无桥栏或者填土厚 1 m 以上者用涵洞符号表示;跨径 5 m 以上,或者跨径虽小于 5 m,但填土厚度在 1 m 以下,且有梁、有栏杆者为桥梁。

(二)车行桥

凡是能通行火车或载重汽车的桥称为车行桥。车行桥的类型很多,分类的方法也很多。按上部构造所用材料分为木桥、砖石桥、钢筋混凝土桥和钢桥;按桥长分为特殊大桥、大桥、中桥和小桥;按主要承重构件形式分为梁式桥、拱桥、钢架桥、吊桥和组合系桥;按使用时间的长短分为永久性桥、半永久性桥和临时桥等。

凡是能通行载重汽车的桥梁,不论其建筑材料、长度、承重形式如何,在地形图上均用车行桥符号表示。建筑特点和通行能力,以加注桥长、桥宽、桥梁载重量和桥梁性质的方式表示,如图 6-22 所示。

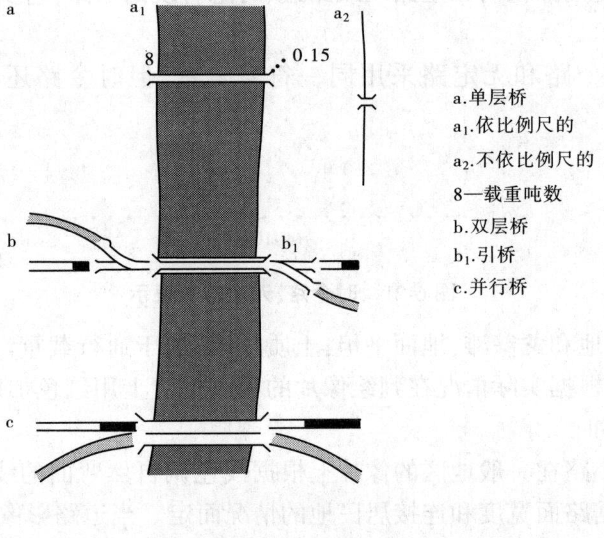

图 6-22 车行桥

1. 桥长量注

桥长是指桥梁主体的总长。有桥台的桥梁为两岸桥台的侧墙或八字墙尾间的距离,无桥台的桥梁为行车道长度。

值得注意的是:桥梁的悬空部分长度并不一定等于桥梁总长,所以不能把悬空部分长作为桥长注记。另外,桥头的引桥、引道不能作为正桥表示和注记。弯曲桥的桥长以桥面中心线长为准量注,斜面桥以水平距离长为准注记。

2. 桥宽量注

桥宽就是桥面的净宽,即行车道宽度。按《公路工程技术标准》(JTG B01—2014)的规定,桥宽应与公路的技术等级相适应,并对各级公路的桥面净宽有明确要求。另外,有些旧公路的线路经改造提高了等级,但桥梁并未加宽,与公路的线路等级不相适应。在利用参考资料注记时应予注意。

在量注公路桥面宽时,当人行道、自行车道与车行道不在一个平面上时,仅量注车行道宽,而不应包含人行道和自行车道宽。当人行道、自行车道与车行道在一个平面上时,不管有无分开标志,都以桥面两侧的缘石内侧的垂直距离作为桥面宽量注。

桥面长、宽只注记到整米。当桥梁实际宽不为整米数时,不做凑整处理,而舍去小数部分,如 4.6 m 注记为 4 m,以确保车辆有效通过,而不给用图者造成错误判断。

3. 桥梁载重量调查注记

当重型汽车沿公路行进时,必须了解桥梁的载重量,以判断能否安全通过。因此,地形图上要注记桥梁载重量。桥梁的荷载在实地测量判定是比较麻烦的,精度也不高,一般是根据公路部门提供的资料或桥头载重限制标志所示的吨数注记。

4. 桥梁性质注记

桥梁性质是指桥梁的主要承重结构建筑材料的性质,不同类型的桥梁承受结构不同。梁式桥、拱桥和桁桥的主要承重结构分别为主梁、拱圈和主桁架,所以桥梁的性质由主梁、拱圈和主桁架的材料而定。如承重结构为木、砖、石块、钢材、水泥混凝土或钢筋混凝土,则桥梁性质分别简注为“木”“砖”“石”“钢”“水泥”。

桥梁的长、宽、载重量和建筑材料的注记对于反映通行情况是重要的,但所占面积较大,影响图面清晰。因此,铁路上的桥梁、简易公路、乡村路和小路上能通行载重汽车的桥梁,以及废弃铁路和公路上仍能通行载重汽车的桥梁,均用车行桥符号表示,但不加注记。

5. 几种特殊车行桥的表示

(1)双层桥。双层桥是在同一桥墩上有上、下两层桥面,火车和汽车分层行驶的铁路、公路共用桥。双层桥通常由正桥和引桥组成,正桥两端有桥头堡与引桥分界,正桥用双层桥符号表示,引桥用车行桥符号表示。引桥与引道路堤相接,应区分表示。

(2)并行桥。并行桥是两座车行桥并行排列,且相距很近的桥梁。当它们不能各自完整绘出其符号时,用平行桥符号表示。输水槽或管道桥与车行桥同层并行时,当输水槽与宽 10 m 以上水渠连接,或管道桥上有多条管道时,也可用并行桥符号表示。当输水槽或管道与车行桥互为上下层时,只绘车行桥符号,水渠或管道绘至桥头中断。

(3)弯曲桥。由于地形限制或其他原因,有的桥呈圆弧形。这种桥如能用依比例尺表示其长度时,按其实际影像位置表示为圆弧形,否则以桥的两端点的连线为准,用不依比例尺桥梁符号(直线式)表示。

(4)浮桥。浮桥是以船、筏或浮箱互相连接所组成的桥梁。浮桥如能通行载重汽车,也用车行桥符号表示,加注“浮”字,但不注记桥长和桥宽等数据。

(5)漫水桥。漫水桥是桥面略高于常水位,而雨季水流从桥面漫过的桥梁。能通行载重汽车的漫水桥也用车行桥符号表示,并注记“漫”字。

山区因受地形限制,有的桥梁与隧道相接时,桥梁伸入隧道内,或相距很近,表示时可根据实际情况处理。

(6)立交桥。立交桥是道路与道路在不同高程上的空间立体交叉,上下各层公路之间由匝道互相连通的桥梁。按投影原则,下层被上层遮盖的部分断开,上层保持完整,如图 6-23 所示。

匝道是互能式立体交叉上下各层道路(公路、快速路、主次干道)之间供转弯车辆行驶的连接道。

(三)过街天桥

城市中供行人跨越街道的桥梁称为过街天桥,如图6-24所示。

(四)人行桥、亭桥、廊桥、时令桥

廊式建筑物不能通行车辆,仅供人通行的桥梁统称为人行桥,这些桥在地形图上不分造型种类、建筑材料,均用人行桥符号表示。桥梁符号的长度略大于河流宽度。桥长在图上小于1 mm的用不依比例尺符号表示,大于1 mm的用依比例尺表示,如图6-25所示。亭桥、廊桥是在桥面上修造亭式建筑物或廊式建筑物,供行人休息或游客观光的桥梁。时令桥是枯水季节架设、洪水季节拆除的简易桥梁。时令桥、亭桥、廊桥也用人行桥符号表示,并分别加注通行月份、“亭”或“廊”字。如果桥梁拆除后有人渡,而且人渡时间比架桥时间长,则不表示桥,而表示人渡。

图6-23　立交桥的表示

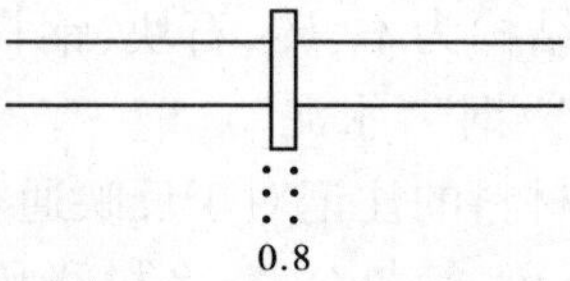

图6-24　过街天桥的表示

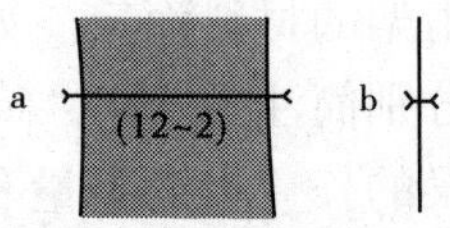

图6-25　人行桥、亭桥、廊桥、时令桥的表示

(五)铁索桥、溜索桥、缆桥、藤桥、绳桥

铁索桥无桥墩,指在河流的陡岸上,固定数条平行的铁索于两岸山崖,上铺木板供行人、马和非机动车辆通行的桥梁。溜索桥指在河流的陡岸上,用铁索(或绳索)倾斜地固定在两边山崖,绳上挂篮子,人在篮中滑溜而过的桥。缆桥、藤桥、绳桥指在河流的陡岸上用铁绳、竹缆或藤缆上下两条固定在两岸山崖供单人攀踏而过的桥。

溜索桥、缆桥、藤桥、绳桥分别加注“溜索”“缆”“藤”“绳”等,如图6-26所示。

(六)级面桥、人行拱桥

级面桥多为高于地面的拱桥,为了方便行人,桥面修有多级台阶。

在河渠和道路密集的地区,人行拱桥较多,如全表示影响图面清晰时,可以选取有方位意义或结构较好的小桥表示,舍去可徒涉河渠上结构简单的小桥,但当河渠不能徒涉时,不论桥梁结构是否简单,均应表示,如图6-27所示。

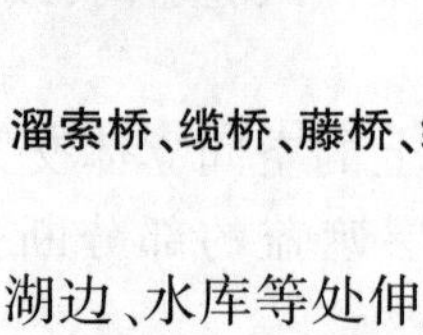

图6-26　溜索桥、缆桥、藤桥、绳桥

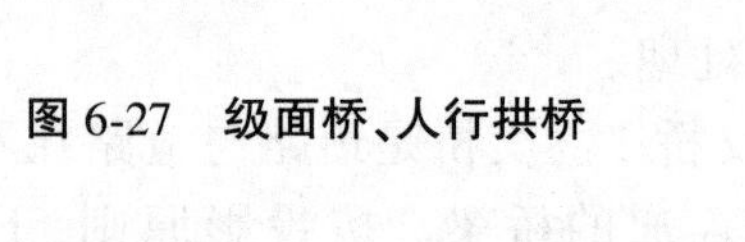

图6-27　级面桥、人行拱桥

(七)栈桥

栈桥是指在海边、湖边、水库等处伸入水域的架空桥梁,图上长度小于3 mm的不表示。栈桥端的地物用相应符号表示,图上宽度大于0.8 mm的用依比例尺表示,如图6-28所示。

(八)隧道、明峒

隧道是指建造在山岭、河流、海峡及城市等地面下的通道,分火车隧道和汽车隧道,图上长度小于 2 mm 的不表示。明峒是线路通过陡峻的石质山坡,为防止上方塌方和滚石的破坏,用钢筋混凝土或石块依坡砌成的隧道式建筑。它的外侧每隔一定距离开有窗孔,以便射入光线和通风,故称为明峒。明峒在图上用隧道符号表示,并注记“明峒”二字,如图 6-29 所示。

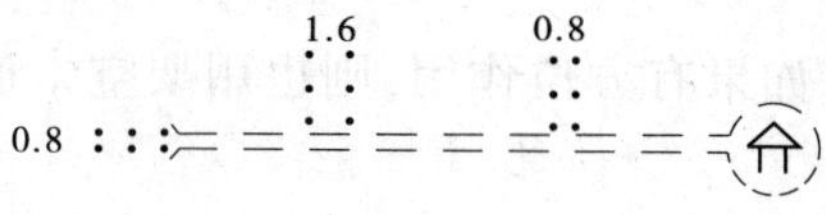

图 6-28　栈桥的表示

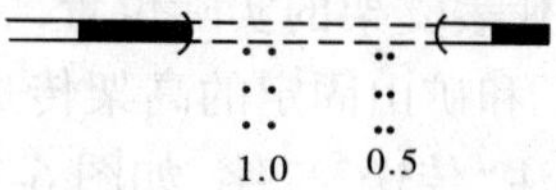

图 6-29　隧道、明峒的表示

(九)涵洞

涵洞是指修建在道路、堤坝等构筑物下面的过水通道。涵洞按结构分为箱涵(盖板涵)、拱涵和圆涵。在地形图上,它们都用涵洞符号表示。描绘时应注意:涵洞符号为两个“人”字线分别相交于道路符号的两边,而不应绘成交叉。

大路、乡村路和小路上的涵洞一般不表示,公路、铁路上既无方位作用又没河渠或路,从洞下通过的涵洞也可以不表示,但当洞下有河渠或道路通过时应准确表示,如图 6-30 所示。

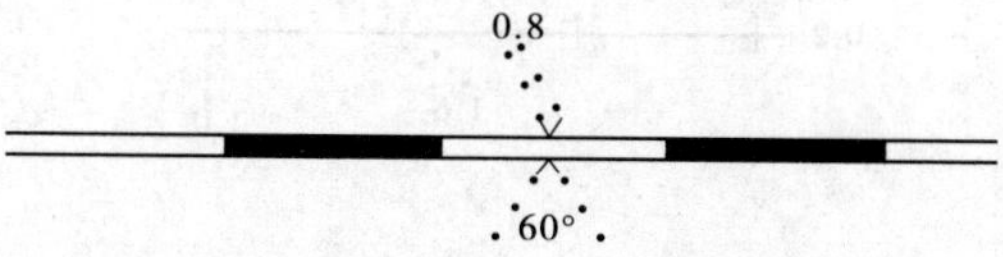

图 6-30　涵洞的表示

(十)缆车道

缆车道是指在陡坡上铺设铁轨,利用钢缆带动车厢沿轨道上下行驶的车道,临时性的不表示,如图 6-31 所示。

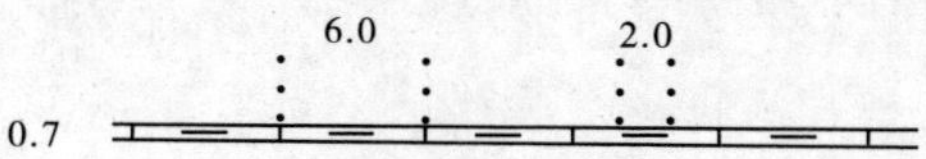

图 6-31　缆车道的表示

(十一)简易轨道

简易轨道是指在工矿区供机动牵引车、手压机式手推车行驶的固定小型铁轨,临时性的不表示,如图 6-32 所示。

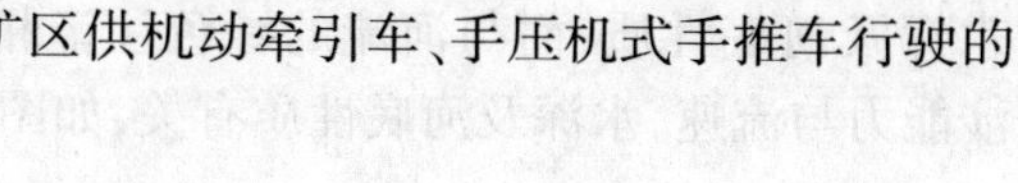

图 6-32　简易轨道的表示

(十二)架空索道

架空索道是利用设置在高架上的钢缆运输物资或乘客的线路设备。架空索道主要分布在矿山、工厂和名山旅游地,具有经济意义,也有方位作用。凡能用依比例尺表示其长度的架空索道均应表示。

架空索道两端支架应按真实位置准确表示,中间支架不表示,符号中的黑方块是示意性质的,不代表支架的实际位置。

工厂和矿山固定的高架传送带(皮带走廊),如果有方位作用,则也用架空索道符号表示,并加注“传送”二字,如图 6-33 所示。

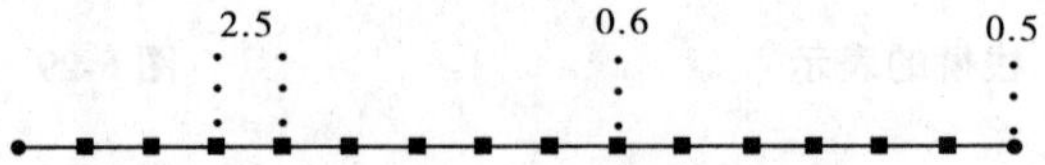

图 6-33　架空索道的表示

(十三)滑道

滑道是指在山谷或山斜坡上架设或挖凿的供滑行运输用的槽子,它直通山脚或河流,用以运送木材、矿石等,如图 6-34 所示。

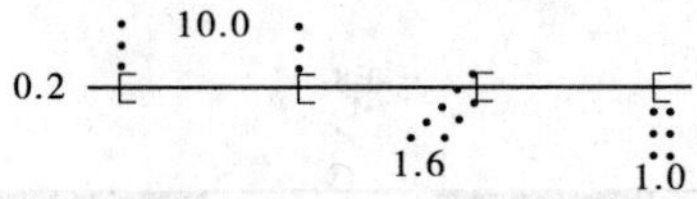

图 6-34　滑道的表示

(十四)渡口、徒涉场

1. 渡口

渡口是用船或筏将人、畜、车辆和物资运送过水域的场所。渡口分车渡和人渡两种。车渡是指渡船能运载汽车或列车渡过水域的场所,人渡是指不能运载重汽车的渡口。车渡和人渡表示的符号相同,但前者需要加注“车渡”和渡船最大载重吨数,而后者仅注记“人渡”两字,如图 6-35 所示。

2. 徒涉场

徒涉场是人、畜、车辆涉水过河的场所。在地形图上,当徒涉场位于单线表示的河渠上时,道路符号压盖河渠符号绘出。当徒涉场位于用双线表示的河流上时,用渡口符号表示。为反映徒涉场情况,凡水深在 0.5 m 以上,不论是用单线表示,还是用双线表示的河流,均以黑色加注徒涉场的河宽、水深及河底性质,而与河流的绿色注记相区别。徒涉场注记要准确,因为人、畜、车辆的徒涉能力与流速、水深及河底性质有关,如图 6-36 所示。

五、道路与其他地物关系的处理

(一)道路与独立地物

由于独立地物大多有方位意义,因此判绘时当道路遇独立地物而不能分别表示时,一般是独立地物按其真实位置准确地表示,道路符号断开,或部分断开表示。但铁路和公路旁的房屋可按相关位置移位表示,而不间断铁路和公路符号。

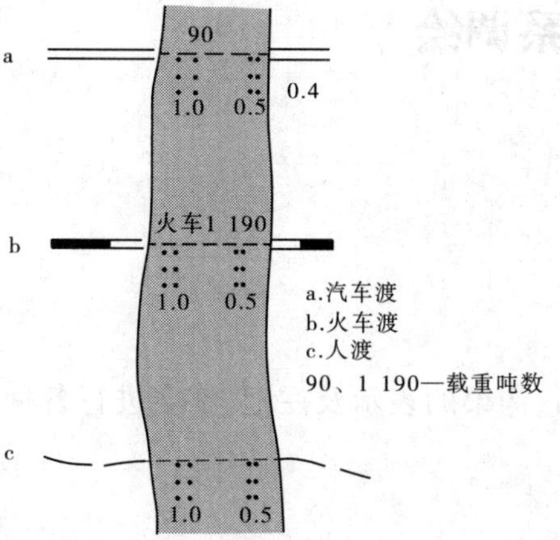

图 6-35　渡口的表示

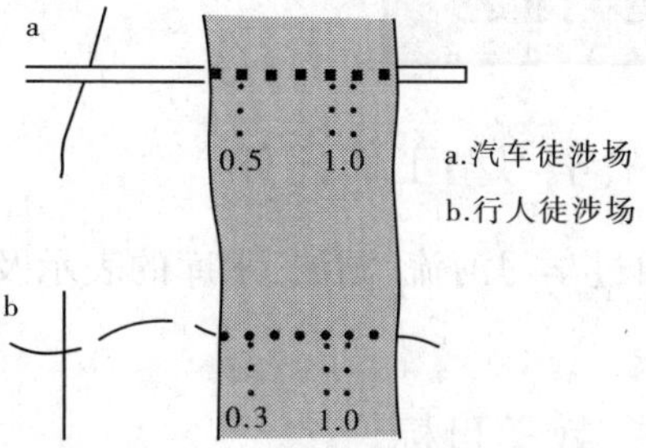

图 6-36　徒涉场的表示

(二)道路与水系

当铁路、公路与河渠平行,不能同时准确地绘出各自符号时,在不使水系与地貌关系发生重大矛盾的情况下,一般以铁路、公路为主,按真实位置表示,河渠移位表示。但是,当简易公路、乡村路和小路的表示与河渠的表示发生矛盾时以河渠为主,道路移位表示。

当铁路和公路在堤上通过时,以铁路、公路为主,堤以路堤符号表示。当铁路和公路在堤脚通过时,堤移位表示。当简易公路、乡村路和小路在堤上或堤脚通过时,省略道路符号或道路符号移位表示。但当道路断续与堤岸相接时,其与堤岸重合路段可省略道路符号,非重合路段,则必须绘出,不能省去道路符号,以保证道路有明确走向。

(三)道路与地貌符号

当道路与地貌符号发生矛盾时,以表示道路为主,即准确表示道路,地貌符号移位表示或舍去不表示。例如:道路与用双线表示的冲沟重合时,道路按真实位置描绘,冲沟可适当放宽以陡崖符号表示。道路与单线表示的冲沟重合时,道路按真实位置描绘,若单线冲沟明显,则放大为双线表示,否则舍去不绘。又如当道路与干河床重合,不能同时用依比例尺表示时,准确表示道路,省去干河床符号。当干河床两岸有陡崖,视情况移位表示或舍去。

乡村路、小路通过陡崖,如果陡崖不高,则道路符号可直接压盖陡崖符号表示。如果道路从陡崖的断开处通过,则陡崖符号应断开。

描绘山区小路,一般应在立体观察下进行,注意道路与山形的关系,合理地表示道路通过山谷和鞍部的情况,防止小路"飞越山涧",使道路架空移位。

动手动脑

1. 在表示道路与居民地之间的关系时有哪些要求?
2. 道路共分几种?调绘道路有哪些基本要求?
3. 调绘小路时有哪些取舍原则?

任务五　水系调绘

任务描述

一、学习型工作任务

通过学习河流、湖泊、水库的表示及注记,运河、沟渠的表示及注记,学会进行各种水系调绘。

二、教学目标

(一)知识目标

(1)掌握河流分级方法。

(2)掌握运河、沟渠的分级分类方法。

(3)掌握水系的调绘方法。

(二)技能目标

会进行河流和沟渠的注记。

(三)态度目标

(1)培养学生团结协作、爱岗敬业的职业道德。

(2)培养学生吃苦耐劳、认真细致的职业精神。

三、教学组织设计

(1)学生角色:扮演航测外业调绘工。

(2)教学情景:由企业提供航空摄影资料,学生根据这些相关数据资料学习河流、湖泊、水库的表示及注记,运河、沟渠的表示及注记,并进行水系调绘。

(3)教学材料:教学课件、各种类型的水系样片。

(4)教学内容过程设计:首先教师在课堂上讲授水系调绘方法,然后结合具体调绘像片,学生利用调绘像片进行水系的调绘作业。

由学生编写成果报告,教师根据上交的成果情况,给予评价。

四、其他说明

在教学组织过程中,教师必须引导学生在概念认识的基础上进行相互答疑,并对其效果进行评定。

相关知识

水系在地理学中也称“河系”,是流域内各种水体构成的脉络相通系统的总称。而测绘部门所指的水系实际上是指在地图上表示的海洋、江河、湖泊、水库、池塘、水渠、井、泉、盐田等各种自然和人工形成的水体的总称。

水系对于农田灌溉、水资源利用、航运和矿产开发均有重要意义。

水系判绘的内容很多,主要包括:河流、湖泊、水渠的位置、形状、大小和分布;河流的宽度、深度、流向、流速和底质;水库的容量和拦水坝的性质;海岸线和潮浸地带的性质;井、泉、沼泽和盐田;水上运输设施等。

一、河流、湖泊和池塘的表示

(一)常年有水的河流、湖泊和池塘

1. 河流的分级

一般来说,河流的长和宽能反映其经济价值。因此,正确确定和准确表示岸线是判绘河流的基本要求。但是,由于测图比例尺的限制,地形图上不可能用依比例尺表示所有的河流宽度,必须根据实际宽度进行分级,分别用依比例尺双线或用由细渐变为粗的单实线符号表示。

1:10 000 比例尺地形图河流宽度在图上大于 0.5 mm 的用双线依比例尺表示,小于 0.5 mm 的用 0.1~0.5 mm 的单线表示。其他小于 1:10 000 比例尺的地形图其河流的分级原则:凡在图上宽度大于或等于 0.4 mm 的河流,依比例用双线符号表示;在图上宽度小于 0.4 mm 的河流,用 0.1~0.4 mm 的渐变单实线符号表示。河流在不同比例尺地形图上划分标准如表 6-1 所示。

表 6-1　河流的划分标准

图上宽	不同比例尺下的实地宽		
	1:25 000	1:50 000	1:100 000
0.1~0.4 mm	10 m 以下	20 m 以下	40 m 以下
双线	10 m 以上	20 m 以上	40 m 以上

同一条河流根据实际情况可以用单实线和双线符号交替表示。一般情况下是上游宽度小,下游宽度大,而且是逐渐变化的,地面河流的表示如图 6-37 所示。

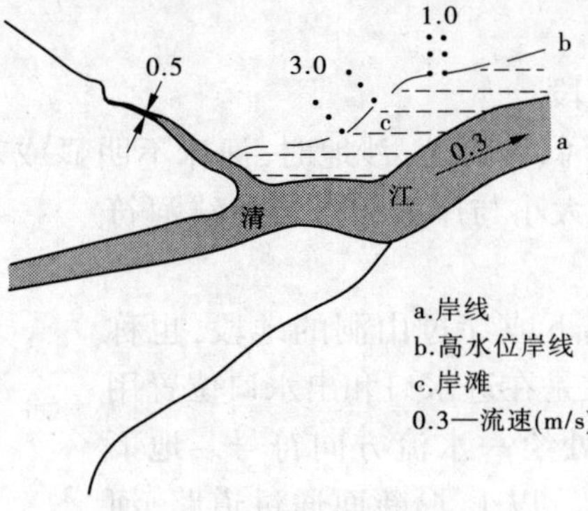

图 6-37　地面河流的表示

2. 河流注记

河流注记仅表示河流的岸线并不能完全反映河流的性质和特点,还必须沿流向按一定间隔注记河宽、水深、河底性质、流速和流向。这些注记数据一般通过实地量测取得,或参考

水文资料注记。必须注意:判绘像片上单双线符号变换处的注记数字与河流分级符号和实际宽度应协调一致。有的河流水深大于 3 m,深度测量不方便,又没有可靠资料利用时,可只注记河宽,不注记水深。

当流速大于 0.3 m/s 时,对徒涉有影响。因此,凡流速大于 0.3 m/s 的河流都要注记流速,有固定流向的水渠也要表示流向。

河流的宽和深应注记在量测标志位置附近。在双线河符号内能清晰注出时,就注在河内,否则与单线河符号一样,绘注在河流符号的一侧。

3. 瀑布、跌水

瀑布是从河床纵断面陡坡或悬崖处倾泻下降的跌水地段,主要是水流对河底软硬岩层的差别侵蚀而形成。在软硬岩层出露处,硬岩层突露于易受侵蚀的软岩层之上成为陡崖,水流便在这里陡落为瀑布。另外,山崩、断层、熔岩阻塞,以及冰川差别侵蚀和堆积也能形成小型瀑布。瀑布处的陡崖和浪花是航片判读的重要标志。瀑布除用相应符号表示外,同时应注记跌水高度,有名称的还应注记名称。瀑布描绘位置要准确,否则会与等高线的表示产生矛盾,如图 6-38 所示。

4. 湖泊、池塘

湖泊和池塘以常水位岸线表示其范围,一般不表示高水位岸线。但对于水位随季节变化很大的湖泊,如海河下游的七星海、白洋淀、文安洼等,在高水位岸线明显时,也应表示。非淡水湖泊还要加注水质,如“咸”“苦”等。例如:青藏高原上的100多个大盐湖,含有40多种盐类矿物,最高矿化度达526 g/L,均为非淡水湖泊,如图 6-39 所示。

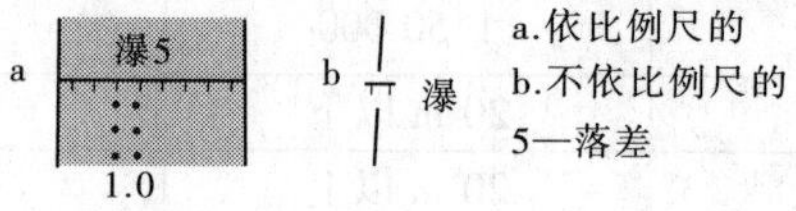

图 6-38 瀑布、跌水的表示

图 6-39 湖泊、池塘的表示

池塘大都有挡水堤坝,这些堤坝一般不表示,只有当坝长大于图上 5 mm 和坝高大于 2 m 时,才按实地情况用堤岸或堤的符号表示,并量注比高。有的地区池塘很多,可以进行适当的取舍。

(二)消失河段和地下河段

消失河段是河流流经沼泽、沙砾地、沙地时,河床不明显或表面水流消失的地段。消失河段用点线符号表示。点的大小与岸线符号或单线河符号线划一致,颜色也一致。

地下河段是河流流经地下或穿过山洞的地段,也称“暗河”或“伏流”。地下河段是在进水口和出水口位置用圆弧线符号表示,并在进口处绘一水流方向符号。地下水渠的表示与地下河段相同。以U形断面通过道路、河流、谷地、居民地的地下渠道称为倒虹吸管,也以地下河段符号表示,但不绘流水方向符号。水渠以地上管道通过谷地,当管道较短、不能用管道符号表示时,也用地下河段符号表示,如图 6-40 所示。

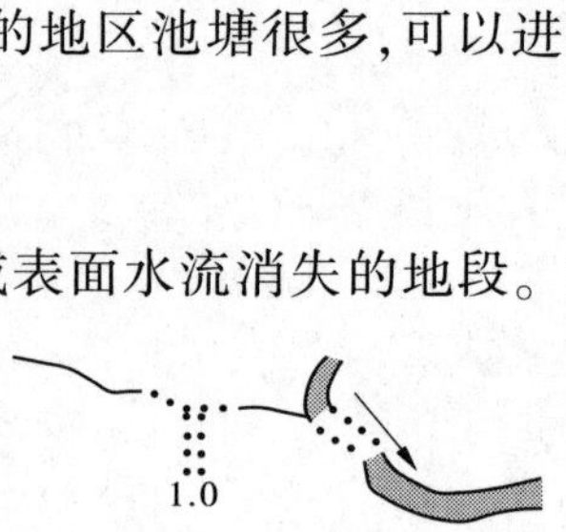

图 6-40 消失河段和地下河段的表示

(三)时令河、湖

时令河、湖除用时令水位岸线符号表示其范围外,还应注记有水月份。时令河的分级标准与常年有水河相同。时令河、湖的表示如图 6-41 所示。

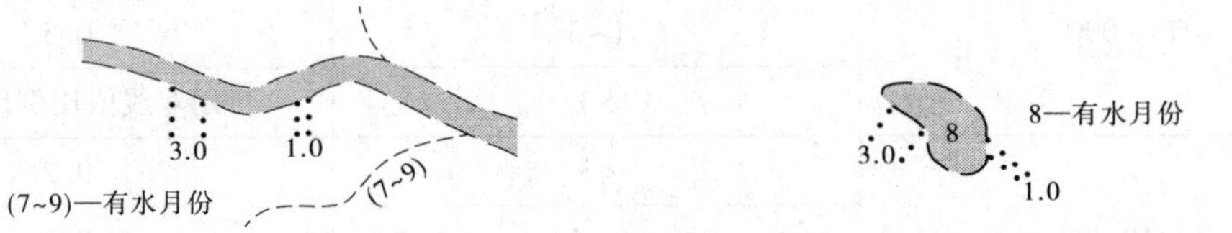

图 6-41 时令河、湖的表示

判绘时令河要注意摄影影像的季节,并与常年有水河、干河床区分。值得注意,有的河床上游修建了大型水库,人工控制水流。水库放水时,河床有水;水库不放水时,为干河床。这种河流可按时令河表示,但不注记有水月份。

(四)干河床、干湖

干河床、干湖是降雨或融雪后短暂时间内有水的河床、湖盆。干河床在像片上为一自上而下逐渐变宽的白色或灰白色条带影像,大多有明显的河床边界。干河床与摄影时无水的时令河在航片上不易区分,要注意调查或根据其他资料判断。干河床根据岸线明显和不明显分为河道干河床和漫流干河床。河道干河床有明显的河床岸线,用棕色单虚线或双虚线表示岸线。双线符号内填绘相应土质(沙或者沙砾)符号。漫流干河无明显、固定的岸线,只在河床内密集地填绘沙或沙砾土质符号,不绘岸线。当干河床密集分布不能逐一表示时,可以进行取舍。干河床、干湖的表示如图 6-42 所示。

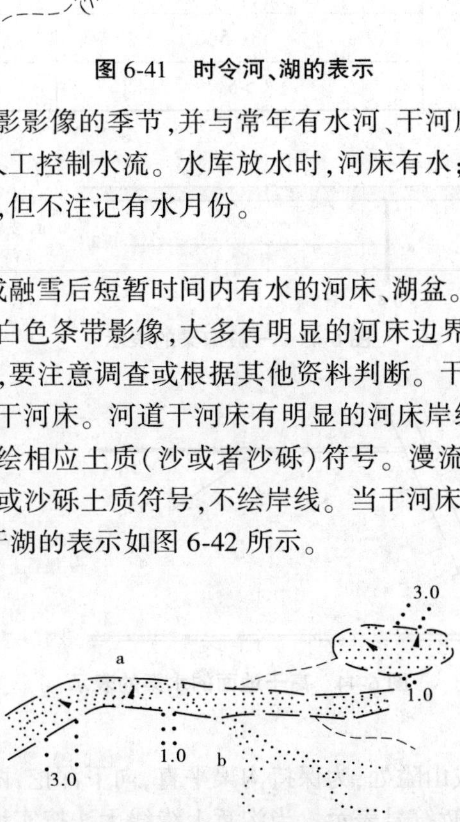

图 6-42 干河床、干湖的表示

二、运河 沟渠

(一)运河、沟渠的分级和分类

运河与沟渠都是人工开挖的水道,对于运输、灌溉、排涝、泄洪、发电等有重要意义。运河与沟渠在性质上没有不同,只是在规模大小上有差别。另外,运河的主要作用是沟通不同河流、水系和海洋,连接重要城镇和工矿区,发展水上运输。沟渠规模较小,主要用于灌溉和排涝。

运河、沟渠用相同的符号表示,具体分级标准如表 6-2 所示。

沟渠根据其底部平面与地表面的高度关系分为一般沟渠和高于地面的水渠两种。一般沟渠是指沟底低于地面,或与地表在同一高度的水渠。高于地面的水渠是指沟底高于地面的水渠,两种水渠各自用不同的符号表示,如图 6-43、图 6-44 所示。

表 6-2　沟渠的分级标准

比例尺	实际沟渠宽度/m	图上符号宽度/mm
	<1	0.2
1∶5 000	1~3	0.5
	>3	用双线依比例尺表示
	<3	0.2
1∶10 000	3~5	0.5
	>5	用双线依比例尺表示

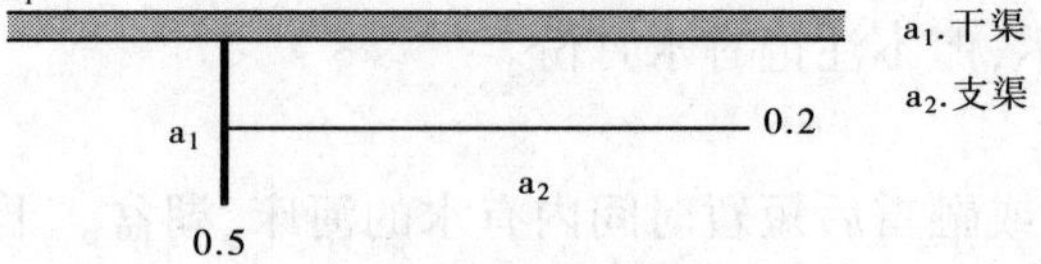

图 6-43　一般沟渠的表示

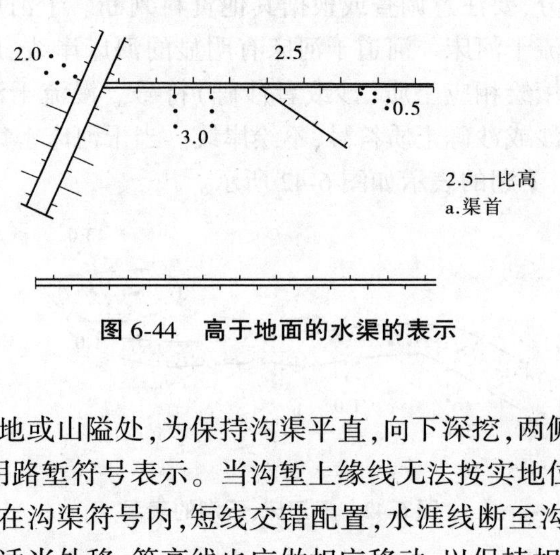

图 6-44　高于地面的水渠的表示

(二)沟堑

沟堑是沟渠通过高地或山隘处,为保持沟渠平直,向下深挖,两侧形成明显沟壁的地段。沟堑与路堑形式相同,用路堑符号表示。当沟堑上缘线无法按实地位置表示时,双线表示的沟渠其沟堑符号可表示在沟渠符号内,短线交错配置,水涯线断至沟堑符号上;单线表示的沟渠其沟堑上边缘线可适当外移,等高线也应做相应移动,以保持相关位置的正确合理。沟堑比高在 1 m 以上且图上长度大于 5 mm 时才表示,沟堑比高大于 2 m 的应标注比高。沟堑的表示如图 6-45 所示。

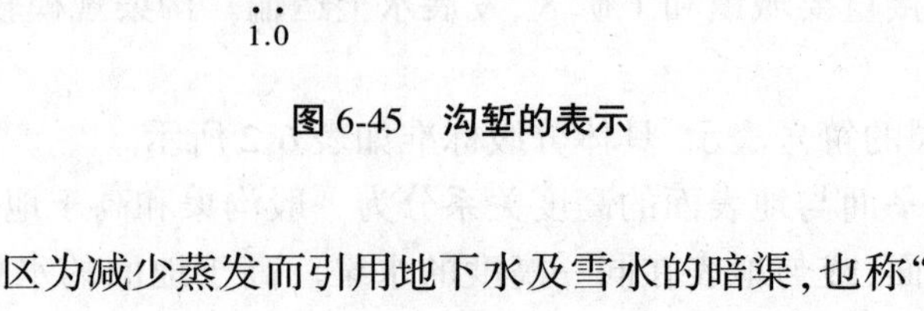

图 6-45　沟堑的表示

(三)坎儿井

坎儿井是干旱地区为减少蒸发而引用地下水及雪水的暗渠,也称“井渠”。主要分布在新疆吐鲁番、哈密一带。地面上每隔二三十米有一竖井与之相通,竖井的深度沿山坡往下逐渐减小。暗渠水流在村庄、耕地处经明渠流出地面,灌溉农田。坎儿井可以根据地表排列成直线,间隔大体相等的竖井井口影像识别。坎儿井的符号除两端用圆圈表示暗渠起止处竖井的真实位置外,其余的均匀配置,废坎儿井加注“废”字。能判别出走向的地下渠道,也用此符号表示,如图 6-46 所示。

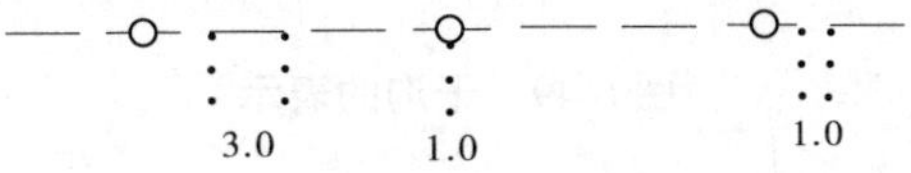

图 6-46　坎儿井的表示

(四)渡槽

渡槽也叫输水槽,它是供灌溉、航运和排山洪用的过水桥梁。多修建于水渠与河流、沟谷、道路等的相交处。通常以木材、砖、石或钢筋混凝土等材料建筑而成,有重要的经济意义和方位作用。渡槽不论其建筑形式和建筑材料如何,图上均用同一符号表示。当其长度方向能用依比例尺表示渡槽的弯曲或转折时,还应如实反映其曲折形态,否则用直线符号表示。

渡槽的两端一般连接水渠,但也有一些特殊的渡槽,一端接水渠,另一端与机井房相连,还有一些两端接管道。它们都按输水槽符号表示。两端的连接地物,则根据实际情况用相应符号表示。能通航的渡槽一般比较高大,也用输水槽符号表示。有名称的还应注记名称,废弃的渡槽加注“废”字,如图 6-47 所示。

(五)倒虹吸

倒虹吸是渠道与铁路、公路、河流等平面交叉时,在路下或水下设置的虹吸式过水通道。倒虹吸的表示如图 6-48 所示。

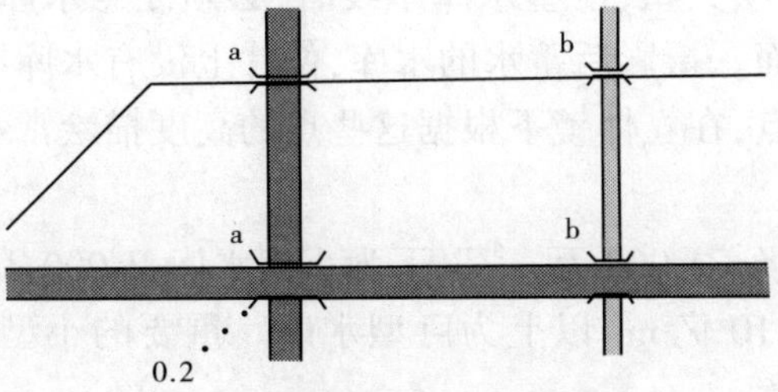

a.依比例尺的;b.不依比例尺的。

图 6-47　渡槽的表示

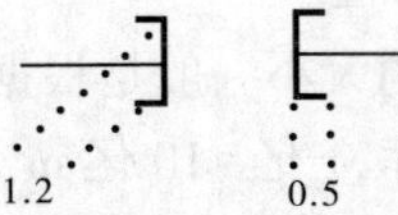

图 6-48　倒虹吸的表示

(六)干沟

干沟是经常无水、只在雨后短暂时期内有积水的、未挖成而搁置或废弃的沟渠。

图上宽度小于 0.5 mm 的用单线表示,大于 0.5 mm 的用双线依比例尺表示。干沟深度小于 1 m 或长度在图上小于 10 mm 的一般不表示。深度大于 2 m 的应标注沟深。旧战壕也用此符号表示,并加注“战壕”,如图 6-49 所示。

三、水库

凡能拦蓄一定水量,起径流调节作用的蓄水区域,统称为水库。水库主要由库区、拦水坝、闸和溢洪道等组成,如图 6-50 所示。

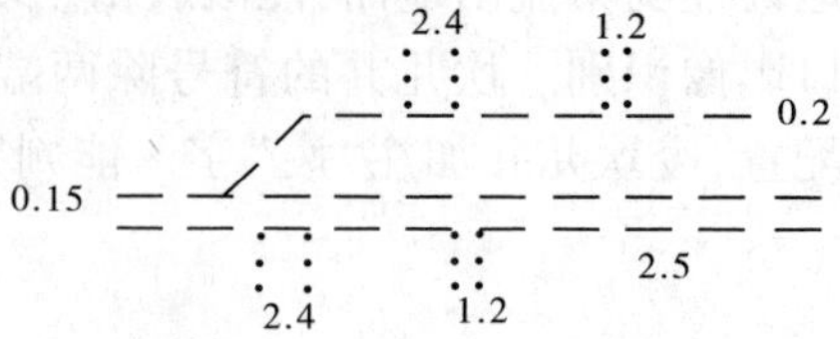

图 6-49　干沟的表示

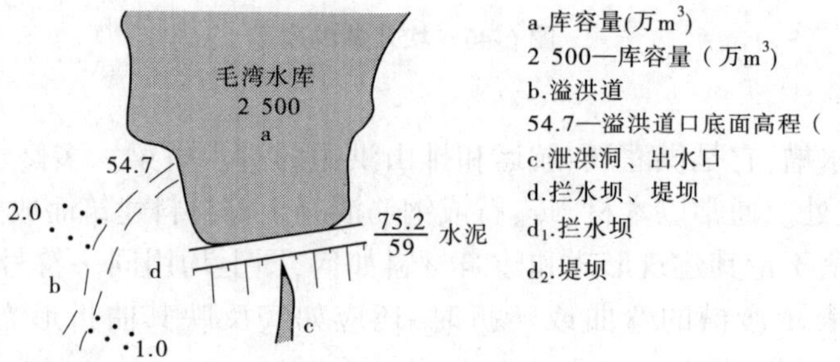

图 6-50　水库的表示

(一)水库岸线与库容量

1. 水库岸线

水库的水位除受降水影响外,还受人工控制,在地形图上只表示常水位岸线,不表示高水界。一般根据摄影时的水涯线影像描绘。当摄影时水涯线比常水位低很多时,通常是在水涯线附近刺出一些常水位通过的明显地物点,并量取至水涯线的比高,作为内业立体测绘常水位岸线的依据。因为大型水库的上游水位与拦水坝附近水位并不一定等高,有的相差几米,所以在立体镜下根据明显地物点描绘大型、巨型水库岸线时,必须注意水库水位并不是一水平面,而是上游高、下游低的倾斜面。摄影后蓄水的水库,像片上没有水库岸线影像,可在水库周围精确刺出 3 个以上常水位点,在立体镜下根据这些点的高度描绘常水位岸线。

2. 库容量

水库的大小一般是根据蓄水容量分级。1 000 万 m^3 以下为小型水库,1 000 万~1 亿 m^3 为中型水库,1 亿~10 亿 m^3 为大型水库,10 亿 m^3 以上为巨型水库。重要的小型水库和中型以上水库都要注记常年容量和水库名称。

(二)水闸

水闸是设在河流和渠道中用闸门启闭调节水位、控制流量及分配用水的人工建筑。各种水闸根据其能否通行载重汽车用相应符号表示。符号的尖端朝向上游描绘。拦水坝和滚水坝上有水闸时,一般只表示坝而不表示闸,只有当用依比例尺表示坝后同时也能绘出水闸符号时,才分别表示,如图 6-51 所示。

(三)船闸

两端有闸门封闭,两闸门之间建有人工水道,将水位升高或降低,使船能在不同高低水位的水道间通行的设施。船闸的闸门上部根据其通行情况区分能通车的闸门和不能通车的闸门。图上长度大于 1. 9 mm 的闸门,用闸门符号加依比例尺双线表示。两闸间距小于 3 mm 的只表示主闸,如图 6-52 所示。

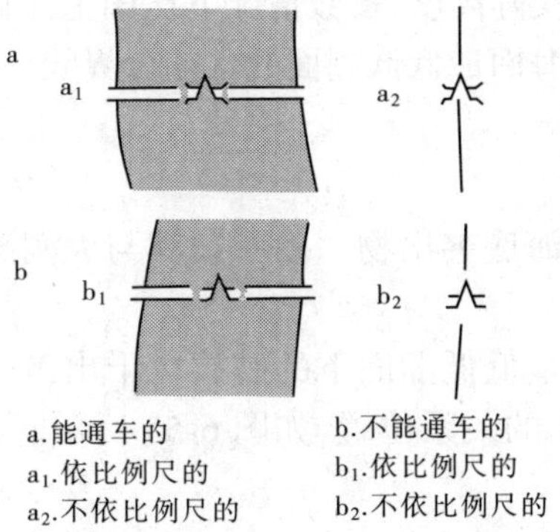

图 6-51　水闸的表示

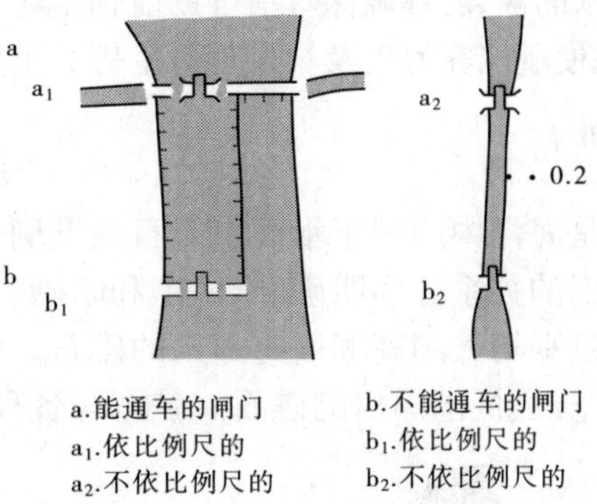

图 6-52　船闸的表示

(四)拦水坝和滚水坝

1. 拦水坝

拦水坝是横断江河和山谷的建筑物。按建筑材料区分有水泥混凝土坝、石坝、橡胶坝和土坝。拦水坝不论建筑材料和建筑形式如何,均用拦水坝符号表示,并区分坝顶能否通行载重汽车(见图 6-53)。比较大的坝,当坝长 100 m 以上或高 30 m 以上时,应加注坝长、坝高。如建筑材料为水泥混凝土、石块或橡胶时,还应加注“水泥”“石”或“橡胶”。简易修筑的挡水坝,一般不用拦水坝符号表示,根据坝体至水涯线的距离大小用堤或堤岸符号表示。简易修筑的挡水坝与拦水坝从性质上看没有什么差异,主要是建筑规模、建筑材料、溢洪和护坡工程等条件不同。前者所形成水库蓄水量在 1 000 万 m^3 以下,建筑材料一般为土质,溢洪道、水渠、闸门等配套设施不完全,没有很好的护坡设施。

2. 滚水坝

滚水坝亦称溢流坝,是坝顶允许过水的坝。提高的水位通过渠道供灌溉、水磨、水车使用。滚水坝的建筑规模一般比拦水坝小,上游水面比下游宽,有的没有形成明显的库区。当水流从坝面溢过在下游激起浪花,旱季坝顶露出水面时,影像明显,易于判读。滚水坝的表示如图 6-54 所示。

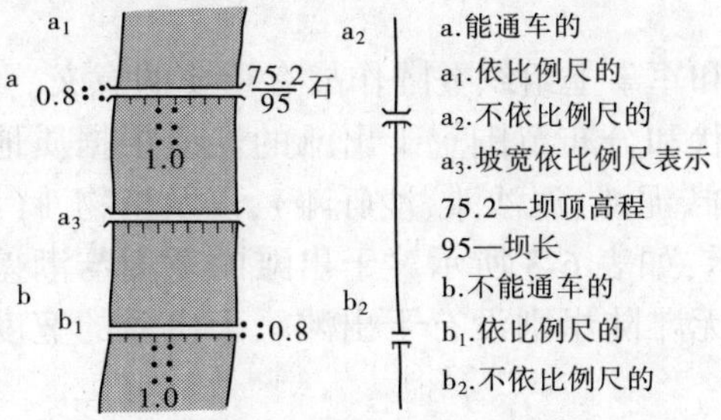

图 6-53　拦水坝的表示

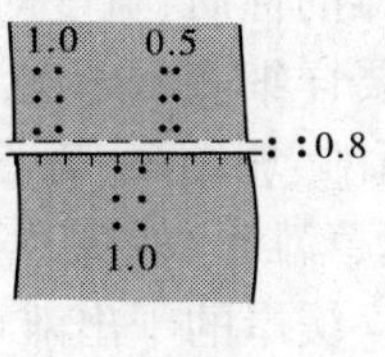

图 6-54　滚水坝的表示

四、海岸线和干出线

海岸线是多年大潮的高潮所形成的岸线。它既不是平均海水面与陆地的交线,也不是一般高潮时所形成的岸线,而是大潮高潮面与陆地的交线。地形图上以此作为海洋的范围线和灯塔、灯桩、立标的高度起算面。其所以这样定义海岸线,是为了保证图上表示的陆地部分不会受到潮水的侵袭,并确保灯塔等助航物至海水面的实际高度,多数情况下比图上注记的高度还要高,以便舰船在海上及早发现灯塔等。干出线指海面最低低潮面的水陆分界线。

五、礁石

礁石是海洋中隐现于水面由岩石或珊瑚构成的海底突出物。礁石按其与大潮高潮面和深度基准面的关系分为明礁、干出礁和暗礁。

明礁是平均大潮高潮面时露出的礁石。暗礁是最低低潮面下的礁石。干出礁是平均大潮时高潮淹没、低潮露出的礁石。礁石与各种海水面的关系位置,如图 6-55 所示。

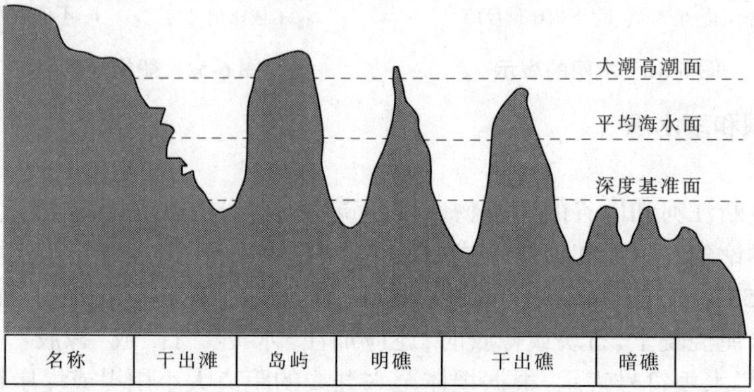

图 6-55 礁石与海水面的关系位置

六、干出滩

干出滩是海岸线与干出滩之间的滨海地带,即潮浸地带,也称为海滩。

在摄影像片上直接判绘干出滩几乎是不可能的,因为航空摄影不可能刚好在大潮低潮时刻进行。因为大潮低潮界是潮汐过程中最低的水陆交界线,所以一般情况下被水淹没,在像片上没有影像。因此,干出滩的范围不能根据影像直接确定。在像片判绘中,当有可靠的海图资料时,可参考海图确定。否则,不绘干出线,仅在大概范围内配置相应干出滩性质符号。

干出滩的性质、宽度对于海洋经济开发和军事上组织登陆作战有重要的意义。因此,在地形图上要详细表示干出滩的性质、轮廓形状和分布范围。干出滩的性质根据质地分为硬性滩(岩石滩、珊瑚滩、砾石滩)、软质滩(沙滩、泥滩、泥沙滩、沙砾滩),以及植物滩(红树滩、芦苇滩、丛草滩)。在像片上用相应符号表示,如表 6-3 所示。干出滩的宽度与潮差和海岸坡度有关。缓岸的干出滩可达数公里宽,而无滩陡岸则没有干出滩。干出滩的宽度在图上小于 3 mm 时可不表示。

表 6-3 各类干出滩的表示及说明

干出滩	表示方法	说明
沙滩	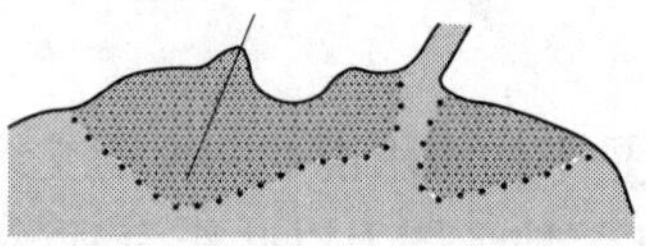	70%以上由直径为 0.01~1 mm 的沙组成,干出滩中的河道按其宽、窄分别用双排点线或单排绿色点线绘出

续表 6-3

干出滩	表示方法	说明
沙砾滩、砾石滩	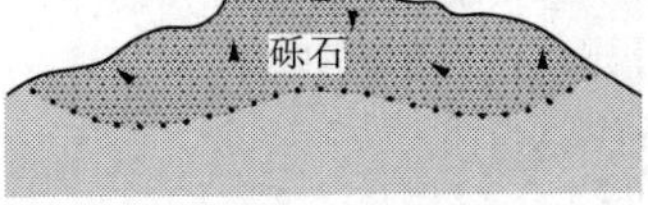	砾石滩是由大小不等的石块、卵石、砾石组成,有时还夹杂着泥沙。沙砾滩是由沙和砾石混合组成的干出滩。 砾石滩和沙砾滩用同一符号表示,分别加注"砾石"和"沙砾"加以区别
岩石滩	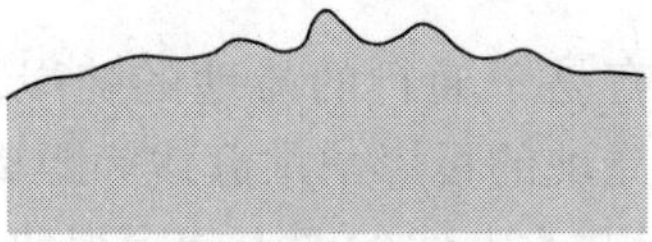	岩石滩是由坚硬的岩石组成的滩
珊瑚滩	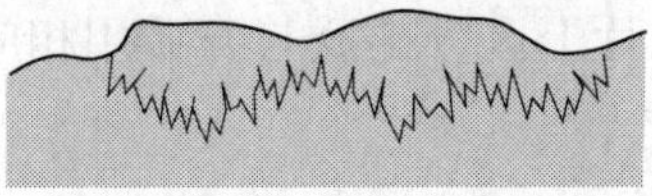	珊瑚滩是热带、亚热带海洋中珊瑚所分泌的石灰质和死亡后的骨骼堆积而成的滩
淤泥滩	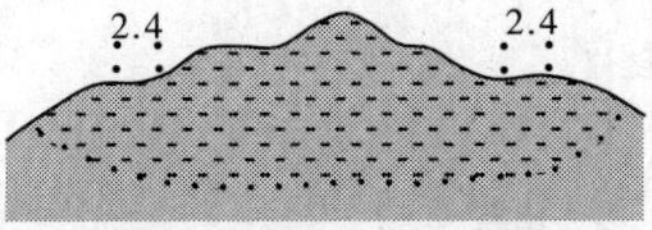	70%以上由直径小于 0. 01 mm 的泥组成,泥滩泥泞下陷,通行困难
沙泥滩	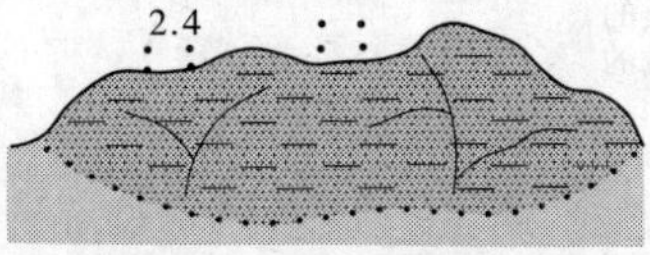	沙泥滩由沙和泥混合组成。潮水冲击干出滩形成比较固定的、较大的水沟(潮水沟),用绿色点线符号表示
贝类养殖滩	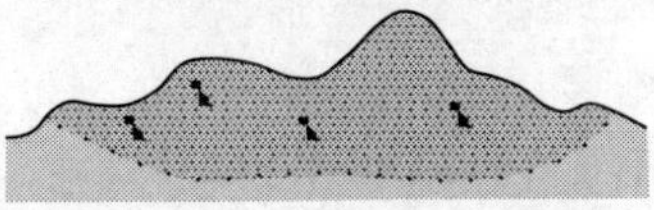	在干出滩上人工养殖贝类的地段叫作贝类养殖滩,目前主要有牡蛎养殖滩。珍珠贝一般是在外海的内湾深水处采用浮筏或搭架吊养,不在干出滩地段
红树滩	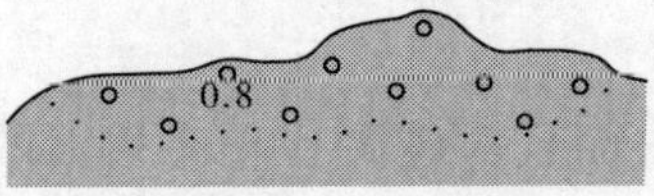	在热带和亚热带地区生长红树的干出滩叫作红树滩。红树种类很多,有乔木、灌木。我国主要是低矮的红树,分布在福建省福鼎以南适宜红树生长的河口、海湾地段

七、加固岸

加固岸是用木桩、砖、石或水泥混凝土等材料建成的护岸工程,用加固岸的符号表示,如图 6-56 所示。

八、陡岸

陡岸是指坡度在 50°以上的岸坡。

陡岸对于建筑施工具有重要影响。在地形图上除要求注记陡岸的比高、区分石质和土质外,还要区分有滩陡岸和无滩陡岸。陡岸在图上长度大于 5 mm、比高大于 1 m 的才表示,比高大于 2 m 的应加注比高。

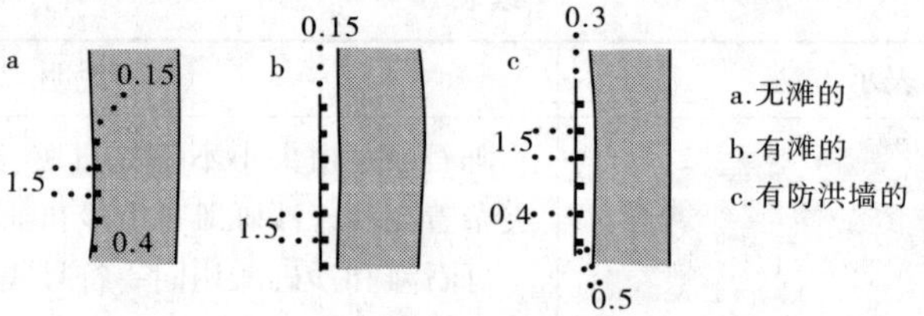

图 6-56　加固岸的表示

有滩陡岸是指当岸坡的坡脚或与常水位岸线间有易于通行的滩地的陡岸。在地形图上,根据其性质用土质或石质有滩陡岸符号表示。当岸坡的投影与水涯线间距离较小,不能按实际位置表示时,陡岸顶线可适当外移,使陡岸符号与水涯线的图上间隔保留 0.2 mm。

岸坡直伸水下的陡岸,称为无滩陡岸。在判绘像片上区分土质与石质用相应符号表示,如图 6-57 所示。

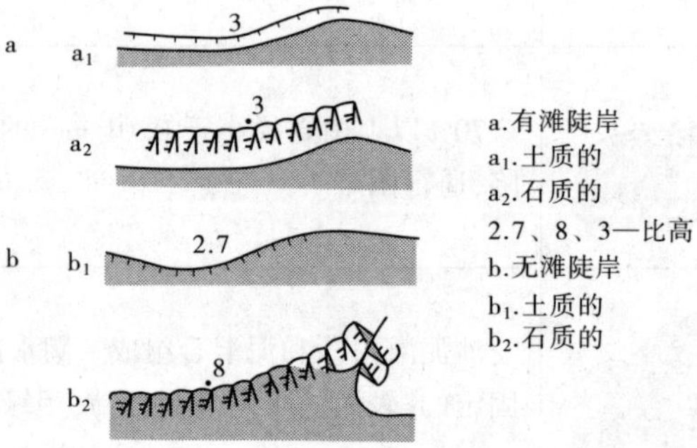

图 6-57　陡岸的表示

九、沼泽和湿地

沼泽、湿地是地表过度潮湿,其上长有沼生植物,其下有泥炭积累或土壤具有明显潜育层的地段。

沼泽不仅是计划垦荒扩大耕地面积的重点地区,而且对越野行动有很大的障碍作用。因此,在地形图上不仅要准确显示沼泽的位置和分布范围,而且要正确反映沼泽的通行情况。为此,在地形图上不管沼泽的类型如何,只区分为能通行的沼泽和不能通行的沼泽两种符号。

不能通行的沼泽除用相应符号表示外,还应注记“不能通行”字样。沼泽中的湖泊、河流,如轮廓明显、规则,也用岸线符号表示。漂筏间的局部明水不单独表示。能通行的沼泽一般分布在较窄的河谷或靠近山丘的边缘,草丛生长茂盛,草皮较厚,呈草甸状,人在草甸上可以行走。在航摄像片上呈灰色色调,表面纹理比草地粗糙,与不能通行的沼泽可以区分。

能通行的沼泽用相应符号表示,并加注水的深度和人体下陷软泥层深度以便用图者判断通行的难易。沼泽中的植被以相应的植被符号表示。盐沼泥漠地区和海滨地区,因含盐碱较多,形成可通行的盐碱沼泽,除用沼泽符号表示外,还要加注“碱”字。

沼泽地除植被外,其他地物稀少,通行困难。因此,在判绘沼泽时,应注意季节性通行的时令路、突出树、森林轮廓、固定的棚房等地物的表示,如图 6-58 所示。

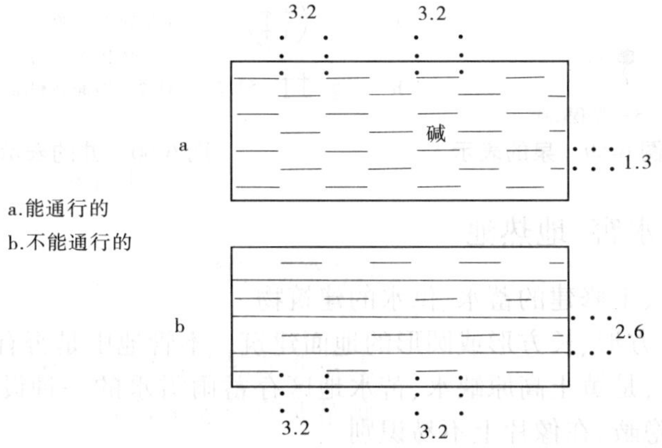

图 6-58　沼泽、湿地的表示

十、泉

泉是地下水的天然露头。在适宜的地形、水文地质条件下,地下水流出地面而成泉。山区地形强烈切割,有利于地下水的出露,泉就较多。平原地区,泉一般出露在冲积扇的外缘、河流两岸和冲沟发育地带。

泉的下游一般为小溪、水渠或沼泽。在航摄像片上可以根据这些河渠的源头间接判读。但有的泉水流出地表后很快消失,在像片上就不容易识别。需要指出:沟谷底部的潮湿地段,在没有冒水或未形成涓流时,不能认为是泉而加以表示。

泉的符号的圆点中心表示泉的水口位置,弯曲线向下游描绘,以示泉水流向。弯曲线与河渠符号相接处间断 0.2 mm,以突出泉的符号。一般应注泉口高程。如为矿泉、温泉、间歇泉、毒泉,还要分别注出“矿”“温”“间”“毒”字样。有大量天然水蒸气或水温在 60 ℃以上的水涌出的地热泉加注“地热”。缺水地区的泉还要加注水质。有固定名称的泉,还要注记名称,如“月牙泉”。泉水的外部有建筑物时,以表示建筑物为主,并在相应建筑物旁用绿色加注“泉”字,或注记专有名称,如图 6-59 所示。

十一、水井

水井是以开采地下水为目的而钻凿或开挖的井。通常分两类:一类为管井,俗称深井、机井,深度较大,用水泵抽水;另一类为筒井,俗称土井、浅井,深度较浅。

水井影像很小,在中小比例尺航摄像片上,一般不易识别。但荒漠草原上的水井,供大量牲畜用水,其四周有很多条放射状的道路,在像片上的影像很明显。可根据这些道路影像间接判出水井位置。

缺水地区的水井一般都要表示,自流井、温泉井、咸水井、苦水井、毒水井等分别加注“流”“温”“咸”“苦”“毒”等字。有专有名称的加注名称。干旱地区的干井、枯井也用此符号表示,并加注“干”“枯”等字。一般地区只表示有方位作用的水井。如果为单张像片测图或像片平面图测图,当把水井作为第二类方位物时,还应测量注井口地面高程。盖在房屋内的水井,除用独立房屋符号表示外,还应根据实际情况用蓝色注出“井”或“机”字,如图 6-60 所示。

指不突出地面,但位置固定,且易于识别的地物,如桥梁、涵洞、道路交叉、主要街道口、固定河床的转弯和交叉、林中空地、居民地外的水井和泉等。

方位物是用图者的无声向导,它既是判定方位、指示目标、确定位置的依据,又可作为地形图修测、简易测绘的控制点和测站点使用。因此,在地形图上必须着重表示,并要求位置准确、数量适当、分布合理。在像片调绘中,应从用图的需要出发,对于不同地区进行具体分析,注意从普遍中选特殊,在一般中选突出,着重表示那些高大、突出、明显、固定的独立地物。对于具有政治、历史、文化意义的一些地物,即使不很突出,也应视其意义和作用着重表示。

二、独立地物

独立地物大多高于地面,在像片上一般是根据其投影和阴影的影像进行识别并确定其准确位置。当独立地物较小,且像片的地面分辨率不高,其影像不能反映独立地物的基本形态时,必须采用野外调绘的方法确定其性质和在像片上的位置。

独立地物的类型很多。但是,现行图式中除在其他地形要素中列出的独立地物符号外,单独列出的独立地物符号只有30多个,还有很多独立地物没有专门设置符号。另外,有些独立地物有类似的性质和作用,或类似的意义,但具有完全不同的外形。因此,独立地物调绘的主要问题是正确判断独立地物的性质和灵活运用独立地物符号。

调绘独立地物必须做到位置准确、取舍适当。

独立地物是判定方位、确定位置、指示目标的重要标志,故首先要求独立地物的位置必须准确。用不依比例尺表示的独立地物,一般要求刺出其中心点的位置,且描绘时刺点中心应与符号中心点严格一致。用依比例尺表示的独立地物则要求准确绘出独立地物轮廓线的位置,像片上无法精确判定位置的重要地物,必要时应采用实测的方法确定。

独立地物的区分仍然是相对的,因此在众多的地物中必须进行选择,优先表示最突出的独立地物,从普遍中选特殊。如工业地区烟囱很多,此时可舍去部分次要的烟囱,选取高大、突出的烟囱表示;而在地物稀少的地区,有些地物也许并不高大,如一棵普通的小树或者一个小水坑,却因为周围地物极为稀少而显得突出,必须表示。这就是选择独立地物的方法。

三、独立地物符号的运用

图式虽然绘出了许多符号来表示地物,但毕竟有限,与地面上实际存在的地物种类相比仍然相差很远,尤其是随着社会的发展,新的地物又不断出现。在调绘中常常遇到某些地物找不到适当的符号进行表示,尤其是调绘现代化工厂、矿山,情况就更为复杂。因此,要求调绘人员充分理解图式精神,尽量用图式给出的符号去表示各种各样的地物,解决实际存在的丰富多彩的地物的表示问题。

符号种类不够用的情况主要表现在独立地物方面,因此独立地物符号的运用应从以下几个方面考虑。

(一)根据独立地物的外形特征选用符号

图式中的许多独立地物符号反映了地物的外形特征,如烟囱、水塔、宝塔、牌坊、独立树等。并将外形特征相似的独立地物概括成用同一符号,如钟楼、鼓楼、城楼、古关塞用同一符号表示,彩门、牌坊也用同一符号表示。根据这一方法,在实际调绘中如果遇到某些独立地物在图式中不能找到对应的符号进行表示时，首先可以分析地物形状。地物形状如果接近或者相似于某一图式符号所表示的独立地物，就可以选用这种符号表示，并加注性质说明。

（二）根据独立地物的作用和意义选用符号

有些独立地物具有类似的作用，但外形不同，如油库、煤气库、氨水库，既有球形的，也有圆柱形的。另外，也有一些地物外形不同但意义相近，如纪念碑、纪念像、纪念塔等。还有外形不同但意义和作用都相同的独立地物，如无线电杆和无线电塔，以及其他无线电发射或接收设备，这些独立地物也用同一符号表示。因此，在实际调绘中既要根据独立地物的外形也要根据独立地物的意义和作用选择相应的图式符号。是侧重于外形还是侧重于意义和作用，必须由独立地物的实际情况决定。

（三）根据其他具体情况选择符号

现代工业有许多不同性质、不同形状、不同作用的专用建筑和设备，无论有多少选择符号的原则也很难全部概括，因此在实际调绘中还必须根据其他具体情况选择比较合理的图式符号进行表示。如塔形建筑物，图式上规定散热塔、跳伞塔、蒸馏塔、瞭望塔等均用塔形建筑物符号表示，实际上这些地物既没有相近的作用和意义，而且形状的差别也较大，更没有一个所谓标准的塔形建筑物进行比较，要以上述原则去理解是很困难的。因此，有些符号的选择是很近似的，必须在概括的基础上再概括，也就是在不同的基础上再去寻找相同的条件，这样才能灵活地运用给定的符号去解决作业中的问题。

（四）注意独立地物符号描绘的方向

独立地物符号绝大部分要求按垂直于南北图廓线的正方向描绘，但也有个别符号要求按真方向描绘或者与南图廓线斜交成 45°角进行描绘。按真方向描绘的有山洞、泉、打谷场、球场、桥、坝、探槽等。

（五）注意独立地物符号描绘的位置

图式对个别独立地物符号描绘的位置做了特殊规定：气象站（台）符号应绘在风向标的中心位置上，厂房面积较小的发电站（厂）符号绘在主要厂房位置上，面积较大的庙宇符号应绘在大殿位置上，加油站符号应绘在实地油箱位置或贮油的房屋上。这些规定主要从实际情况出发，便于从图上确定独立地物的准确位置。

（六）注意独立地物符号的版本和比例尺

随着建设和学科的发展，一定时期以后图式、规范都需要修改和扩充。不同比例尺成图内容的详尽程度、成图精度都不一样，相应的图式符号的内容及表示方法也有区别。因此，必须注意使用现行的相应比例尺的图式版本进行描绘。

（七）注意独立地物符号与其他地物符号在描绘时的避让关系

当独立地物与其他地物不能同时准确、完整地表示时，处理这种避让关系的基本原则：中断其他地物符号，或者将其他地物符号移位，保证独立地物符号完整、准确地描绘，符号之间应留出 0.2 mm 的间距。如果两个独立地物紧靠在一起，符号不能按真位置同时绘出，则应选择其中主要的保持真位置准确绘出，另一个相对移位绘出。

成林因其种类不同,现行图式规定,在地形图上分别用依比例尺针叶林、阔叶林和针阔混交林3种形式表示。因其分布特点的不同,在地形图上分别用依比例尺符号、半依比例尺的狭长林带符号和不依比例尺的小面积成林符号表示。

六、幼林、苗圃

幼林是林木处于生长发育阶段,通常树龄在20年以下,尚未达到成熟的林分,很多为人工播种或栽种。苗圃为培育苗木的土地。

幼林、苗圃在地形图上用同一符号表示。尽管两者有相近之处,但在粗细、高矮方面彼此还有差异,作用也不一样,为了便于区别,当图上面积大于50 mm^2 时,还应根据其性质,加注相应的“幼”“苗”字样。

七、灌木林

灌木林是指成片生长的无明显主干、枝杈丛生的林地。地形图上按其密度、面积和分布特征区分为密集灌木林、稀疏灌木林、小面积灌木林和狭长灌木林4种,分别用相应符号表示。它们在面积和宽度上的区分标准与成林相同,密集灌木与稀疏灌木以覆盖度大小区分。覆盖度大于40%的为密集灌木林,覆盖度小于40%的为稀疏灌木林。

杂生在疏林、竹林、草地、盐碱地、沼泽地、沙地内的零星灌木,用灌木丛符号散列配置。

八、竹林

竹林是竹子生长比较茂盛的林地。竹林的种类较多,有大径的毛竹、斑竹和小径的青皮竹、水竹、粉丹竹、黄竹等。在地形图上不区分粗细和种类,均用竹林符号表示,并按面积的大小和分布特征区分为大面积竹林、小面积竹林和狭长竹林3种,区分标准与成林相同。对于天然长不高的成片丛生小竹,形如灌木,可用灌木符号表示。

九、疏林

疏林是树木生长稀疏,郁闭度在0.1~0.3的乔木林地。疏林在地形图上不套色,也不绘地类界,不分树木的种类、高矮,只在其相应范围内配置疏林符号表示。疏林可与其底层的土质、其他植被符号配合表示。

十、防火带

防火带是指在林区、草原中为防止火灾蔓延而开辟的空道。宽度用依比例尺表示,并加注“防火”两字。若防火带较长,每隔5~8 cm注记一次。

十一、零星树木

零星树木是指零散分布的树木。在地形图上只表示有依附地物的零星树,如沿道路、河渠、堤旁、坎边的零星树木,除在林区外,一般都表示。居民地内外的零星树木和田野中的零星树木一般不表示。但是,公园、疗养区和居民地内外的林荫地段要用零星树木符号表示。零星树木符号是示意性的,并不反映实地树的数量和准确位置。

十二、行树

行树是沿道路、沟渠和其他线状地物一侧或两侧成行种植的树木。双线表示的道路其路边的狭长林带,也用行树符号表示。

十三、独立树和独立树丛

独立树是指有良好方位作用的单株树,无明显方位意义的单株树为零星树。

独立树丛是指具有明显方位意义的成丛树林。独立树丛与小面积树林的差异主要在于方位作用的大小。独立树丛比小面积树林的面积小,但方位作用明显。

十四、草地

地形图上根据草的高度分为高草地和草地两种类型符号。高草地是指草高在 1 m 以上的芦苇和其他高秆草本植物地。高草地不绘地类界,只在相应范围内配置高草地符号,面积较大时还要注记高草名称。草地是指高度低于 1 m 的生长茂密的草类地段,或者有放牧价值的草原。地形图上草地不绘地类界,只在其范围内配置相应符号。人工种植的绿地用地类界草地符号表示。

植被调绘应注意以下几个问题:

(1)地类界的应用,地类界是表示植被轮廓的符号,作用是划出某种植被的分布范围。需绘地类界的植被有树林、竹林、灌木林、幼林、经济林、苗圃、经济作物地、稻田、旱地、菜地等,不需绘地类界的植被有疏林、芦苇地、草地、半荒植被地、植物稀少地等。地类界应走向明确,轮廓要封闭,当地类界与地面上有实物的线状地物(如道路、水渠、垣栅等)重合时,地类界可不绘;当地类界与地面上无实物的线状地物(如通信线、电力线)重合时,地类界应略移位描绘。对小于图上 1.5 mm 的弯曲地类界,可综合取舍。

(2)需绘地类界的植被,是在地类界内配置相应植被的符号表示的。不需绘地类界的植被符号,植被的调绘要正确反映植被的质量特征和类别特征,要掌握各种植被的区分标准,当同一范围内混生多种植被时,最多选择主要的 3 种表示,对经济价值不大的或数量少的植被可舍去,符号配置的疏密多少要注意反映出实地各种植被间数量上的基本比例。

(3)对具有方位作用的植被,如独立树、独立树丛、独立竹林、独立灌木丛等,要注意突出准确表示。

(4)植被符号不得压盖、截断和接触地类界或其他地物符号。

(5)要按图式要求做好文字及数字注记。例如:树林应注树名、平均树高、平均树粗;例如苗圃、幼林除符号照绘外,还应加“苗”“幼”文字注记;经济树林需加注树种名称;水生作物地、经济作物地需加注产品名称等。

动手动脑

1. 如何进行植被分类?
2. 如何进行植被调绘?

任务八　管线、垣栅和境界调绘

任务描述

一、学习型工作任务

通过学习各种输油、输气和输水管道调绘、电力线和通信线调绘、垣栅调绘、境界调绘和管道的注记方法,学会进行管道、垣栅和境界调绘。

二、教学目标

(一)知识目标

(1)掌握管道、垣栅调绘的内容。

(2)掌握境界分类方法。

(二)技能目标

(1)会进行管道、垣栅调绘。

(2)会进行境界调绘。

(3)会进行各类植被要素调绘。

(三)态度目标

(1)培养学生团结协作、爱岗敬业的职业道德。

(2)培养学生吃苦耐劳、认真细致的职业精神。

三、教学组织设计

(1)学生角色:扮演航测外业调绘工。

(2)教学情景:由企业提供航空摄影资料,学生根据这些数据资料学习管道调绘、电力线和通信线调绘、垣栅调绘、境界调绘和管道的注记方法,并进行管线、垣栅和境界调绘。

(3)教学材料:教学课件、各种类型的样片。

(4)教学内容过程设计:首先教师在课堂上讲授管道、垣栅和境界调绘方法,然后结合具体调绘像片,学生利用调绘像片进行管道、垣栅和境界调绘作业。

由学生编写成果报告,教师根据上交的成果情况,给予评价。

四、其他说明

在教学组织过程中,教师必须引导学生在概念认识的基础上进行相互答疑,并对其效果进行评定。

相关知识

一、管道的调绘

运输管道主要用于输送水、石油、天然气和煤气等液态和气态物资,有重要的经济意义和军用价值。管道有的露出地面,有的埋在地下,还有的架空跨越河渠。

地面上有方位作用的管道一般均应表示,地下管道一般不表示。管道架空跨越河流、道路、冲沟等,符号不中断,压盖这些地物绘出。若从这些地物下面通过,则管道符号绘至这些地物符号两侧断开。当输水管道与水渠相互接替时,各自按相应符号表示。比较短的管道可以不表示,长的管道还应注记其运输物质的性质。

二、电力线和通信线的调绘

电力线和通信线的调绘应注意以下问题:

(1)要准确判读出转折点,以确定出其位置,用相应符号表示,对具有方位意义的杆架一定要判好刺准。电力线和通信线遇居民地应中断。

(2)电力线和通信线共杆,电力线和通信线平行,电力线和电力线平行,若图上间距在 2 mm 以内,则只择其高一级按真实位置绘一条,到转折分岔处再分别表示。电力线和通信线平行公路、铁路,且距离路中心在 5 mm 以内时不必绘出,到转折分岔处再分别表示。

(3)电力线要以"kV"为单位注记电压高低,高压电力线电压识别特征见表 6-4。

表 6-4 高压电力线电压识别特征

电压/kV	特征				
	绝缘瓷瓶的形式和数量/个	杆塔的性质与结构	有无避雷针	档距/m	输送距离/km
10	针式、陶瓷横担 1~2	木质、水泥单杆	无	80~100	8~15
35	悬式 3~4	水泥单杆、双杆	出入变电站和雷区有	100~150	20~50
110	悬式 7~8	水泥双杆、拉线铁塔、钢性铁塔、水泥单杆	有	200	50~150
220	悬式 13~14	拉线铁塔、钢性铁塔、水泥双杆	有	300	200~300
330	悬式 19~20	钢性铁塔、水泥双杆	有	400~450	300~500
500	悬式 23~25	钢性铁塔	有	400~450	500~1 000

注:1. 表列数字为一般情况,承力杆、跨越杆和高于 40 m 铁塔上的瓷瓶数比直线杆塔上的要多。
2. 档距与地形有关,输送距离与变电站的容量有关。

(4)接边准确。判绘高压线,一般只判读出拐折点,再连成直线。但是,由于投影误差的影响,在丘陵地和山地,两拐折点的连线并不一定通过直线上的所有电线杆、塔。也就是说,实地在一直线上的电线杆、塔,由于所处高度不同,在像片上的影像不一定在一条直线上。因此,在判绘面积的边缘处不管有无拐折点,均应在判绘工作边内外各刺出一根电线杆和塔的位置。若线路上相邻两个拐折点在相邻两张判绘像片上都能刺出,则在两张像片上全部绘出,以便于邻片接边和避免内业造成人为转折。

(5)高压线与其他地物的关系。高压线通过独立地物和居民地上空时,高压线符号断开,与独立地物符号空0.2 mm,与街区边缘不空。高压线通过其他大面积地物(植被、水域)和线状地物(道路、河渠、管道、桓栅)均不断开,压盖绘出。

有线通信线由通信线杆和导线(架空明线、电缆)组成。它是利用电信号在导线上的传输以传送声音、文字、数据和图像,从而达到有线通信的目的。

有线通信线在地形图上用通信线符号表示,表示的方法与电力线基本相同。但是,有线通信线只在地物稀少地区才表示,一般地区不表示。

三、垣栅的调绘

垣泛指墙,这里主要指园场周围的障壁。栅即栅栏。垣栅是各种障壁与栅栏的合称。在地形图上表示的垣栅主要有长城、城墙、土围、垒石围、围墙、铁丝网、篱笆及其他栅栏等。

长城用砖石城墙符号表示,并注记名称和比高,损坏的部分用相应符号表示。长城上的城门、城楼古关塞等用相应符号表示,并注意符号的方向及符号间的配合表示。

城墙是旧时在都邑四周用作防御的墙垣。因此,凡是能用依比例尺表示其长度的城墙均应表示。城墙的建筑材料有砖石和土质两种。砖石城墙用砖石城墙符号表示,并注记比高;土质城墙用围墙符号表示。

高1.5 m以上,或高虽不足1.5 m,但有方位作用的土围、垒石围和村堡土围也用围墙符号表示,有名称的还应注出名称。

栅栏主要有木栅、铁栅、铁丝网和篱笆等,它们在地形图上用同一符号表示。一般只表示高1.5 m以上有障碍作用的栅栏。地物稀少的荒漠地区的铁丝网,有的高不足1.5 m,但有方位意义,也应表示。

用高粱秆、树枝、枣刺等修筑的临时性的篱笆一般不表示。

四、境界的调绘

境界又称边界或疆界,在地形图上表示的有:与邻国的境界——国界;国内行政区管辖的界限——国内境界。

判绘国界是关系到国家主权和国际关系的重大问题,必须认真对待。通常根据国家正式签订的边界条约或边界议定书及附图,并会同边防人员实地踏勘,按图式和规范的要求精确绘出。

描绘国界时要注意以下问题:

(1)在以河流中心线为界、主航道为界或河流共有的情况下,当河流符号内能绘出国界符号时,国界符号在河流内不间断绘出,并分清岛屿、沙洲的归属;当河流内容纳不下国界符号时,国界符号在河流两侧不间断交错绘出,岛屿、沙洲等用附注标明其归属。

(2)当同号双立或三立界桩在图上不能同时准确表示时,可以用空心小圆圈按实地的关系位置分别绘出,并注出各自的编号。

(3)国界的转折处应该用点或实线准确绘出,以反映其真实形状和便于定位。

(4)国界经过地带的地物地貌应详细表示。

(5)各种说明注记均应注在所属国境内,且不得压盖国界符号。

地形图上表示的国内境界有:自治区、中央直辖市界,自治州、盟、省辖市界,县、自治县、旗界,特种地区界等。

判绘国内境界虽然没有国界那样严格,但仍有很强的政治意义和行政管理意义。如果处理有错,会给用图者造成错觉和引起行政管理上的麻烦,甚至引起不必要的纠纷。因此,也要认真对待,并注意以下几点:

(1)应以国务院最新公布的行政区划为准,参考旧地形图、行政区划图和询问当地政府机关、群众确定境界线。

(2)国内境界上的界碑、界桩或其他界标,要用相应符号准确绘出。当境界通过山顶、山脊时,要立体描绘。

(3)走向明确的境界一般应准确绘出。当境界与较大的用双线表示的河流重合时,境界符号在主航道位置或河流中心线位置上间断地绘出,并清楚地表示岛屿、沙洲的隶属关系。当境界与其他线状地物重合时,可沿该地物符号的两侧每隔 3~5 cm 交错绘出 3~4 节符号,但转折、交接点、判绘工作边和图廓线处必须绘出符号,以反映真实走向和便于接边。当境界与地类界、高压电力线和通信线等符号重合时,境界符号移位表示,不得省略。当境界不与线状地物重合时,符号应不间断地绘出。

(4)无明显界线的境界,可根据当地政府和群众所指的走向,依地形特征线(山脊、山谷、干河床、道路、河流)绘出,但必须正确表示居民地的隶属关系,并不得将明显属于一个行政区辖的一片果园、一个湖泊分隔开。

(5)飞地界线以相应行政区划境界符号绘出。所谓飞地是指属于某一行政区管理,但不与本区毗邻的土地。当图上面积小于 10 cm^2 时,其内不能注记出行政区划名称的飞地可不单独表示。

(6)在调绘像片的边缘、图廓线外的境界线两侧,应注出所属市、县、旗的名称。当两级以上行政区划境界重合时,只绘出高一级境界符号,但在判绘像片上应同时注出两级名称。

单项技能训练

一、训练的内容

地物的调绘。

二、训练的目的

通过技能训练,学生掌握各类地物调绘的基本方法,能运用图式符号进行地物调绘。

三、训练的教学方法

任务驱动教学法。

四、训练器具

立体镜、铅笔、直尺、透明纸。

五、训练要求

爱护器材和像片,按时完成任务。

动手动脑

如何进行境界分类?

任务九 地貌的调绘

任务描述

一、学习型工作任务

通过学习地貌要素表示的基本要求、地貌和土质的表示方法、地貌的注记,学会进行地貌的调绘。

二、教学目标

(一)知识目标

掌握地貌、土质要素的内容。

(二)技能目标

会进行地貌、土质的调绘。

(三)态度目标

(1)培养学生团结协作、爱岗敬业的职业道德。

(2)培养学生吃苦耐劳、认真细致的职业精神。

三、教学组织设计

(1)学生角色:扮演航测外业调绘工。

(2)教学情景:由企业提供航空摄影资料,学生根据这些数据资料学习地貌要素表示的基本要求及地貌、土质调绘的方法,并进行地貌的调绘。

(3)教学材料:教学课件、各种类型的地貌的调绘样片。

(4)教学内容过程设计:首先教师在课堂上讲授地貌调绘的方法,然后结合具体调绘像片,学生利用调绘像片进行地貌调绘作业。

由学生提交成果报告,教师根据上交的成果情况,给予评价。

四、其他说明

在教学组织过程中，教师必须引导学生在概念认识的基础上进行相互答疑，并对其效果进行评定。

相关知识

地貌是地表自然起伏形态的总称，凡能用等高线表示的地貌由航测内业测绘，有些地貌陡、窄、隐蔽不能用等高线表示，需调绘时，以专用符号表示。需调绘表示的地貌有冲沟、陡崖、滑坡、陡石山、山洞、溶洞、石灰岩溶斗、干河、干湖、梯田、独立石、土堆、坑穴等。土质是指覆盖在地壳表层的土壤性质，地形图对未被植被覆盖的土质用专门符号表示，其中有沙地、沙砾地、戈壁滩、盐碱地、石块地、露岩地等。对地貌和土质调绘的基本要求如下：

(1)对能用依比例尺表示的地貌土质，要准确显示其性质和形态范围。对用不依比例尺表示的地貌土质，要准确显示其性质和位置。

(2)对具有方位意义的地貌，如岩峰、山隘、独立石、土堆等，位置要准确表示。对主要交通线两侧和地物稀少地区的地貌要详细表示。对有阴影的地貌调绘，应立体观察进行。

(3)当地貌元素密集时，允许取舍，但不得综合。山洞、溶洞应按真方位表示，且以洞口为符号位置。冲沟、陡岸、梯田、土堆、坑穴应量注比高。

(4)冲沟、干河床，图上宽 0.5 mm 以下绘单线；0.5 mm 以上绘双线。冲沟图上宽 1.5 mm 以上，且坡度在 70°以上，以陡崖表示；图上宽 5 mm 以上由航测内业用等高线表示。

(5)山洞、溶洞、独立石等地貌有专名时应注出。

(6)沙砾地、戈壁滩、盐碱地、龟裂地以相应符号表示，当面积大于图上 4 cm^2 时，应加注"沙砾地""戈壁滩"等注记。

一、岩峰、黄土柱的表示

岩峰是指由于水流的长期溶蚀，一部分岩体或土层被夷为洼地或平地，另一部分未溶的岩体便突出于洼地或平地形成高耸的塔柱状岩石或柱状黄土。孤立的为孤峰，联座成群的称为峰丛(群)，由多个相距较近的孤峰构成的景观称为峰林。

分布范围较大和密集的峰林，可以适当取舍，分别用孤峰或峰丛符号表示，比高则要标注，但经取舍后应能反映实地的分布特征。较大的岩峰可用等高线配合符号表示，比高测注从最高等高线起算。

黄土柱用孤峰符号表示，加注"土"字。

二、土堆、贝壳堆、矿渣堆的表示

土堆、贝壳堆、矿渣堆是由泥土、贝壳、矿渣等堆积而成的堆积物，比高大于 1 m 的要表示，大于 2 m 的要标注比高。图上面积大于 4 mm^2 的土堆用依比例尺表示(沿其顶部概略轮廓表示为实线，斜坡用短线或长短线表示至坡脚)；图上面积小于 4 mm^2 的用不依比例尺表示。海边的贝壳堆、固定的矿渣堆分别加注"贝壳""渣"字样。

对于较大的没有明显顶部棱线和坡底轮廓且独立的堆积体，可用地类界表示其范围，内部以等高线表示,并加注名称。

地面上长期存在的具有方位意义的较大的独立石块,应表示并标注比高。

三、坑穴的表示

坑穴是指地表突然凹下的部分,坑壁较陡,坑口有明显的边缘。坑深大于1 m的应表示,大于2 m的应标注深度。图上面积大于4 mm^2 的土坑用依比例尺表示,小于4 mm^2 的用不依比例尺表示。

四、溶洞、山洞的表示

溶洞是指地下水沿岩石裂隙溶蚀破坏或岩层塌陷所形成的地下洞穴,山洞是山体中的洞穴。溶洞、山洞在像片上的影像不易识别,因此在调绘时必须向当地群众询问,再到实地判绘。溶洞、山洞的符号应在洞口位置上按真方向描绘,有名称的应加注名称。

五、火山口的表示

火山口是指火山爆发后在喷口处形成的洼地,活火山或死火山均用同一符号表示。依比例尺表示的火山口可用等高线或陡崖符号表示,并在其中心位置配置火山口符号。

六、冲沟的表示

冲沟是地面上长期被雨水急流冲蚀而形成的大小沟壑,沟壁较陡。冲沟的两侧有明显的陡壁和坡折线,难以攀登。黄土高原地区,由于土质适合冲沟发育,因此冲沟甚多,有的地方大冲沟两侧又生成许多小冲沟,形成所谓冲沟系统。这些冲沟长度可由几米到几十千米,深度可由几米到几百米。它们阻碍交通,影响工业建设,对农业生产也十分不利,因此在地形图上必须注意表示。

冲沟在图上宽度为0.5 mm以内时,用单线表示;在图上宽度为0.5~1.5 mm时,用双线冲沟表示;在图上宽度为1.5 mm以上时,沟壁用陡崖符号表示;在图上宽度大于3 mm时,应表示沟内等高线。冲沟深度大于2 m时需测注比高。

调绘冲沟时应在立体观察下描绘,以保证冲沟边缘线、沟头、沟口及拐弯处位置准确。

冲沟密集时可适当取舍,舍去较短或坡度较缓的单线冲沟,但冲沟不能综合,取舍程度应以保持该地区的冲沟地貌特征为原则。

沟坡较缓的宽大冲沟可用等高线表示或用符号与等高线配合表示。

七、陡坎、陡崖的表示

陡坎、陡崖是指形态壁立、难于攀登的陡峭崖壁或各种天然形成的坎(坡度在70°以上),分为土质和石质两种。图上长度大于5 mm、比高1 m以上的一般均应表示,凡比高大于2 m的应标注比高,陡崖符号的实线为崖壁上缘位置。土质陡崖图上水平投影宽度小于0.5 mm时,以0.5 mm短线表示;大于0.5 mm时,用依比例尺长线表示。石质陡崖图上水平投影宽度小于2 mm时,以2 mm表示;大于2 mm时,用依比例尺表示。

八、露岩地、陡石山的表示

露岩地指基岩露出地面且分布较集中的地段。图上用等高线配合散列的石块符号表示,在其边缘处适当多配置些石块符号以示其概略范围。

陡石山是指全部或大部分岩石裸露且坡度大于 70°的陡峭山岭。当陡石山坡度小于 70°时,用等高线配合露岩地符号表示,即外业只绘露岩地符号。陡石山应加注高程。较大范围的陡石山,外业可不绘符号,仅将其范围用红色实线标出,在标定的范围内加注“陡石山”说明,以后由内业在测图时根据立体模型判绘为相应符号。

九、沙地地貌的表示

沙地包括沙漠或海滨及大河、大湖岸边的各种沙质地。沙漠地貌类型很多,除按地貌形态的相对稳定性区分为固定的沙地和不固定的沙地外,根据沙漠起伏形态和走向特征又分为平沙地、灌丛沙堆、新月形沙丘与沙丘链、垄状沙丘、窝状沙丘 5 种。

固定的沙地是指其地貌形态在一段时间内能保持相对稳定不变的沙地地貌。不固定的沙地是指其地貌形态不能保持稳定、经常改变的沙地。无论是固定沙地还是不固定的沙地一般均由内业测绘等高线和测注比高,外业调绘确定沙地类型并调绘其他地物。图上面积大于 50 cm^2 的各类沙地(除平沙地外)应加注沙地类型名称。

沙漠地区气候干燥,水源缺乏,植物稀少,交通困难。因此,要十分注意水源、植被、道路,以及其他地物的调绘。

十、梯田坎(人工陡坎)的表示

梯田坎是指依山坡或谷地由人工修成的坡度在 70°以上的阶梯式农田的陡坎。它是山区农田的重要特征。坎高 1 m 以上的才表示,2 m 以上的应加注比高。梯田坎密集时,最高一层陡坎、最低一层陡坎按实地位置表示,中间各层可适当取舍。坎高不足 1 m 的大面积梯田坎为了显示其特征,可择要表示。人工陡坎也用同一符号表示。

调绘梯田坎时应注意和陡崖相区分:梯田坎是人工地貌,陡崖是天然地貌。

动手动脑

如何进行地貌和土质的调绘?

任务十 补测新增地物

任务描述

一、学习型工作任务

学习新增地物的概念、新增地物的补测方法、补测新增地物的注意事项,并补测新增地物。

二、教学目标

(一)知识目标

理解新增地物的概念。

(二)技能目标

会利用各种方法进行新增地物的补测。

(三)态度目标

(1)培养学生团结协作、爱岗敬业的职业道德。

(2)培养学生吃苦耐劳、认真细致的职业精神。

三、教学组织设计

(1)学生角色:扮演航测外业调绘工。

(2)教学情景:由企业提供航空摄影资料,学生根据相关数据资料学习新增地物的概念、新增地物的补测方法、补测新增地物的注意事项,并补测新增地物。

(3)教学材料:教学课件、各种类型的新增地物样片。

(4)教学内容过程设计:首先教师讲授新增地物补测方法,然后结合具体调绘像片,学生利用调绘像片进行实际补测。

由学生提交成果报告,教师根据上交的成果情况,给予评价。

四、其他说明

在教学组织过程中,教师必须引导学生在概念认识的基础上进行相互答疑,并对其效果进行评定。

相关知识

一、地理名称的调查和注记

地理名称简称地名,它是人们赋予某一地理实体的语言文字代号,或者说地名是区别不同地理实体所代表的特定方位、范围的一种语言文字标志。在地形图上,它是一项重要元素,对用图关系极大。

(一)地理名称的分类

(1)居民地名称:主要包括城市、集镇、街道、村庄、农场、林场、茶场、牧场、工厂、矿区、企事业单位、车站、码头等名称。

(2)山地名称:主要包括山脉、山峰、山隘、山口、山谷、山洞、山坡、台地、高地等名称。

(3)水系名称:主要包括海洋、湖泊、江河、运河、渠道、渡槽、水库、河口、海湾、海峡、江峡、港湾、沙洲、岸滩、井、泉、冰川等名称。

(4)其他地理名称:主要包括独立地物、工程设施、交通路线、名胜古迹、行政区划、土壤植被、数字代号等名称。

(二)地理名称调查的一般方法

在进行判读之前,首先进行地名资料的搜集工作。搜集的内容包括各种比例尺的地形图、行政区划图、规划图、水系图、交通图、旅游图及行政区划等有关资料。上代地形图和地名普查资料及各省出版的行政区划简册是像片判绘取得地名的基本资料。

根据所搜集的资料进行综合分析,对注记清楚、位置准确无异议的地名可先确定下来。对有疑问的可到实地调查确定。

地理名称的调查要到实地进行,要多问,要问不同的对象,做到"音""文""字"三者统一,防止音同、字异和错字现象。调查的资料要注意与省、市、县行政区划图相核对,经分析调查所得名称是自然名还是行政名,是总名还是分名。首先要选取国务院公布的正式名称,然后按照取著名的、舍一般的,取较大的、舍较小的,取较固定的、舍易改变的原则取舍。不得选用群众按照相关位置称呼的前街、后街、南山、北山、东头、西头为地理名称,也不得选用带有侮辱性的地理名称。记录用字要以国务院颁布的简化字为准,不得自造字。

(三)地理名称的注记

地理名称的注记,要做到字体工整、疏密得当、主次分明、位置合适、指向明确。

地理名称注记,不得压盖重要地物,在不压盖重要地物和图面清晰的前提下,应尽量注记详细些。当地理名称过密时,可按照"取总名、舍分名,取著名的、舍一般的,取大的、舍小的"原则进行取舍。注记字体的排列如图 6-62 所示,有水平字列、垂直字列、雁行字列、屈曲字列 4 种,按照地物自然延伸的方向灵活选用。居民地一般采用水平字列,水系多采用雁行字列或屈曲字列。

地理名称注记的位置,应指向明确,注意反映地物的分布特点,便于阅读。地理名称注记位置次序选择如图 6-63 所示,当前一位置注记压盖其他地物时,可依次选用下一位置,进行注记。

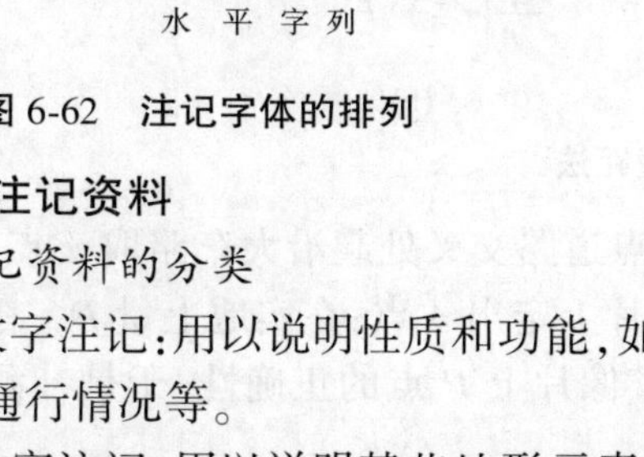

图 6-62　注记字体的排列

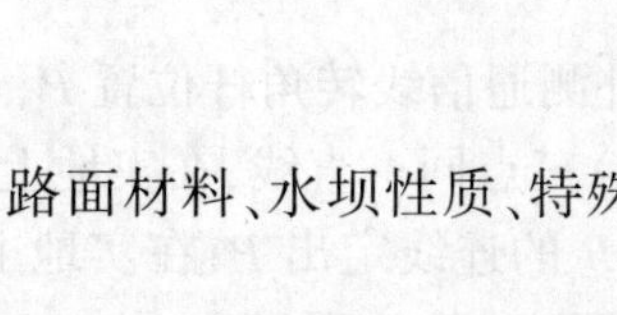

图 6-63　地理名称注记位置次序选择

(四)注记资料

1. 注记资料的分类

(1)文字注记:用以说明性质和功能,如树林品种、路面材料、水坝性质、特殊建筑用途及沼泽地通行情况等。

(2)数字注记:用以说明某些地形元素的高低、宽深、大小、月份等。例如:冲沟、陡岸、田坎、路堤、路堑、堤防、城墙、土堆、坑穴等需量注比高;河流、沟渠、桥梁、路面等需量注宽度;水井、徒涉场、河流等需量注深度;桥梁需注记载重量;电力线需注记电压;山隘、时令路需注记通行月份。

2. 注记资料的量测

注记资料要到实地进行调查和量测,不得凭印象估计。量测位置要选取在具有代表性和具有明显特征的地方,如河宽、水深的量测,要选在便于车马行人通过的河段上及桥梁、渡口附近;路堤、路堑的比高要选在最高处;陡岸的比高要选在转弯处;冲沟的比高要选在汇合处。各种数字注记的量测精度,成图比例尺不同,要求也不同。量测精度要与成图比例尺的要求相一致。

3. 注记资料的标注

文字注记用字要统一,一般按图式执行,如打谷场注“谷”、抽水机房注“抽”字等。数字注记,调绘片上标注的测定点要与实地量测位置一致,不得移位,数字写在测定点的旁边。

二、新增地物的补测

当摄影时间距调绘时间较长,调绘中常常会出现许多新增地物,对于这些新增的地物必须在调绘时加以补测。此外对被云影、阴影所遮盖的地物,也必须在调绘时加以补测。新增地物补测是像片调绘中常遇到的问题。

(一)新增地物补测的一般方法

1. 交会法

先在实地对照像片找出两个明显的地物点,量取这两个明显地物点到新增地物的距离,而后用依比例尺换算出像片上的相应长度,分别用圆规截取两段长度划弧,相交点即为新增地物的位置,如图6-64所示。

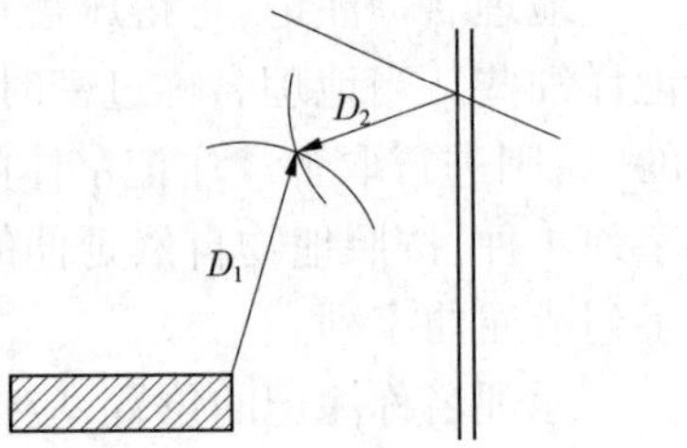

图6-64 交会法

2. 截距法

当新增地物在线状地物旁边时,可以自线状地物上一明显地物点量至新增地物间的距离,然后依摄影比例尺换算出像片上的长度截取定位,如图6-65(a)所示。

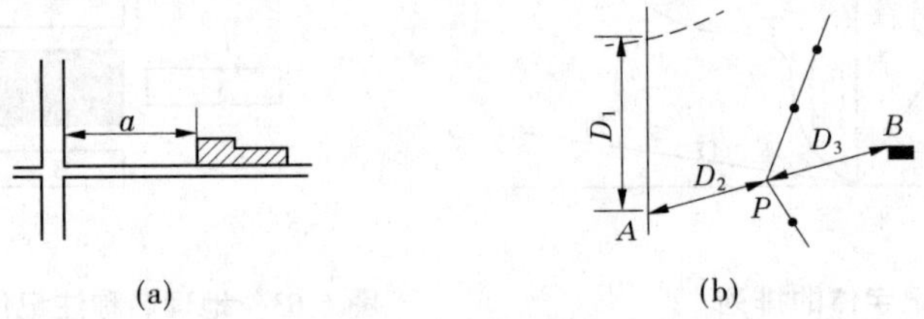

图6-65 截距法

又如补测通信线转角杆位置 P,从明显地物点道路交叉处起沿大车路取 A 点,使 A、P、B(独立房角)三点同一直线,在实地上量 D_1,在像片上定出 A 点;在实地上量 D_2,在像片上从 A 点起沿 AB 的连线定出 P;在实地上量 D_3,检查像片上 P 点的正确性,于是补测出通信线转角杆,如图6-65(b)所示。

3. 坐标法

当新增地物距线状地物有一段距离时,可以从新增地物作线状地物的垂线,其垂足即为辅助点。量垂线长,量线状地物上一明显点到辅助点的距离,而后在像片上由明显点求出辅助点,再由辅助点沿垂线求出新增地物点位,如图6-66所示。

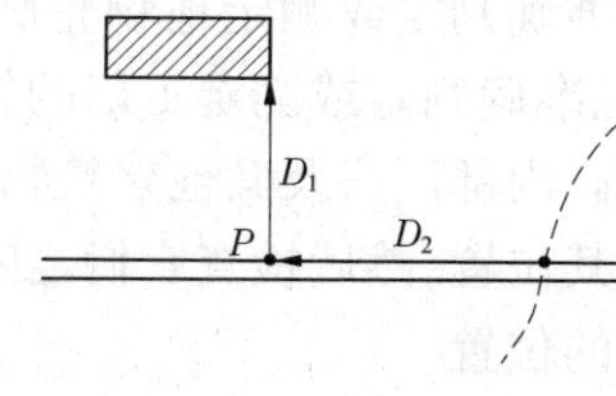

图 6-66　坐标法

4. 比较法

根据实地上新增地物与周围明显地物的相关位置,采用目视内插直接判定新增地物在像片上的位置。

(二)内业立测线划纸图调绘

目前,大多数大比例尺地形图测绘是先在内业通过摄影测量方法在仪器上测绘出线划图,再到实地对所绘地物和地貌元素进行定性、核实、地理名称的调查、补测隐蔽地物和新增地物、进行屋檐改正及确定图幅名称等,并且在测区进行清绘或编辑工作。

用检核合格后的线划图进行调绘、补绘具有以下特点:

(1)由于图上比例尺一致,可以保证地物、地貌的数学精度。

(2)调绘的目的性很强。

(3)节省开支、降低消耗,野外人工量小,提高工作效率。

(4)在测区可直接成图。

但是由于所用纸图缺少地物属性符号、注记,直观性不强,调绘人员应具备一定的判图知识。

(三)补测中应注意的问题

由于补测的地物在像片上没有影像,补测时稍不注意就会产生较大的位移、变形或失真,直接影响成图精度。所以,在补测时除选用较正确的补测方法外,还应注意以下几个问题。

1. 注意地物的中心位置

用不依比例尺表示的独立地物都是以中心点为准,线状地物都是以中心线为准,所以在补测新增地物量距时必须注意要量测到中心点或中心线的位置,因为地物的边缘到中心点或中心线都有一定距离。如砖瓦窑,窑中心点到窑边缘是有一定距离的,量距离必须量到窑中心。如果把地物的边缘误认为中心点或中心线,补绘的地物必然要移位,影响成图精度。

补绘的地物准确与否也与量测距离的准确性及换算到像片上的距离有直接关系。每一项工作都必须准确无误,才能测绘出高精度的成果。

2. 注意地物的方向

除图式规定垂直于南图廓描绘的独立地物外,在补测其他的地物时应特别注意地物的方向,补绘时方向容易绘错,而内业又难以发现和改正。因此,最好是描绘好后,用周围相关地物检查一下,看补测的地物是否与周围相关地物的方向一致。

3. 注意地物的形状和大小

对于用依比例尺或半依比例尺描绘的地物,补绘时应特别注意其形状大小,否则会失真变形,补绘时不能把长方形绘成正方形,宽的绘成窄的,短的绘成长的,使地物失真,影响地形图精度。因此,在补绘时,首先应准确判定或测定地物轮廓的转折点,然后判定或测定其他地物点。如补测一新增工厂,应先准确判定或测定工厂的轮廓,围墙或铁丝网或外围建筑物的转折点,以准确判定工厂的范围、内部厂房及其他建筑物。可根据它们之间的相互关系用前边讲到的几种补测方法来确定其位置,然后检查它们之间的位置关系是否正确,如有误差可平差一下再精确确定各地物点的位置。

补测线状地物,应注意各转折点的位置准确。补测盘山渠道时首先补测渠道绕过山谷和山脊的准确位置,然后在立体模型下根据渠道走向进行描绘,如渠道位置判断不准,应概略绘出渠道位置,在渠道主要转弯点测注渠底高程,内业成图时精确绘出。新增水库水涯线的补绘,如位置不易判准,可测定水库常水位高程,由内业绘出,如是大型水库,可分别在上、中、下游同时测定常水位高程,由内业绘出。

4. 注意表示补测地物的附属建筑物

在补测地物时,有些地物不但要精确地补测出地物本身,而且要注意补测出附属建筑物和附属设施,如道路、水系,若只注意补测了道路、水系,而漏了附属建筑物及附属设施,则会造成漏绘,而且会造成地物之间的不协调或矛盾,如道路通过水系没有桥梁或涵洞,通过谷地没有路堤或桥涵,这些都会造成图面不合理,而内业又无法处理。因此,在补测地物时一定要注意同时补测附属建筑物及附属设施。

一般情况下可以采用上边讲述的方法进行补测地物,但如补测的地物周围像片上无明显地物影像,根据周围明显地物补测地物已失去了依据。大面积需补测地物,用上述补测方法已无法准确补绘,这时应按平板仪测图或单张像片测图的方法进行补测。

单项技能训练

一、训练的内容

补测新增地物。

二、训练的目的

通过技能训练,学生掌握新增地物的补测方法,能利用不同方法进行新增地物的补测。

三、训练的教学方法

任务驱动教学法。

四、训练器具

立体镜、铅笔、直尺。

五、训练要求

爱护器材和像片,按时完成任务。

动手动脑

1. 地理名称注记有哪些基本要求?
2. 新增地物的补测方法有哪几种?
3. 试述新增地物的补测方法。

任务十一　调绘像片整饰与接边

任务描述

一、学习型工作任务

通过学习整饰内容和要求、接边内容和方法,学会进行调绘像片的整饰与接边。

二、教学目标

(一)知识目标

理解像片接边的含义。

(二)技能目标

(1)会进行调绘内容的整饰。
(2)会进行调绘像片的各种接边。

(三)态度目标

(1)培养学生团结协作、爱岗敬业的职业道德。
(2)培养学生吃苦耐劳、认真细致的职业精神。

三、教学组织设计

(1)学生角色:扮演航测外业调绘工。

(2)教学情景:由企业提供航空摄影资料,学生根据这些相关数据资料学习整饰内容和要求、接边内容和方法,并进行调绘像片的整饰与接边。

(3)教学材料:教学课件、各种类型的调绘像片样片。

(4)教学内容过程设计:首先教师在课堂上讲授调绘像片的整饰与接边方法,然后结合具体调绘像片,学生利用调绘像片进行接边和整饰。

由学生提交成果报告,教师根据上交的成果情况,给予评价。

四、其他说明

在教学组织过程中,教师必须引导学生在概念认识的基础上进行相互答疑,并对其效果进行评定。

相关知识

一、整饰

调绘像片的着墨整饰称为清绘。

外业调绘的地物、地貌、名称注记和数字注记,要在像片上着墨清绘,这一工序的好坏,将直接影响成图质量。如果以上各工序成果质量很好,但在清绘时绘错了位置,漏绘了符号,各地物符号之间相互关系位置处理不当,数字注记有错,与实地外业测错、算错后果是一样的,它直接影响成图质量,一笔之差造成质量不符合要求。因此,对清绘工作必须认真对待,做到认真、细致、准确,确保各地物符号正确无误,符号标准,不遗漏,清晰易读,整洁美观。

(一)像片清绘的一般要求

1. 调绘的内容及时清绘

当天调绘的内容最好是当天清绘,在地物比较多且复杂的情况下,最好是上午调绘、下午清绘,如夏季作业天气炎热,下午不易清绘时也可采用下午调绘。第二天上午清绘如调绘的地点与驻地距离较远且地物不太复杂时,亦可采用前一天调绘、第二天清绘的方法。及时清绘可以避免对某些地物记忆不清而造成的漏绘、错绘,即便在地物稀少情况下,遇有特殊困难,调绘时间距清绘时间最多不得超过3 d。

2. 准确绘出地物

清绘时各种地物的中心位置要准确,中心点、中心线应按图式规定绘出。

3. 正确运用图式符号

描绘时基本按图式规定的符号绘出,对于某些地物符号,清绘时可以比图式规定略稀一些,如植被符号、电力线、通信线符号可以比图式稀一些。陡岸的短线符号间隔可以放大一些,但一幅图应保持一致,不能一部分密一部分稀致使图面杂乱无章,使内业难以辨认或产生误解。各种地物符号应按图式正规绘出,不能将符号绘成四不象,如土坑绘得像水进,围墙绘得像梯田坎,独立房屋绘成方形、圆形,用半依比例尺绘制的房屋过大、过长等。线状地物符号,线划粗细、长短应严格区分,基本上按图式规定绘出,如清绘道路,线划粗细、长短掌握不好,很容易造成一幅图道路等级不分,给内业带来困难。

4. 注意各地物符号的关系

各地物符号之间的关系要交待清楚,合理反映地物之间的相互关系,地物符号之间保持0.2 mm的间隔。各种地物符号并列平行不易绘出时,应严格参照《国家基本比例尺地图图式》(GB/T 20257.1—2017)规范有关地物移位规定绘出,一般情况下像片比例尺都小于成图比例尺,如处理不当,清绘出来的地物符号会移位很大,给内业造成较大困难,这时最好是把地物符号缩小绘出,使移位尽可能小些,各种说明注记必须清楚、明确,整个图面必须清晰易读。

5. 清绘中要做到不遗漏

尤其是被线状地物包围的地区,注意不要遗漏植被符号,如面积较小时至少也得绘一个符号,并不移位、变形。山区、丘陵地清绘时应参照立体模型,不然易出现陡坎方向绘反、河沟爬坡等严重影响成果质量事故。清绘要想做到不遗漏,不移位变形就应做到随时检查,随时修正。

(二)清绘的方法

1. 清绘前的准备工作

(1)工具准备:没有好的清绘工具是很难清绘出高质量成果的。常言说:"磨刀不误砍柴工。"首先要修磨好各种粗细的笔尖、小圆规、曲线笔,如能自制一些地物符号更好。再准备好各色颜料,清绘常用到的洗笔水、脱脂棉、立体镜等。

(2)做好清绘前的思想准备:清绘前首先应回顾一下调绘的内容,参照透明纸上的记录应全部清楚地记得调绘过的情况;然后参照立体进行准确地判定,如有些地物记不太清楚、地物之间的关系记不准,最好是弄清楚后(也就是再去调绘)再清绘,或者是把这个地方先留下来等以后统一出去补调,切不可采用自欺欺人的办法,这是测绘人员职业道德所不允许的。总之,清绘工作前应做到心中有数,具体清绘可根据个人作业习惯和地物的难易程度来确定清绘计划。

2. 清绘程序

清绘方法因个人的习惯不一样,亦各有差异,现介绍以下几种供参考:

(1)按调绘路线清绘:边回忆边参照透明纸记录的先后顺序着墨清绘。此种方法的优点是记忆清楚,不易漏绘地物,地物关系处理得当,但不足的是换笔频繁,系统性较差。具体清绘时还应按以下顺序进行:独立地物、居民地、道路、水系、管道、垣栅、地貌、地类界、各种注记、植被、普染水域。

(2)按地物分类清绘:清绘时按各种地物一样一样地清绘,清绘完一种地物再清绘另一种地物,其具体清绘顺序与第一种方法介绍的一样。此种方法的优点是换笔次数少,可以提高工作效率,尤其是在地物稀少地区优点更为突出;但最大的缺点是容易漏绘地物,尤其是地物较复杂的地区更容易漏绘。

(3)前两种方法结合起来,具体做法:独立地物、居民地、地貌、地类界、各种注记、植被、水域普染按第一种方法清绘;一些通向很长又有一定系统性的地物,如道路、水系、管道、垣栅、境界按第二种方法清绘。此种方法具有以上两种方法的优点,克服了一些缺点,如第一种方法清绘道路、水系、管道不易进行,因为调绘路线不可能与这几种地物完全重合,而道路、水系、管道的系统性、完整性又很强,不易分段清绘,分类清绘是比较有利的。

3. 检查

清绘时个人可根据地物复杂程度,选用自己习惯的清绘方法,但不论采用哪一种清绘方法,都应当做到边清绘边检查。清绘完一块后检查一下看是否有遗漏地物和移位现象,无误后再进行下一块,一片清绘完后统一检查一次,看清绘得是否符合要求。具体方法:按调绘路线,回忆各种地物并结合透明纸上的记录对照检查,参照立体模型看各种地物绘得是否有移位变形,如发现不妥之处及时修正,如发现一些地方有疑问,记录下来,等一幅图清绘完后统一补调,同时把清绘好的成果自我再实地对照检查一次,以保证调绘质量。

二、接边

接边是指将相邻图幅或相邻调绘片进行拼接,确保图幅与图幅之间或调绘片与调绘片之间拼接时各种地物要素应严密衔接,协调一致,与实地情况吻合。

实际作业时由于作业方法不同、比例尺不同、作业时间不同、作业人员不同,往往会造成接边矛盾。就是同一作业人员调绘的成果中,幅与幅之间、片与片之间因为工作疏忽造成接不起边的现象时有发生,接边问题外业不处理好,内业无法处理,此项工作必须引起各级检查人员及作业人员的高度重视。

接边按范围可分为图幅内部接边和幅与幅之间接边。

按作业时间可分为同期作业接边和不同期作业的接边(一般是与已成图之间的接边)。

(一)同期作业片与片、幅与幅之间的接边

本幅内自己所调绘的各片,应自我检查确保各调绘片之间无误。幅与幅之间,各自应调绘到所绘的图边调绘面积线(经过接边的调绘面积线)。约定好由一方带自己的调绘片到另一方去接边,发现问题,立即野外核实解决。

接边时应注意的问题包括:

(1)地物应严密相接,即地物位置按影像应严密相接,不能错开,形状与宽度应完全一致,不能出现一宽一窄,更不能出现你有我无,你是这种地物,我是那种地物的情况。

(2)道路等级应一致,作业时由于作业人员理解的原因,等级差可允许差一级,但接边时应根据两边的实际情况统一起来,如一条道路在一幅图中较宽可按大车路表示,而在另一幅图中逐渐变窄达不到大车路等级。此时两幅图接边时,表示大车路的一幅图只能降级表示,改绘为乡村路。公路接边时应注意路面铺设材料及宽度注记应一致。

(3)境界接边,注意等级及权属注记应完全一致。

(4)地理名称注记及数字注记应完全一致。如一个村庄两幅图上所注村庄名称应完全一致,不能出现音同字不同,或者名称不一致。数字注记应一致,同片树林不能注记平均树高为15 m,而另一片注记平均树高为5 m,这实际上是不可能的,如遇此种情况,接边双方都到实地量测,统一后再修改。

(5)地类界应严密相接,地界内植被符号应完全一致,这一点比较容易疏忽,接边时应引起注意。

(6)陡坎、冲沟、路堤等应完全相接,最好配合立体模型相接,注意所绘地物符号方向应一致,比高注记不应出现矛盾。

(7)管道、垣栅接边处应保持地物原来的直线性,不能在接边处出现人为的转折,故此接边处的管道应在调绘面积线外刺一个杆位以便于接边,在山区由于像片投影差的影响接边处是直线的地物可能成为曲线,此时不能强求两片接边处同时通过同一地物点,这时两边可以在接边处同刺一个杆位,各自连成直线,虽不严密相接,但经内业测图消除投影差后,就会相互衔接。

(8)河流、湖泊、水库、沟渠拼接应一致,水涯线描绘一般应一致,如遇不同时期的航摄资料,较大的湖泊、水库水涯线会相差很大,不易接边,此种情况外业调绘时应调注常水位高程,由内业测图时根据等高线来确定水涯线接边。

(9)图幅与图幅之间接边完成后应签注接边说明如"已与××图接边"。同时签注接边者、检查者姓名和接边时间。

(二)与已成图幅接边

实际是利用已成图上交抄边片资料进行接边,接边方法与同期作业接边方法完全一样。接边时应注意以下问题:

(1)接边时如同名地物接边差在接边允许范围以内,只修改新作图幅,使之与已成图完全相接。

(2)接边时如同名地物接边误差超限或完全不接,此时如是本幅图绘错或遗漏,本幅图应当即修改;如是已成图幅的问题,可利用本幅图的调绘像片实地补测一部分,注明补测和改动情况向已成图单位反映,让其组织人员修改。如系新增地物,以本幅为准,不再强接,但应在接边栏内注明情况。

(三)自由图边和抄边

1. 自由图边

自由图边就是本期作业的外围图边,而以前又没有同等比例尺已成图的图边。调绘自由图边,必须保证满幅且应调出(或测绘出)图边外 8 mm,以保证下一期测图接边用。自由图边没有接边任务,但需进行抄边,并将抄边片作为正式成果资料上交。

2. 抄边

抄边就是用余片把图边附近(图边内 1 cm,图边外 4 mm)的调绘内容全部抄录下来。具体做法:首先用红色准确地绘出图廓线,在图廓线内 1 cm、外 4 mm 绘出抄边范围对照原调绘片把地物、地貌、注记等内容全部抄录下来,控制点亦应抄边,即把图边控制点在抄边片上转刺下来,正反面进行整饰,在像片背面抄录控制点的平面坐标及高程,以备邻幅下期作业时利用。抄边片应经严格检查无误后,抄边者和检查者签名,并签注日期。

三、调绘面积线外的整饰

整饰格式如图 6-67 所示。对格式作如下说明:

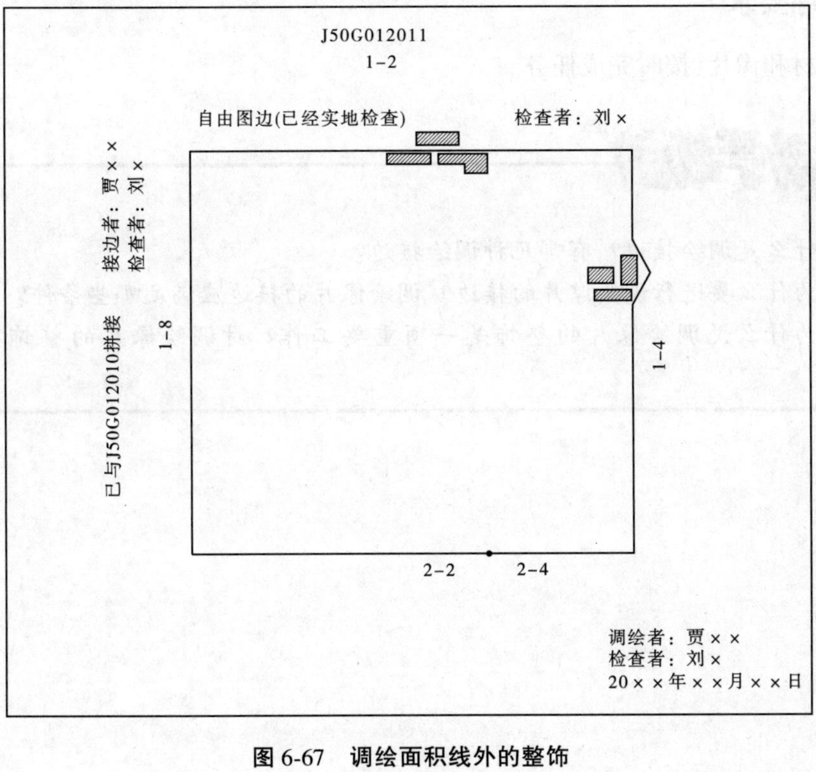

图 6-67　调绘面积线外的整饰

(1)图幅编号注于像片北部中央。

(2)图幅内航线号由北向南编号,像片号自西向东编号。

(3)调绘面积线本幅内用蓝色,图廓线和自由图边线用红色。

(4)调绘面积线当有投影差影响时,东南边绘直线,西北边绘曲线。

单项技能训练

一、训练的内容

像片整饰与接边。

二、训练的目的

通过技能训练,学生掌握调绘像片整饰与接边内容,能进行调绘像片整饰和接边工作。

三、训练的教学方法

任务驱动教学法。

四、训练器具

立体镜、铅笔、直尺。

五、训练要求

爱护器材和像片,按时完成任务。

动手动脑

1. 什么是调绘接边?有哪几种调绘接边?

2. 为什么要进行调绘像片的接边?调绘像片的接边应满足哪些条件?

3. 为什么说调绘像片的整饰是一项重要工作?对调绘像片的整饰有哪些要求?

项目七 解析空中三角测量

空中三角测量即通常所说的摄影测量加密是摄影测量生产中的关键步骤，其任务是利用少量的地面控制点计算测区中所有像片的外方位元素，以及求得内业测图加密点的地面坐标，为测制地图作业提供控制数据。

在传统作业方式下，空中三角测量主要包括选择和转测加密点、量测加密点和控制点的像片坐标、区域网平差、检测并剔除粗差等多项作业步骤，是一项非常烦琐和耗时的工作。现在用全数字摄影测量系统 VirtuoZoAAT 来完成空中三角测量，它极大地提高了空中三角测量的作业效率和精度，缩短了航测成图的周期。

项目综述

该项目所涉及的任务，是航空摄影测量内业加密工作的基础，为航空摄影测量内业加密工作提供了技术保证。本教学项目总学时为 24 个，由 4 个学习任务组成。通过该项目的实施，学生具有利用软件进行航带法或区域网法解析空中三角测量的能力。

该部分内容共分为 4 个任务：①解析空中三角测量认识；②解析空中三角测量数据准备；③解析空中三角测量自动转点；④解析空中三角测量加密计算。

教学目标

1. 知识目标

掌握区域网法解析空中三角测量的思想，掌握 VirtuoZoAAT 解析空中三角测量的作业流程。

2. 技能目标

会利用软件进行解析空中三角测量。

3. 思政目标

了解传统空中三角测量的作业原理和方式，体会笃实专注、严谨执着、自力更生、艰苦奋斗的工匠精神；学习不断推陈出新的现代空三加密技术，追求勤于探索、锐意进取、与时俱进的创新精神。

任务一 解析空中三角测量认识

任务描述

一、学习型工作任务

通过学习解析空中三角测量的基本概念,认识解析空中三角测量的实施方法;通过软件介绍,能理会解析空中三角测量的作业流程,并且能操作 VirtuoZoAAT 软件。

二、教学目标

(一)知识目标

(1)掌握区域网法解析空中三角测量的思想。

(2)掌握解析空中三角测量的作业流程。

(二)技能目标

能操作 VirtuoZoAAT 软件。

(三)态度目标

(1)培养学生团结协作、爱岗敬业的职业道德。

(2)培养学生吃苦耐劳、认真细致的职业精神。

三、教学组织设计

(1)学生角色:扮演航测内业加密员。

(2)教学情景:由企业提供摄影资料,学生在机房根据相关数据资料进行解析空中三角测量。

(3)教学材料:教学课件、摄影资料、解析空中三角测量软件、航空摄影测量规范。

(4)教学内容过程设计:首先教师在课堂上利用教学课件讲授解析空中三角测量的概念和思想,演示 VirtuoZoAAT 软件的作业流程,并指导学生操作软件。

由学生提交解析空中三角测量的作业流程图,教师根据上交的成果情况,给予评价。

四、其他说明

在教学组织过程中,教师必须引导学生在概念认识的基础上进行相互答疑,并对其效果进行评定。

相关知识

一、解析空中三角测量的认识

(一)解析空中三角测量的概念

空中三角测量是摄影测量学中一项重要的作业工作。它是依据摄影像片与所摄物体(如地面)之间所存在的几何关系,利用少量的野外控制数据和像片上的观测数据,在室内测定测图用控制点的平面坐标和高程的作业方法。其基本过程是利用连续摄取的具有一定重叠的像片，按照摄影测量学的理论和方法，建立同实地相应的航带模型或区域模型（包括模拟的或数字的），从而获取待测点（俗称加密点）的平面坐标和高程。空中三角测量的成果在航空摄影测量中主要是为测绘军用地形图提供控制点，也可直接用于炮兵定位或其他军事工程的勘察与设计。

（二）解析空中三角测量的分类

解析空中三角测量可分为两大类：一是单航线；二是区域网法，亦称为区域平差。单航线解析空中三角测量又分为连续像对单航线法、独立模型单航线法及其他方法。区域网法解析空中三角测量又分为航线区域网平差、独立模型区域网平差和光束法区域网平差。

（三）解析空中三角测量的特点

20 世纪 60 年代以来，由于电子计算机的发展，解析空中三角测量经历了非常活跃的发展时期。经历了 60 多年的发展，它的理论、方法、硬件设备和实际应用都达到了实用和成熟。其主要特点表现在：

（1）精度高。

（2）非常经济。

（3）操作系统的结构合理、使用简便。

（4）可以预测成果的精度、工时和成本。

（5）性能好，效率高。

因此，空中三角测量的应用范围越来越广，它不仅可以进行小比例尺特大区域的空中三角测量，还可以进行小范围的高精度的空中三角测量，如大地网的加密和地籍测量。

传承工匠精神

山河佐证：传承奉献精神，丈量万水千山

以航测无人机为代表的新一代测绘工具，已减轻了测绘人员的奔波与测量之苦。但你是否知道，几十年前，测绘人员身体力行，用无数张草纸计算推导出精确的测量数据。

在没有高性能计算机设备的时代里，老一辈的测量员们需要依靠精确的演算、推导完成空中三角测量的多项作业步骤，为了保证数据的准确性，还要多次、反复地对结果进行推演与演算，在传统的作业方式下，这是一项非常烦琐与耗时的工作，然而一代又一代测绘人顽强拼搏、不畏艰辛，用青春与热血，诠释着“热爱祖国、忠诚事业、艰苦奋斗、无私奉献”的测绘精神。

在计算机数字化的指引下，手绘图纸和人工记录虽已成为过去式，但测量员们从未忘记初心，将在执着专注、精益求精、一丝不苟、追求卓越的测绘征途上继续前行。

工匠精神的核心就是干一行，爱一行，专一行，精一行。小到一颗螺丝钉、一根电缆的打磨，大到卫星、火箭、高铁、航母、水电站等大国重器的锻造，都离不开工匠们笃实专注、严谨执着的匠心。不断超越自我、勇攀行业顶峰是匠人的毕生追求。“着一事、传一艺、显一技”，这种精神境界，是值得我们所有人、所有劳动者学习的一种职业精神。

二、单航线解析空中三角测量

单航线解析空中三角测量是空中三角测量由模拟法向解析法转变过程中最简单,但也是最早应用于生产的一种方法。

(一)基本过程

(1)在一定的摄影测量坐标系统中,依次对各像对进行相对定向的运算,构成立体模型,计算各模型点的模型坐标。

(2)在完成每一像对的相对定向之后,即利用相邻模型之间的公共连接点,进行模型连接的运算,从而把各个单模型连接成统一比例尺的整条航线的模型。

(3)利用少量地面控制点对航线模型进行绝对定向,并改正航线模型的系统变形,从而求得所有加密点的地面坐标和高程。

由于构成航线模型的方法不同,尤其是所用的相对定向和模型连接方法的不同,单航线解析空中三角测量的方法又分为连续像对单航线法、独立模型单航线法、双模型单航线法等。本任务只讲授最常使用的连续像对单航线法解析空中三角测量的原理和方法。

(二)基本思想

连续像对单航线法的基本思想:首先,在一条航线内假设首像对左片为水平,计算出连续像对的相对方位元素,再计算模型点的坐标,建立数字立体模型;其后,各像对均以前像对右片角方位元素作为本像对左片角方位元素,计算出各像对连续系统的相对方位元素,并建立数字立体模型;然后,以相邻模型间连续点 Z 坐标相等为条件,将后一模型归化到前一模型的摄测坐标系中,以求得各模型点在全航线统一的摄测坐标系中的坐标,即所谓建立航线模型;最后,按已知控制点进行航线模型的绝对定向,并改正其变形,从而计算出各点的大地坐标。

由此可知,单航线解析空中三角测量的主要过程有建立航线模型、航线模型的绝对定向和系统误差的改正。下面就连续像对单航线的基本原理和计算过程加以叙述。

(三)建立航线模型

1. 建立航线中第一个单模型

在连续像对单航线法解析空中三角测量中,通常把航线中第一张像片的像空间坐标定义为航线坐标系,然后在此基础上确定以后各像片(模型)对该坐标系的变换。

如图7-1所示,取航线第一个模型的局部模型坐标系(摄影测量坐标系)S_1-XYZ 与航线坐标系 $S_1-\overline{X}\,\overline{Y}\,\overline{Z}$ 重合,则第一张像片在坐标系 S_1-XYZ 中的角方位元素为零,即 $\varphi_1=\omega_1=\kappa_1=0$,也就是说,航线中第一张像片对于首模型的局部模型坐标系 S_1-XYZ 的旋转矩阵为单位阵,记为 $\boldsymbol{M}_1=\boldsymbol{E}$。此处 $\boldsymbol{M}$ 的下角标代表对应像片在航线中的序号,以下同此,不再赘述。

按照连续像对相对定向的计算方法,对第一个像片进行相对定向的运算,即可求得第一个像对的相对方位元素,并由此确定了第二张像片对于坐标系 S_2-XYZ(其坐标轴与 S_1-XYZ 的各轴平行)的旋转矩阵 $\boldsymbol{M}_2$。这样,在航线的第一个立体像对中,相应像点的变换坐标便可计算如下:

$$\begin{bmatrix} X_1 \\ Y_1 \\ Z_1 \end{bmatrix} = \boldsymbol{M}_1 \begin{bmatrix} x_1 \\ y_1 \\ -f \end{bmatrix} = \boldsymbol{E} \begin{bmatrix} x_1 \\ y_1 \\ -f \end{bmatrix} \tag{7-1}$$

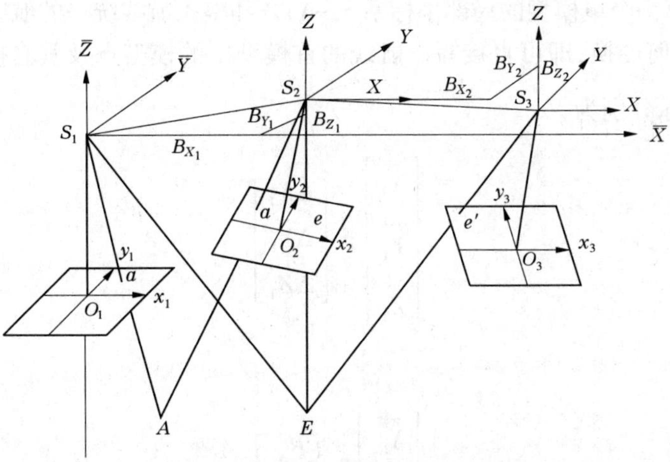

图 7-1　相邻模型示意图

$$\begin{bmatrix} X_2 \\ Y_2 \\ Z_2 \end{bmatrix} = \boldsymbol{M}_2 \begin{bmatrix} x_2 \\ y_2 \\ -f \end{bmatrix} \tag{7-2}$$

式中　(X_1, Y_1, Z_1)——在航线的第一个像对中，左片（即航线的第一张像片）上相应像点在局部模型坐标系 $S_1\text{-}XYZ$ 中的坐标；

(X_2, Y_2, Z_2)——在航线的第一个像对中，右片（即航线的第二张像片）上相应像点在局部模型坐标系 $S_2\text{-}XYZ$ 中的坐标；

(x_1, y_1)——第一张像片上相应像点的像平面坐标；

(x_2, y_2)——第二张像片上相应像点的像平面坐标。

根据给定的 B_{X1} 值，进行前方交会的运算，即可算出航线的首模型中模型点在局部模型坐标系 $S_1\text{-}XYZ$ 中的坐标为

$$\left.\begin{aligned} \Delta X_1 &= N_1 X_1 \\ \Delta Y_1 &= \frac{1}{2}(N_1 Y_1 + B_{Y_1} + N_1{}' Y_2) \\ \Delta Z_1 &= N_1 Z_1 \end{aligned}\right\} \tag{7-3}$$

式(7-3)中，投影系数 N_1 和 $N_1{}'$ 为

$$\left.\begin{aligned} N_1 &= \frac{B_{X_1} Z_2 - B_{Z_1} X_2}{X_1 Z_2 - X_2 Z_1} \\ N'_1 &= \frac{B_{X_1} Z_1 - B_{Z_1} X_1}{X_1 Z_2 - X_2 Z_1} \end{aligned}\right\} \tag{7-4}$$

而右方摄站 S_2 在局部模型坐标系 $S_1\text{-}XYZ$ 中的坐标为

$$\left.\begin{aligned} \Delta X_{S_2} &= B_{X_1} \\ \Delta Y_{S_2} &= B_{Y_1} \\ \Delta Z_{S_2} &= B_{Z_1} \end{aligned}\right\} \tag{7-5}$$

由于航线中第一个单模型的局部坐标系 $S_1\text{-}XYZ$ 和整条航线统一的航线坐标系 $S_1\text{-}\overline{X}\,\overline{Y}\,\overline{Z}$ 重合,故不需要任何变换,即可直接写出航线的首模型中的模型点及其右摄站在航线坐标系 $S_1\text{-}\overline{X}\,\overline{Y}\,\overline{Z}$ 中的坐标分别为

$$\begin{bmatrix}\overline{X}_1\\\overline{Y}_1\\\overline{Z}_1\end{bmatrix}=\begin{bmatrix}\Delta X_1\\\Delta Y_1\\\Delta Z_1\end{bmatrix} \tag{7-6}$$

$$\begin{bmatrix}\overline{X}_{S_2}\\\overline{Y}_{S_2}\\\overline{Z}_{S_2}\end{bmatrix}=\begin{bmatrix}B_{X_1}\\B_{Y_1}\\B_{Z_1}\end{bmatrix} \tag{7-7}$$

2. 建立航线中第二个单模型

在航线中的第二张和第三张像片构建第二个单模型是在局部模型坐标系 $S_2\text{-}XYZ$(它的各轴平行于航线坐标系 $S_1\text{-}\overline{X}\,\overline{Y}\,\overline{Z}$ 的相应轴)中进行的。

在第一个单模型的建立过程中,已经取得了第二张像片相对于局部模型坐标系 $S_2\text{-}XYZ$ 的旋转矩阵。现在,保持第二张像片固定不动,也就是保持 $\boldsymbol{M}_2$ 不变,在局部模型坐标系 $S_2\text{-}XYZ$ 中按连续像对定向法进行第二个立体像对的相对定向,算出其相对方位元素,便可组成第三张像片关于局部模型坐标系 $S_3\text{-}XYZ$(其坐标轴亦与 $S_2\text{-}XYZ$ 的各轴平行)的旋转矩阵 $\boldsymbol{M}_3$。于是,可以计算第二个立体像对中左右像片上相应像点的变换坐标如下:

$$\begin{bmatrix}X_2\\Y_2\\Z_2\end{bmatrix}=\boldsymbol{M}_2\begin{bmatrix}x_2\\y_2\\-f\end{bmatrix} \tag{7-8}$$

$$\begin{bmatrix}X_3\\Y_3\\Z_3\end{bmatrix}=\boldsymbol{M}_3\begin{bmatrix}x_3\\y_3\\-f\end{bmatrix} \tag{7-9}$$

式(7-9)中的符号与建立第一个单模型时使用的符号是一致的,只是所属的像片序号不同而已,故不一一加以注释。

由前方交会的计算,即可求得第二个单模型中任一模型点在以本模型左摄站 S_2 为原点的局部模型坐标系 $S_2\text{-}XYZ$ 中的坐标为

$$\left.\begin{aligned}\Delta X_2&=N_2X_2\\\Delta Y_2&=\frac{1}{2}(N_2Y_2+B_{Y_2}+N_2'Y_3)\\\Delta Z_2&=N_2Z_2\end{aligned}\right\} \tag{7-10}$$

式(7-10)中,投影系数 N_2 和 N_2'为

$$\left.\begin{aligned} N_2 &= \frac{B_{X_2}Z_3 - B_{Z_2}X_3}{X_2Z_3 - X_3Z_2} \\ N_2' &= \frac{B_{X_2}Z_2 - B_{Z_2}X_2}{X_2Z_3 - X_3Z_2} \end{aligned}\right\} \tag{7-11}$$

而该模型的右方摄站 S_3 在局部模型坐标系 S_2-XYZ 中的坐标为

$$\left.\begin{aligned} \Delta X_{S_3} &= B_{X_2}(\text{任意给定值}) \\ \Delta Y_{S_3} &= B_{Y_2} \\ \Delta Z_{S_3} &= B_{Z_2} \end{aligned}\right\} \tag{7-12}$$

3. 模型连接,形成航线模型

由式(7-10)~式(7-12)计算的第二个单模型中的模型点及其右方摄站的坐标,均属于局部模型坐标系 S_2-XYZ。要把它们归化到全航线统一的航线坐标系 S_1-$\overline{X}\,\overline{Y}\,\overline{Z}$ 中,需要进行坐标的平移变换。此外,由于在建立各个单模型时基线分量 B_X 的数值是任意假定的,因而各单模型的比例尺互不一致(见图 7-2)。这就要求进行模型连接的运算,使后一个模型的比例尺统一于其前面模型的比例尺。这样,才能把各个单模型组合成一个完整的统一自由比例尺的航线模型,其比例尺由航线中第一个单模型的比例尺确定。

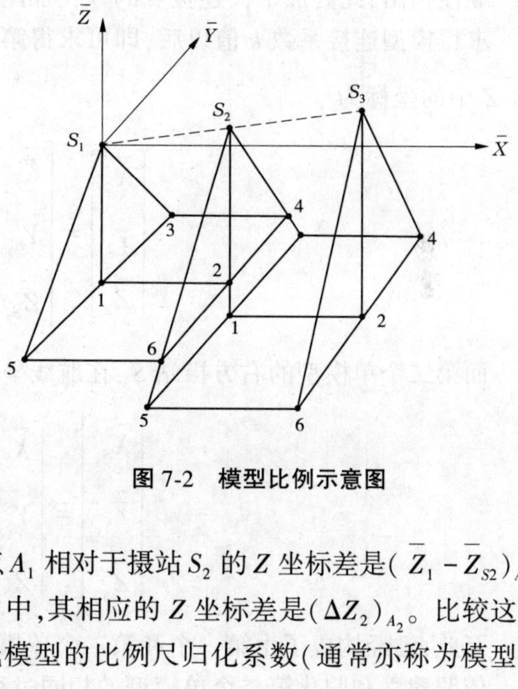

图 7-2　模型比例示意图

第二个单模型相对于航线的首模型的比例尺的归化(实际上也就是相对于整个航线模型比例尺的归化),是利用相邻两模型之间的公共连接点的 Z 坐标进行的。由图 7-3 可见,在航线坐标系 $S_1-\overline{X}\overline{Y}\overline{Z}$ 中,模型点 A_1 相对于摄站 S_2 的 Z 坐标差是$(\overline{Z}_1-\overline{Z}_{S2})_{A_1}$;而在第二个单模型的局部模型坐标系 S_2-XYZ 中,其相应的 Z 坐标差是$(\Delta Z_2)_{A_2}$。比较这两个相应的长度值,即得第二个单模型对于航线模型的比例尺归化系数(通常亦称为模型连接系数)为

$$k_2 = \frac{(\overline{Z}_1 - \overline{Z}_{S_2})_{A_1}}{(\Delta Z_2)_{A_2}} \tag{7-13}$$

式(7-13)中,下角符 A 是表示由模型间公共连接点 A 确定的。相对定向通常都是采用至少 6 个标准配置的定向点,这样对于每个单模型,都有上、中、下三个模型连接点,其在前一模型中的编号为 4、2、6 点,而在本模型中的编号相应为 3、1、5 点。为了提高模型连接的质量,要由此三个模型连接点求出三个模型连接系数,并取其平均值作为本模型相对于前一模型(实际为航线模型)的比例尺归化系数。因此,对第二个单模型有

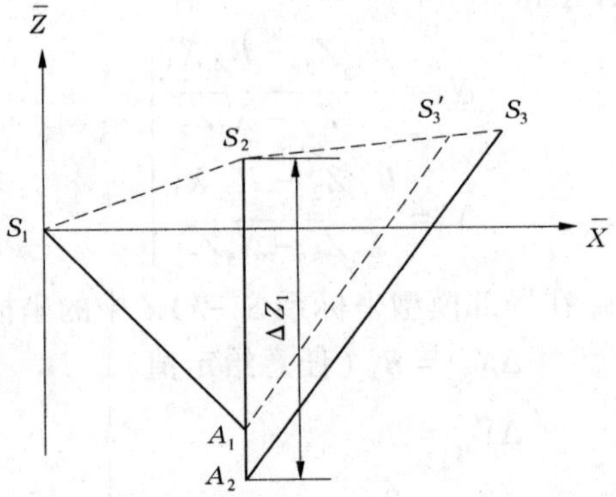

图 7-3　模型比例归化示意图

$$k_2 = \frac{1}{3}\left[\frac{(\bar{Z}_1 - \bar{Z}_{S_2})_2}{(\Delta Z_2)_1} + \frac{(\bar{Z}_1 - \bar{Z}_{S_2})_4}{(\Delta Z_2)_3} + \frac{(\bar{Z}_1 - \bar{Z}_{S_2})_6}{(\Delta Z_2)_5}\right] \tag{7-14}$$

顺便指出,此处加中央连接点的权比加两侧连接点的权计算,或许更合理一些。

求得模型连接系数 k 值以后,即可求得第二个单模型中的模型点归化到航线坐标系 $S_1-\bar{X}\bar{Y}\bar{Z}$ 中的坐标为

$$\begin{bmatrix} \bar{X}_2 \\ \bar{Y}_2 \\ \bar{Z}_2 \end{bmatrix} = \begin{bmatrix} \bar{X}_{S_2} \\ \bar{Y}_{S_2} \\ \bar{Z}_{S_2} \end{bmatrix} + k_2 \begin{bmatrix} \Delta X_2 \\ \Delta Y_2 \\ \Delta Z_2 \end{bmatrix} \tag{7-15}$$

而第二个单模型的右方摄站 S_3 在航线坐标系 $S_1-\bar{X}\bar{Y}\bar{Z}$ 中的坐标为

$$\begin{bmatrix} \bar{X}_{S_3} \\ \bar{Y}_{S_3} \\ \bar{Z}_{S_3} \end{bmatrix} = \begin{bmatrix} \bar{X}_{S_2} \\ \bar{Y}_{S_2} \\ \bar{Z}_{S_2} \end{bmatrix} + k_2 \begin{bmatrix} B_{X_2} \\ B_{Y_2} \\ B_{Z_2} \end{bmatrix} \tag{7-16}$$

至此,已经构成了由第一个和第二个单模型连接而成的航线段。

依照建立和归化第二个单模型的相同过程,依次处理第三个、第四个……直至航线的最后一个单模型,从而构成一个在航线坐标系 $S_1-\bar{X}\bar{Y}\bar{Z}$ 中的完整的航线模型。为此,可将式(7-14)~式(7-16)中的关系推广到适用于航线中任一单模型的情形。假定现在构成了第 i 个单模型,则它对航线模型的比例尺归化系数为

$$k_i = \frac{1}{3}\left[\frac{(\bar{Z}_{i-1} - \bar{Z}_{S_i})_2}{(\Delta Z_i)_1} + \frac{(\bar{Z}_{i-1} - \bar{Z}_{S_i})_4}{(\Delta Z_i)_3} + \frac{(\bar{Z}_{i-1} - \bar{Z}_{S_i})_6}{(\Delta Z_i)_5}\right] \quad (i = 2,3,\cdots,n) \tag{7-17}$$

式中,i 代表模型的序号,下角标 1、3、5 和 2、4、6 代表标准配置定向点的编号。

第 i 个单模型中任一模型点的航线坐标计算为

$$\begin{bmatrix} \overline{X}_i \\ \overline{Y}_i \\ \overline{Z}_i \end{bmatrix} = \begin{bmatrix} \overline{X}_{S_i} \\ \overline{Y}_{S_i} \\ \overline{Z}_{S_i} \end{bmatrix} + k_i \begin{bmatrix} \Delta X_i \\ \Delta Y_i \\ \Delta Z_i \end{bmatrix} \tag{7-18}$$

而第 i 个单模型的右方摄站 S_{i+1} 的航线坐标为

$$\begin{bmatrix} \overline{X}_{S_{i+1}} \\ \overline{Y}_{S_{i+1}} \\ \overline{Z}_{S_{i+1}} \end{bmatrix} = \begin{bmatrix} \overline{X}_{S_i} \\ \overline{Y}_{S_i} \\ \overline{Z}_{S_i} \end{bmatrix} + k_i \begin{bmatrix} \overline{B}_{X_i} \\ \overline{B}_{Y_i} \\ \overline{B}_{Z_i} \end{bmatrix} \tag{7-19}$$

至此,已经依次建立了航线中各个单模型,并逐一地将它们归化到航线模型的坐标系 $S_1-\overline{X}\,\overline{Y}\,\overline{Z}$ 之中,构成了一个自由比例尺的航线模型。该航线模型的比例尺在理论上应等于航线中首模型的比例尺。

三、航线网的绝对定向

(一)绝对定向概述

航线网(航线模型)定向的目的是将各点的航线坐标变换成大地坐标。

假如航线网中有一些控制点,这些点的航线坐标与其大地坐标是不相同的,其中原因有以下两个:

(1)航线坐标系与大地坐标系不一致。

(2)航线网本身有系统变形。

由原因(1)所产生的坐标不一致是非常明显的,这种不一致可以通过坐标系的平移、旋转和缩放来解决。航线网的系统变形是由于大气折光差、镜头畸变差、软片变形和地球球面弯曲等一系列物理因素的影响,像点坐标产生系统误差是在建立航线网过程中累积起来的。这种变形不与各点的航线坐标成比例的变化,而是按各点航线坐标的非线性关系变化的。因此,作业中需要根据一定数量且分布适宜的野外控制点进行非线性改正。

航线网绝对定向所需要的已知控制点,叫作绝对定向点(或大地定向点)。在实际作业中,每条航线需要布设 6 个平高控制点作为绝对定向点,如图 7-4(a)所示(其中 3、4 点可以是高程控制点),至少也应布设如图 7-4(b)所示的 5 个绝对定向点(3 点可以是高程控制点)。这是由航线网的变形规律所决定的,否则就无法消除航线网的系统变形。

航线网的绝对定向分两步进行:第一步,航线网的概略定向;第二步,航线网的非线性改正。

航线网的概略定向是为了给非线性改正做准备。由于航线网的非线性改正要求在地面辅助坐标系中进行,因此首先要建立一个地面辅助坐标系,将绝对定向用的大地点的大地坐标变换成地面辅助坐标;然后进行概略定向和非线性改正,计算出各加密点的地面辅助坐标;最后将各加密点的地面辅助坐标变换成大地坐标。

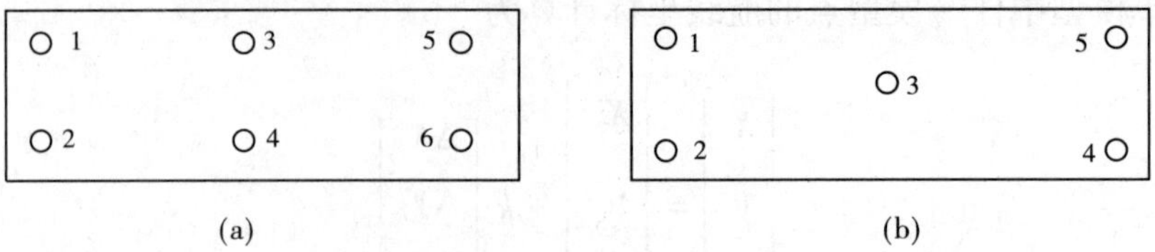

图 7-4　绝对定向点分布示意图

(二)大地坐标系与地面辅助坐标系之间的关系

在一般情况下,大地坐标系与地面辅助坐标系之间的变换包括平移、缩放和绕竖轴旋转。这个问题实质上是一个平面坐标变换问题。但在进行平面坐标变换时,应特别注意大地坐标系是左手系,而地面辅助坐标系则是右手系,如图 7-5 所示。图 7-5 中,两坐标系的横(纵)坐标轴之间的夹角为 θ(θ 角规定为正)。

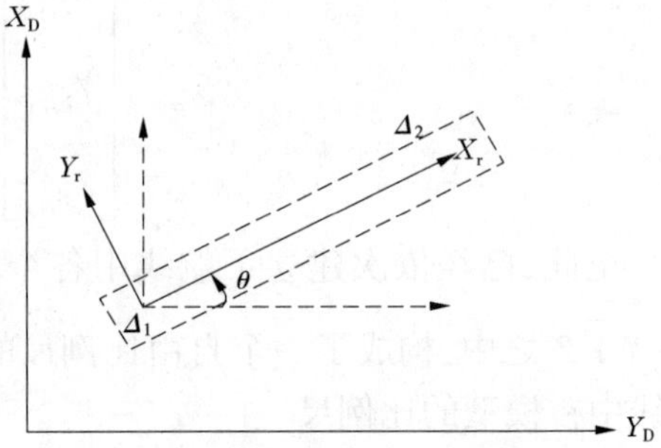

图 7-5　坐标系旋转示意

设任一点的大地坐标为(X_D, Y_D, Z_D),地面辅助坐标为(X_T, Y_T, Z_T),地面辅助坐标原点在大地坐标系中的坐标为(X_0, Y_0, Z_0),又因地面辅助坐标与大地坐标的比例尺不同,其缩放系数(或称为比例因子)为 λ,则坐标之间的变换关系为

$$\begin{bmatrix} X_D \\ Y_D \\ Z_D \end{bmatrix} = \begin{bmatrix} X_0 \\ Y_0 \\ Z_0 \end{bmatrix} + \lambda \begin{bmatrix} \sin\theta & \cos\theta & 0 \\ \cos\theta & -\sin\theta & 0 \\ 0 & 0 & 1 \end{bmatrix} \begin{bmatrix} X_T \\ Y_T \\ Z_T \end{bmatrix} \tag{7-20}$$

式(7-20)还可改写成

$$\begin{bmatrix} X_D \\ Y_D \\ Z_D \end{bmatrix} = \begin{bmatrix} X_0 \\ Y_0 \\ Z_0 \end{bmatrix} + \begin{bmatrix} a & b & 0 \\ b & -a & 0 \\ 0 & 0 & \lambda \end{bmatrix} \begin{bmatrix} X_T \\ Y_T \\ Z_T \end{bmatrix} \tag{7-21}$$

式中　$a = \lambda\sin\theta, b = \lambda\cos\theta, \lambda^2 = a^2 + b^2$,即 $\lambda = \sqrt{a^2 + b^2}$(取正值)。

式(7-20)或式(7-21)中共有 5 个变换参数,故利用两个已知控制点就可确定两坐标系间这 5 个参数。图 7-4 中,1 点和 2 点为已知控制点,设其大地坐标和地面辅助坐标都为已知值,则由式(7-21)的第一、二式可得

$$X_{D1} = X_0 + aX_{T1} + bY_{T1} \tag{7-22a}$$

$$Y_{D1} = Y_0 + bX_{T1} - aY_{T1} \tag{7-22b}$$

$$X_{D2} = X_0 + aX_{T2} + bY_{T2} \tag{7-22c}$$

$$Y_{D2} = Y_0 + bX_{T2} - aY_{T2} \tag{7-22d}$$

式(7-22c)减式(7-22a),以及式(7-22d)减式(7-22b),得两点间的坐标差关系式为

$$\left.\begin{aligned} \Delta X_D &= a\Delta X_T + b\Delta Y_T \\ \Delta Y_D &= b\Delta X_T - a\Delta Y_T \end{aligned}\right\} \tag{7-23}$$

联立解算式(7-23),可得

$$\left.\begin{aligned} a &= \frac{\Delta X_D \Delta X_T - \Delta Y_D \Delta Y_T}{\Delta X_T^2 + \Delta Y_T^2} \\ b &= \frac{\Delta X_D \Delta Y_T + \Delta Y_D \Delta X_T}{\Delta X_T^2 + \Delta Y_T^2} \end{aligned}\right\} \tag{7-24}$$

因此,利用两个已知控制点的坐标,就可按式(7-24)求出 a、b,再按式(7-21)计算出 λ,然后利用两控制点中的一个点(如 1 点)就可按式(7-21)求出原点的坐标为

$$\begin{bmatrix} X_0 \\ Y_0 \\ Z_0 \end{bmatrix} = \begin{bmatrix} X_{D1} \\ Y_{D1} \\ Z_{D1} \end{bmatrix} - \begin{bmatrix} a & b & 0 \\ b & -a & 0 \\ 0 & 0 & \lambda \end{bmatrix} \begin{bmatrix} X_{T1} \\ Y_{T1} \\ Z_{T1} \end{bmatrix} \tag{7-25}$$

式(7-20)的反算式为

$$\begin{aligned} \begin{bmatrix} X_T \\ Y_T \\ Z_T \end{bmatrix} &= \frac{1}{\lambda} \begin{bmatrix} \sin\theta & \cos\theta & 0 \\ \cos\theta & -\sin\theta & 0 \\ 0 & 0 & 1 \end{bmatrix} \begin{bmatrix} X_D - X_0 \\ Y_D - Y_0 \\ Z_D - Z_0 \end{bmatrix} \\ &= \frac{1}{\lambda^2} \begin{bmatrix} \lambda\sin\theta & \lambda\cos\theta & 0 \\ \lambda\cos\theta & -\lambda\sin\theta & 0 \\ 0 & 0 & \lambda \end{bmatrix} \begin{bmatrix} X_D - X_0 \\ Y_D - Y_0 \\ Z_D - Z_0 \end{bmatrix} \\ &= \frac{1}{\lambda^2} \begin{bmatrix} a & b & 0 \\ b & -a & 0 \\ 0 & 0 & \lambda \end{bmatrix} \begin{bmatrix} X_D - X_0 \\ Y_D - Y_0 \\ Z_D - Z_0 \end{bmatrix} \end{aligned} \tag{7-26}$$

利用已计算出的 5 个变换参数,根据式(7-26)就可将航线网中各绝对定向点的大地坐标变换成地面辅助坐标,供绝对定向时用。

必须指出:在推导式(7-24)时,需要知道两个已知控制点的地面辅助坐标,但地面辅助坐标实际上事先并不知道。在作业中,是利用两控制点的航线坐标($\tilde{X}$,$\tilde{Y}$)代替地面辅助坐标(X_T,Y_T),用两点航线坐标之差($\Delta\tilde{X}$,$\Delta\tilde{Y}$)代替($\Delta\tilde{X}_T$,$\Delta\tilde{Y}_T$)。由于航线网倾斜不大,故由此计算出 a 和 b,即这样建立的地面辅助坐标系,是可以满足以后非线性改正的需要的。

(三)航线网的概略定向

航线网的概略定向是以各绝对定向的地面辅助坐标为依据,将航线网进行空间相似变换,使航线网中各加密点的航线坐标变换到地面辅助坐标系中。相似变换的一般形式为

$$\begin{bmatrix} X \\ Y \\ Z \end{bmatrix}_i = \lambda \boldsymbol{M} \begin{bmatrix} \tilde{X} \\ \tilde{Y} \\ \tilde{Z} \end{bmatrix}_i + \begin{bmatrix} X_0 \\ Y_0 \\ Z_0 \end{bmatrix} \tag{7-27}$$

式中　(X_0,Y_0,Z_0)——航线坐标系原点的地面辅助坐标；

$(\tilde{X},\tilde{Y},\tilde{Z})$——任一点 i 的航线坐标；

(X,Y,Z)——经概略定向后的概略地面辅助坐标；

$\boldsymbol{M}$——航线坐标系对地面辅助坐标系的旋转矩阵；

λ——比例因子。

式(7-27)是任一点 i 的航线坐标与概略地面辅助坐标之间的关系式。式(7-27)中的变换参数(未知数)有 7 个:3 个组成旋转矩阵 $\boldsymbol{M}$ 的方向余弦 a_2、a_3、b_3，一个比例因子 $\boldsymbol{\lambda}$ 和航线坐标系原点在地面辅助坐标系中的 3 个坐标 X_0、Y_0、Z_0。这 7 个参数就是绝对方位元素。

式(7-27)表示了 3 个一般的代数方程，每一个控制点可以列出这样 3 个方程。要解算 7 个绝对方位元素，必须有 7 个方程联立求解。因此，进行航线网的概略定向时，至少需要有两个平高控制点和一个高程控制点。在实际作业中，每一航线网都有 6 个或 5 个平高控制点(满足非线性改正需要)，因此概略定向所需的控制条件是足够充分的。

(四)航线网的变形改正——非线性改正

由于航摄时的大气折光差、镜头畸变差、软片变形和地球弯曲等物理因素的影响，使航线网产生了系统变形。这种变形，在绝对定向点上得到明显的反应，即航线网经概略定向后的各绝对定向点的摄影测量坐标(概略的地面辅助坐标)与由大地坐标经式(7-26)变换而得的正确地面辅助坐标不符。这些绝对定向点上的不符值，是进行航线网非线性改正的依据。

为了求出航线网中各点正确的地面辅助坐标，就要在各点概略地面辅助坐标中加入适当的改正数 δ_X、δ_Y、δ_Z。由于航线网的系统变形是连续的，因此总可以用一个多项式来描述它们。通过理论分析和实践证明，航线网的系统变形可用二次或三次多项式来描述。采用二次多项式时，通常为

$$\left.\begin{aligned}\delta_X &= A_0 + A_1X + A_2Y + A_3X^2 + A_4XY\\ \delta_Y &= B_0 + B_1X + B_2Y + B_3X^2 + B_4XY\\ \delta_Z &= C_0 + C_1X + C_2Y + C_3X^2 + C_4XY\end{aligned}\right\}\tag{7-28}$$

式中　A_i、B_i、$C_i(i=0,1,2,3,4)$——待定系数；

(X,Y,Z)——航线网点概略定向后的摄影测量坐标(概略地面辅助坐标)。

各待定系数对每一具体航线来说是常数，各绝对定向点的改正数均为已知值，因为它们的地面辅助坐标是已知的，故可由式(7-28)算出：

$$\left.\begin{aligned}\delta_X &= X_{\mathrm{T}} - X\\ \delta_Y &= Y_{\mathrm{T}} - Y\\ \delta_Z &= Z_{\mathrm{T}} - Z\end{aligned}\right\}\tag{7-29}$$

式中　$(X_{\mathrm{T}},Y_{\mathrm{T}},Z_{\mathrm{T}})$——绝对定向点的地面辅助坐标；

(X,Y,Z)——概略地面辅助坐标。

式(7-28)中共有 15 个待定系数，可知只要有 5 个绝对定向点，就可列出 15 个方程式，

分组解出 15 个待定系数。求出了各待定系数,就可按式(7-28)算出各网点的坐标改正数,从而求出各点的地面辅助坐标。由此可见,为了改正航线网的系统变形,必须要有 5 个平高控制点,为了检核和提高精度,一般用 6 个点,如图 7-4 所示。

最后将各点的地面辅助坐标,按式(7-21)变换成大地坐标。式(7-21)中的变换参数 a、b 和 λ 利用原来将绝对定向点的大地坐标变换成地面辅助坐标时的参数,即按式(7-24)和式(7-21)计算而得的值。

四、单航线解析空中三角测量的作业过程

下面用框图表示单航线解析空中三角测量的作业过程,如图 7-6 所示。

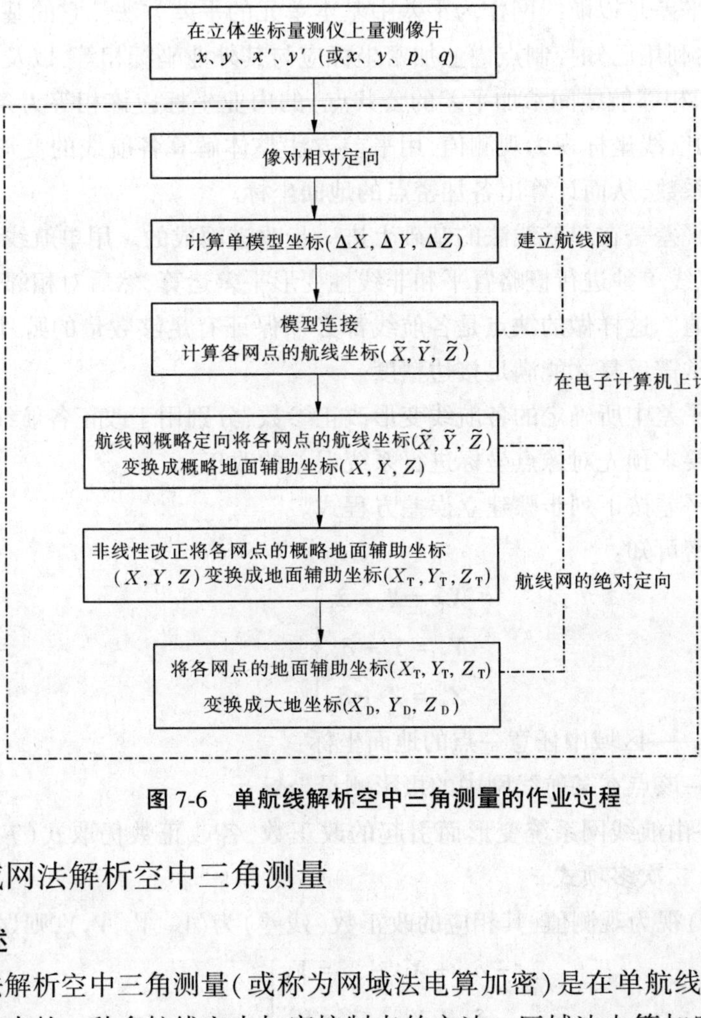

图 7-6　单航线解析空中三角测量的作业过程

五、区域网法解析空中三角测量

(一)概述

区域网法解析空中三角测量(或称为网域法电算加密)是在单航线解析空中三角测量基础上发展起来的一种多航线室内加密控制点的方法。区域法电算加密的基本理论,是如何应用平差方法,在整个加密区域内合理配赋偶然误差的问题,因此区域法电算加密习惯上又叫作区域网平差。

目前,区域网平差依其所采用的平差单元不同而区分为航线法区域网平差、独立模型法区域网平差和光束法区域网平差 3 种。这 3 种区域网平差方法各有优缺点,光束法区域网

平差的理论严密,加密精度高,其次是独立模型法区域网平差。这两种平差方法对计算机容量要求都很大,计算时间也较长。航线法区域网平差在理论上不如上述两种方法严密,而且区域网每条航线不能过长,但它具有存储容量要求不大、计算时间短等优点。若使用得当,航线法区域网平差仍能取得满意的加密精度。

因为按最小二乘法原理进行平差只解决偶然误差的合理配赋问题,所以除航线法区域网平差外,其他两种方法都要求预先消除像点坐标的系统误差(即消除镜头畸变差、大气折光差、地球球面弯曲等对像点坐标的影响),否则由于系统误差的干扰,将无法获得预期的加密精度。

(二)航线法区域网平差

航线法区域网平差是以航线网作为平差中基本单元的平差方法。它的基本思想是在建立航线网的基础上,利用已知控制点内业加密坐标应与其外业坐标相等,以及分别由相邻航线加密的接边点(即相邻航线间参加平差的公共点)的内业坐标应该相等为条件,在整个加密区域内,将各点的航线坐标视为观测值,用平差方法整体解算各航线的变形改正参数,如式(7-28)中的待定系数,从而计算出各加密点的地面坐标。

航线法区域网平差是在单航线法的基础上进一步改进而成的。用单航线法做一个区域的加密时,是对各航线单独进行概略置平和非线性变形平差运算,然后对相邻航线各同名加密点的坐标取平均值。这样做的缺点是各航线都必须保证有足够数量的野外控制点,而且为了相邻航线接边常需反复才能满足接边精度。

航线网区域网平差中所确定的各航线变形改正参数,分别用于改正各航线的系统变形,所以这种方法并不要求预先对像点坐标进行系统误差的改正。

航线法区域网平差按下列步骤建立误差方程式。

由单航线法加密可知:

$$\left.\begin{aligned} X_{\mathrm{T}} &= X + \delta_X \\ Y_{\mathrm{T}} &= Y + \delta_Y \\ Z_{\mathrm{T}} &= Z + \delta_Z \end{aligned}\right\} \tag{7-30}$$

式中 $(X_{\mathrm{T}},Y_{\mathrm{T}},Z_{\mathrm{T}})$——区域中任意一点的地面坐标;

(X,Y,Z)——该点在某航线网中的摄影测量坐标;

$\delta_X,\delta_Y,\delta_Z$——由航线网系统变形而引起的改正数,各改正数仍取式(7-28)所表示的二次多项式。

如果把(X,Y,Z)视为观测值,其相应的改正数(残差)为(V_X,V_Y,V_Z),则误差方程式为

$$\left.\begin{aligned} -\delta_X + X_{\mathrm{T}} - X &= V_X \\ -\delta_Y + Y_{\mathrm{T}} - Y &= V_Y \\ -\delta_Z + Z_{\mathrm{T}} - Z &= V_Z \end{aligned}\right\} \tag{7-31}$$

区域中所有接边点都按式(7-31)列出两组误差方程式,如第 i 条航线和第 i+1 条航线的接边点,在第 i 条航线中列出一组误差方程式,在第 i+1 条航线中也列出一组误差方程式。式(7-31)中的未知数包括航线的变形参数和接边点的地面坐标。

对于已知控制点来说,则按其所在航线列出误差方程式。

各类误差方程式均可按不同情况分别给权。列出区域中参加平差的各已知控制点和接边点的误差方程后,可在$\sum PVV$=极小的条件下,整体解算出各航线的变形参数及各接边点的坐标。

航线法区域网平差的全部计算可分为两个过程:一是区域网概算;二是区域网平差。区域网概算过程是首先建立自由比例尺的航线网,然后将自由比例尺航线网逐条依次进行空间相似变换,即将各航线网进行概略定向,确定每一航线网在区域中的概略位置,计算出各点在区域地面辅助坐标系中的概略坐标。此时,各接边点坐标都不取中数,以保持各航线的相对独立性。

(三)独立模型法区域网平差

独立模型法区域网平差是以单模型(也可以是双模型或两个以上模型构成的模型组)作为平差过程中的基本单元的区域平差方法。也可以说,这种方法是把模型点在单模型中所确定的坐标视为观测值,并对其在整个加密区域内进行平差处理。

独立模型法区域网平差的基本思想:在独立建立单模型的基础上,利用已知控制点的内业加密坐标与其外业坐标应该相等,以及分别由相邻模型确定的连接点(包括同航线相邻模型间的公共摄站)的内业坐标应该相等的条件,在整个区域内,用平差方法确定每一单模型在区域中的最合适位置(即确定每一单模型的平移、旋转和缩放),从而计算出各加密点的地面坐标。

由于平差方法通常只处理偶然误差,因而要求在像点坐标中消除系统误差的影响。假如系统误差没有消除或者消除不完全,将会影响加密成果的精度。

为了确定各模型在地面坐标系中的最合适位置,需要将各模型分别进行平移、旋转和缩放,也就是需要确定每个模型进行空间相似变换的 7 个独立变换参数。由空间相似变换原理可知,模型点的摄影测量坐标(X,Y,Z)与其相应的地面坐标(X_T,Y_T,Z_T)之间的关系为

$$\begin{bmatrix} X_T \\ Y_T \\ Z_T \end{bmatrix}_i = \lambda \boldsymbol{M} \begin{bmatrix} X \\ Y \\ Z \end{bmatrix}_i + \begin{bmatrix} X_0 \\ Y_0 \\ Z_0 \end{bmatrix} \tag{7-32}$$

式中 $[X_0,Y_0,Z_0]^T$——摄影测量坐标系原点的地面坐标向量;

λ——比例因子;

$\boldsymbol{M}$——摄影测量坐标系对地面坐标系的旋转矩阵,在一次项精度要求内可近似,即

$$\boldsymbol{M} = \begin{bmatrix} 1 & a_2 & a_3 \\ -a_2 & 1 & b_3 \\ -a_3 & -b_3 & 1 \end{bmatrix}$$

因此,摄影测量坐标系与其相应的地面坐标的一次项近似关系式为

$$\begin{bmatrix} X_T \\ Y_T \\ Z_T \end{bmatrix}_i = \lambda \begin{bmatrix} 1 & a_2 & a_3 \\ -a_2 & 1 & b_3 \\ -a_3 & -b_3 & 1 \end{bmatrix} \begin{bmatrix} X \\ Y \\ Z \end{bmatrix}_i + \begin{bmatrix} X_0 \\ Y_0 \\ Z_0 \end{bmatrix} \tag{7-33}$$

其中,λ、a_2、a_3、b_3、X_0、Y_0、Z_0 是7个绝对方位元素,是未知参数,由于式(7-33)是一个非线性函数,为便于平差计算,须将该式线性化。

假设7个未知数的近似值的改正数用 $d\lambda$、da_2、da_3、db_3、dX_0、dY_0、dZ_0,依泰勒级数将式(7-33)展开,取至改正数一次项,并且令7个变换参数中 λ 的近似值为1,其他6个参数的近似值都为0,可得

$$\begin{bmatrix} X_T \\ Y_T \\ Z_T \end{bmatrix} = \begin{bmatrix} 0 & Z & Y & X \\ Z & 0 & -X & Y \\ -Y & -X & 0 & Z \end{bmatrix} \begin{bmatrix} db_3 \\ da_3 \\ da_2 \\ d\lambda \end{bmatrix} + \begin{bmatrix} dX_0 \\ dY_0 \\ dZ_0 \end{bmatrix} + \begin{bmatrix} X \\ Y \\ Z \end{bmatrix} \tag{7-34}$$

将式(7-34)写成误差方程式的形式为

$$\begin{bmatrix} 0 & -Z & -Y & -X \\ -Z & 0 & X & -Y \\ Y & X & 0 & -Z \end{bmatrix}_{ij} \begin{bmatrix} db_3 \\ da_3 \\ da_2 \\ d\lambda \end{bmatrix}_j - \begin{bmatrix} dX_0 \\ dY_0 \\ dZ_0 \end{bmatrix}_j + \begin{bmatrix} X_T \\ Y_T \\ Z_T \end{bmatrix}_{ij} - \begin{bmatrix} X \\ Y \\ Z \end{bmatrix}_{ij} = \begin{bmatrix} V_X \\ V_Y \\ V_Z \end{bmatrix}_{ij} \tag{7-35}$$

其中,i 为点序号,j 为 i 点所在的模型号。

每一模型中的各个连接点和已知控制点都按式(7-35)列出误差方程,将这些误差方程在[PPV]=极小的条件下进行解答,即可直接求出各模型变换参数和加密点坐标平差值。由于式(7-34)是一次项近似关系式,所以计算要反复进行,使各改正数小于规定限差时为止。以上所述,是独立模型法区域平差中的一种七参数整体解算方案的基本原理。

这种方案中的法方程的阶是很高的,在一个不太大的区域中,未知数的个数很多,对计算机的存储容量要求很大。为了提高计算速度,节省存储容量,以适应中小型计算机的条件,提出了平面和高程分别平差计算的方法,即平–高迭代方案。在平面区域平差中,每个模型的变换参数只确定 $d\lambda$、da_2、dX_0、dY_0 4个,在高程区域平差中,再确定其他3个变换参数。

独立模型法区域网平差平高迭代方案的计算过程也和航线法区域网平差一样,分为区域网概算和区域网平差两大过程,这里不再赘述。

(四)光束法区域网平差

光束法区域网平差是一种以光束(像片)作为平差过程中的基本单元的区域网平差方法。其理论基础是像点、摄影中心和地面点三点共线。共线条件方程为

$$\begin{aligned} x &= -f\frac{a_1(X-X_S)+b_1(Y-Y_S)+c_1(Z-Z_S)}{a_3(X-X_S)+b_3(Y-Y_S)+c_3(Z-Z_S)} \\ y &= -f\frac{a_2(X-X_S)+b_2(Y-Y_S)+c_2(Z-Z_S)}{a_3(X-X_S)+b_3(Y-Y_S)+c_3(Z-Z_S)} \end{aligned} \tag{7-36}$$

式中 (X,Y,Z)——以摄站点为原点的地面点坐标;

(X_S,Y_S,Z_S)——摄站点的地面坐标。

光束法区域网平差的基本思想:首先进行区域网概算,确定区域中各像片外方位元素的近似值和各加密点坐标的近似值。概算的方法可采用航线法区域平差中的概算方法。此时,相邻航线间的公共点要取中数作为该点近似的地面坐标,还要提供像片外方位元素的近

似值。区域网概算后，依据共线条件列出控制点和各加密点的误差方程［误差方程按式(7-36)线性化后得出］，在全区范围内，统一进行平差处理，联立解算出各像片的外方位元素和加密点的地面坐标。

为了确保共线条件，要求预先消除像点坐标量测值中的系统误差，才能用于平差计算。否则，理论上严密的光束法也不可能获得精确的加密成果。

六、区域网法解析空中三角测量的野外布点方案

在国际上，不少科学工作中对区域平差精度做了大量的分析，归纳出一些估算精度的公式，或者根据大量试验，提出一些典型的野外布点方案。图 7-7 表示国外根据一些经验提出的一种典型布点方案，图中"△"为平面控制点，"·"为高程控制点，平面控制点的跨度 i_L 为 $2b$～$4b$（b 为基线长度），沿航线旁向敷设 3 或 4 条高程控制点锁，锁与锁之间的跨度 i_H 为 $4b$～$10b$。

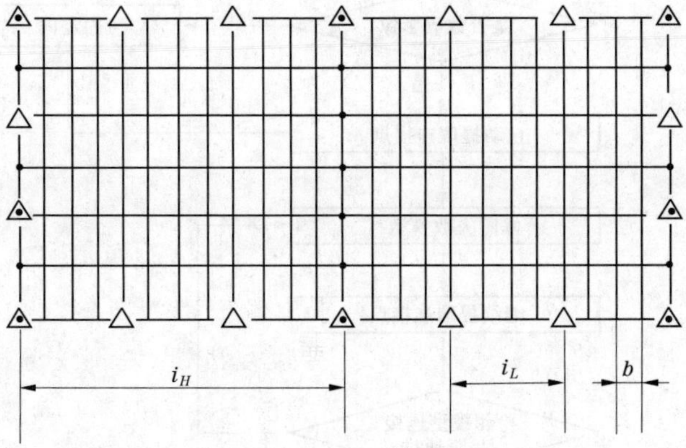

图 7-7　一种典型布点方案

根据目前航摄资料的实际情况和作业经验，提出了如图 7-8、图 7-9 所示的野外布点方案。

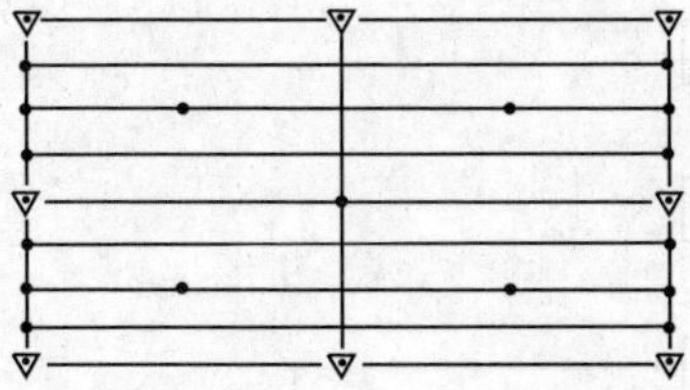

图 7-8　航线法区域网平差的野外布点方案

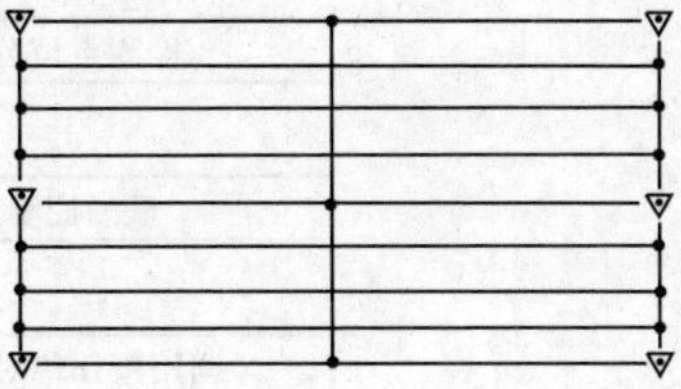

图 7-9　独立模型法区域网平差的野外布点方案

区域的划分，以成图比例尺四幅方形区域为主，横向长方形区域为辅。当像比例尺较小或像幅较大时（如 1∶50 000 测图像比例尺为 1∶70 000，或像幅为 23 cm×23 cm 时），也可采用六或八幅组成的区域。无论采用哪种区域划分，当用航线区域网平差时，全区内像对数不得超过 380 对；当用独立模型法区域网平差时，全区内的像对数不得超过 230 对。平坦地区加密时，在区域中应适当增加高程控制点数。

七、VirtuoZoAAT 解析空中三角测量作业流程

VirtuoZoAAT 解析空中三角测量作业流程如图 7-10 所示。

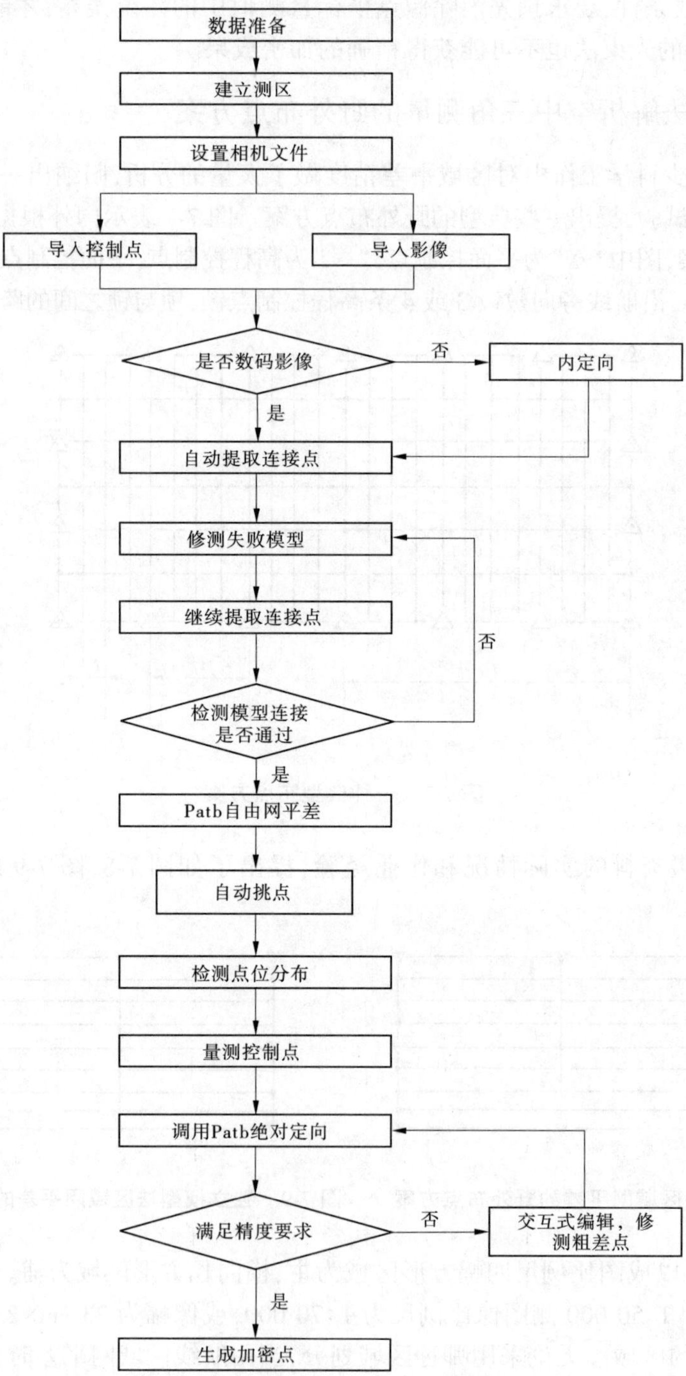

图 7-10　VirtuoZoAAT 解析空中三角测量作业流程

动手动脑

1. 简述区域网法解析空中三角测量的思想。
2. 画图说明解析空中三角测量的作业流程。

任务二　解析空中三角测量数据准备

任务描述

一、学习型工作任务

通过上机练习,学会进行解析空中三角测量数据准备。

二、教学目标

(一)知识目标

掌握 VirtuoZoAAT 解析空中三角测量的作业流程。

(二)技能目标

(1)会建立相关文件参数。
(2)会进行内定向。
(3)会确定航线间的偏移量。

(三)态度目标

(1)培养学生团结协作、爱岗敬业的职业道德。
(2)培养学生吃苦耐劳、认真细致的职业精神。

三、教学组织设计

(1)学生角色:扮演摄影测量内业加密员。

(2)教学情景:由企业提供摄影资料,学生根据这些相关数据资料进行解析空中三角测量的数据准备。

(3)教学材料:教学课件、摄影资料、解析空中三角测量软件、航空摄影测量规范。

(4)教学内容过程设计:首先教师在机房利用 VirtuoZoAAT 软件讲授数据准备的作业流程,并指导学生上机练习操作。

由学生编写解析空中三角测量数据准备的成果报告,教师根据上交的成果情况,给予评价。

四、其他说明

在教学组织过程中,教师必须引导学生在概念认识的基础上进行相互答疑,并对其效果进行评定。

相关知识

解析空中三角测量的所有步骤都在 VirtuoZoAAT 软件中进行,作业过程如下。

一、建立测区

进行空中三角测量,首先需要建立测区。在 VirtuoZoAAT 中,测区的建立包括以下几个步骤。

(一)设置测区基本参数

点击【文件】|【新建测区】,进入“测区参数”对话框,如图 7-11 所示。如果是数码相机影像,在对话框中勾选“是数码相机影像”选项,内定向限差为 0;反之,若是光学相机,则无须选择此项,内定向限差直接默认为 0.01。

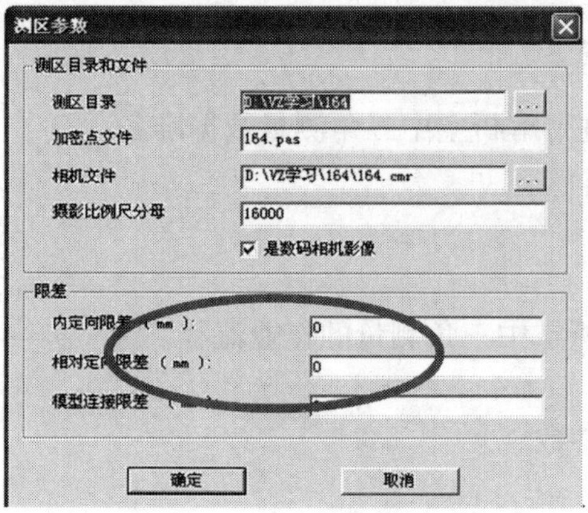

图 7-11 “测区参数”对话框

(二)建立相机文件

点击【设置】|【设置相机】,输入相机文件名点击设置,弹出“相机参数”对话框,如图 7-12 所示。先选择相机的框标类型,并输入相应的框标坐标、相机焦距、主点偏移等信息。如果已有建好的相机文件,可以直接点击“引入”按钮进行导入。

(三)输入外业控制点

点击【设置】|【控制点】,一般导入的控制点中,X 为东坐标,Y 为北坐标,如图 7-13 所示。若导入后 X 和 Y 顺序不对,可直接点击对话框工具栏里的交换 xy 坐标(下图中圆圈处按钮),进行设置。

注意:导入的控制点文件文本文档(.txt),文件头必须要写入控制点个数,而且控制点名必须为整数型数据,不能含有其他字符。

(四)影像格式转换

点击【设置】|【导入影像】,输入像素大小和相机文件(此处若只有一个相机,程序会自动默认;若有多个相机,则输入相应的相机文件),设置影像类型、相机是否旋转、是否删除原始影像等信息,设置好后点击“处理”,进行影像转换。

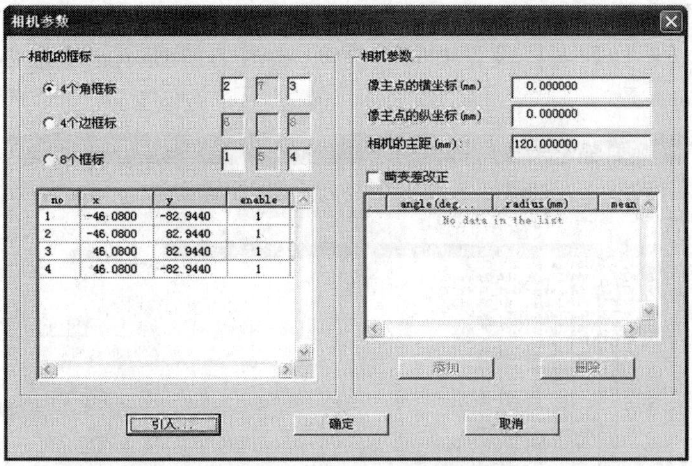

图 7-12　“相机参数”对话框

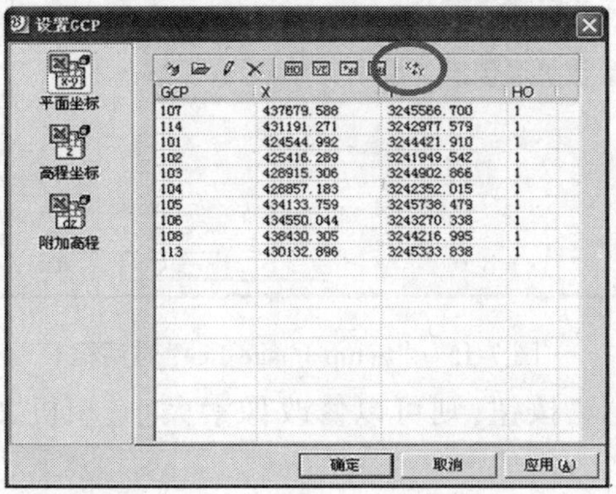

图 7-13　“设置 GCP”对话框

注意:此过程是把 8 bit 的原始影像转换成 VZ 影像,并在本工程目录下自动创建 Images 文件夹,用来存储转换后的 VZ 影像。若想删除原始影像,可选中图 7-14 中圈中区域的“删除”;若不想删除原始影像,则要注意此处是否处于选中状态。

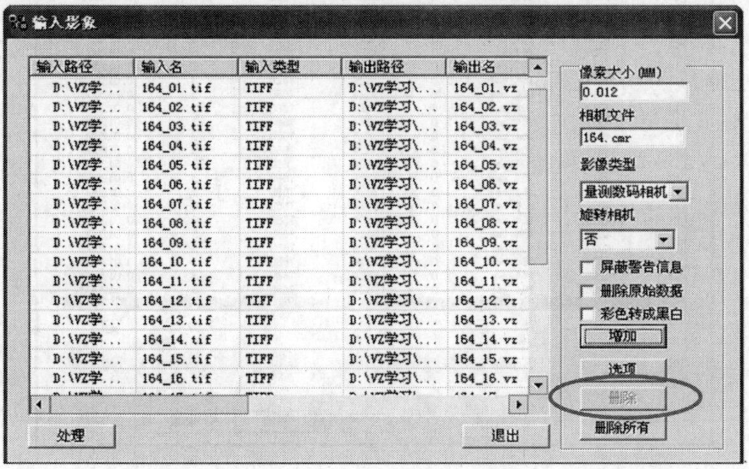

图 7-14　“输入影像”对话框

(五)建立测区影像列表

点击【空三】|【影像列表】,设置航向重叠度,如图7-15所示。注意必须将影像排列顺序与航线飞行方向一致。

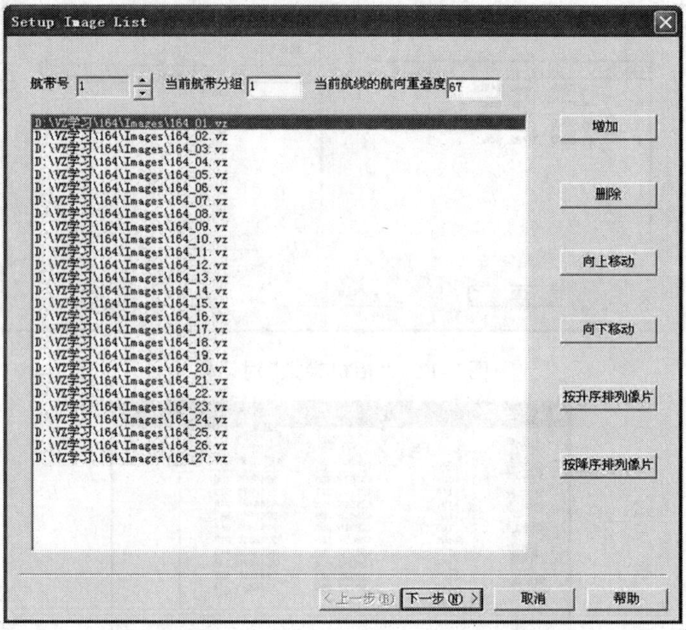

图7-15 "Setup Image List"对话框

单击图7-15中"下一步"按钮,则可以修改像素大小、相机文件等相应参数,如图7-16所示。

图7-16 "Setup Image Parameters"对话框

二、自动内定向

点击【空三】|【内定向】,先选择框标大概位置,然后进行自动内定向,如图 7-17 所示。结果如图 7-18 所示,找到内定向列表中带问号的点,进行手工内定向,完成后退出。

图 7-17 “选择影像进行自动内定向”对话框

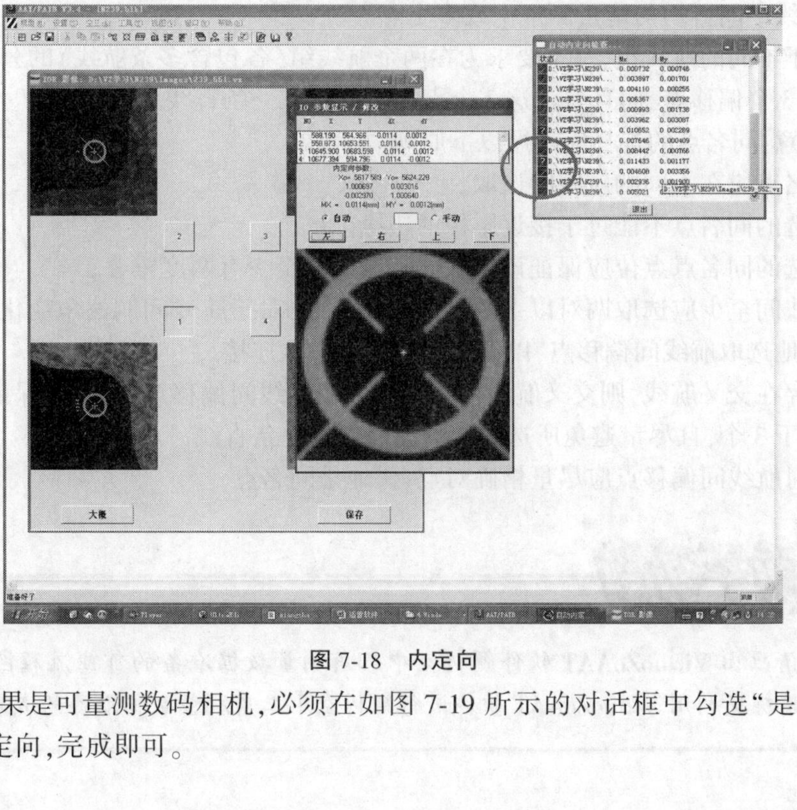

图 7-18 内定向

注意:如果是可量测数码相机,必须在如图 7-19 所示的对话框中勾选“是数码相机影像”,然后内定向,完成即可。

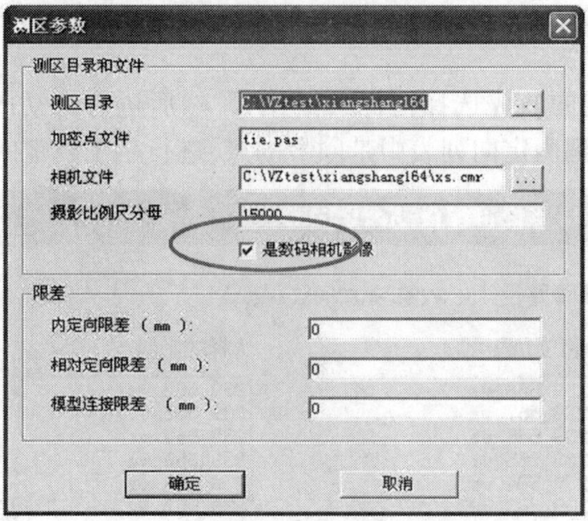

图 7-19　选择"是数码相机影像"

三、确定航线间的偏移量

为了在航线间自动转点,程序需要知道航线之间的相互关系,确定航线间的偏移量就是用来确定航线之间的相互关系的。通常,确定航线间的相互关系,只需在相邻的航线之间人工量测数个同名点,这些点称之为航线间偏移点(Strip Offset 点)。在普通航线(航向基本相同)之间和不同的航线组(交叉航线)之间,对航线间偏移点的数量有不同的要求。

(1)对于两条普通航线,基本要求为在航线的头尾各量测一个点,当航线比较长时,有时可以在航线中间再均匀地量测一个或多个点。

(2)对于不同的航线组,基本要求为在两个航线组(各包含多条航线)的公共区域内,至少人工量测 3 个偏移点,而且要求这 3 个点不要分布在一条直线上。

需要注意;同名点的选择应遵循以下原则:

(1)同名点应在不同的航线间选取。

(2)所选的同名点不能过于接近影像的边缘。

(3)所选的同名点点位应保证该点在同一航线间至少有两度重叠。

(4)航线间至少应选取两对以上的航线间偏移点,对于航线间航偏角变化较大的航线,应尽可能多地选取航线间偏移点,以保证航线间能建立连接。

(5)若存在交叉航线,则交叉航线组间也应添加航线间偏移点,并且要保证所选航线间偏移点不少于 3 个,且尽量避免所选点位的连线接近一条直线。

(6)每对航线间偏移点应尽量精确对点,保证是同名点。

动手动脑

1. 请画出 VirtuoZoAAT 软件解析空中三角测量数据准备的作业流程图。
2. 请提交利用 VirtuoZoAAT 软件进行解析空中三角测量数据准备的成果报告。

任务三　解析空中三角测量自动转点

任务描述

一、学习型工作任务

通过上机练习，学会进行解析空中三角测量自动转点。

二、教学目标

（一）知识目标

掌握 VirtuoZoAAT 软件解析空中三角测量自动转点的作业流程。

（二）技能目标

（1）会进行自动转点。

（2）会处理转点中的异常问题。

（三）态度目标

（1）培养学生团结协作、爱岗敬业的职业道德。

（2）培养学生吃苦耐劳、认真细致的职业精神。

三、教学组织设计

（1）学生角色：扮演摄影测量内业加密员。

（2）教学情景：由企业提供摄影资料，学生根据这些相关数据资料进行解析空中三角测量的自动转点。

（3）教学材料：教学课件、摄影资料、解析空中三角测量软件、航空摄影测量规范。

（4）教学内容过程设计：首先教师在机房利用 VirtuoZoAAT 软件讲授自动转点的作业流程，并指导学生上机练习操作。

由学生编写解析空中三角测量自动转点的成果报告，教师根据上交的成果情况，给予评价。

四、其他说明

在教学组织过程中，教师必须引导学生在概念认识的基础上进行相互答疑，并对其效果进行评定。

相关内容

在做完数据准备工作后，就可以开始自动转点了，这部分作业计算机需要运算较长时间，但不需要作业员监管，因此一个好的计划是尽量将数据准备的工作安排在白天进行，而将自动转点过程安排在夜间进行，这样既可以充分利用计算机而又减少人工的作业强度。

另外,VirtuoZoAAT 软件的自动转点模块支持断电继续运行,这样即使自动转点过程中遇到停电,作业员也可在第二天让程序重新启动后继续运行。

一、自动提取连接点

点击【空三】|【自动提取连接点】|【重新生成连接点】,此时程序完成了金字塔、自动相对定向、自动选点、自动转点、自动量测,屏幕会显示空三连接点自动提取的进度窗口,解算完成后,程序给出提示信息(显示"END TIME : * * * * * *")。若程序解算完成后,提示信息中未给出部分模型的出错信息,即表示转点成功。若提示存在部分模型相对定向失败,如图 7-20 所示,文件中显示×××××× Failed 的模型需要进行手动相对定向,点击模型,双击前面标识"?"的模型进行修测。

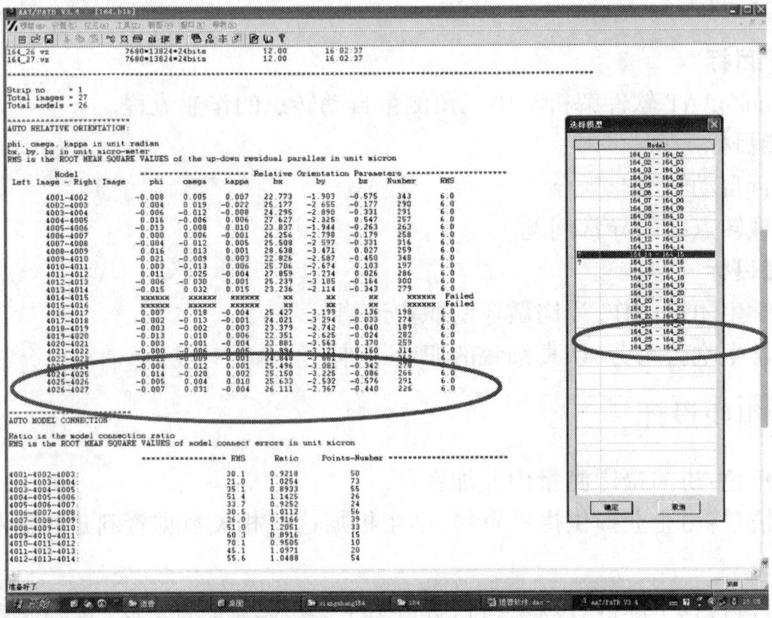

图 7-20 自动提取连接点

选择带问号的模型,进入如图 7-21 所示的界面。在两张像片的重叠区域内量测一个同名点,然后点击【模式】|【自动匹配】,此时程序会在此像对中自动匹配连接点,如图 7-21 所示,匹配完成后,在下方点的列表中手动相对定向,并删除残差较大的点,重复计算删除粗差点,直到 RMS 小于 3.3。完成后选择返回菜单,重复以上步骤,直至所有标识"?"的模型全部修测完为止。

二、继续提取连接点

点击【空三】|【连接点提取】|【继续提取连接点】,程序将继续解算,直至结束(程序提示"END TIME: * * * * * *",且不再提示任何错误信息)。

三、自动剔除粗差比较大的点

点击【空三】|【自动挑点】,连接点布局选择 5 * 5,最大删点粗差设置为 20 μm。如图 7-22 所示,当该模块选择 5 个点位,点位点数为 5 时,表示每张航片将大约有 25 个点,缺省

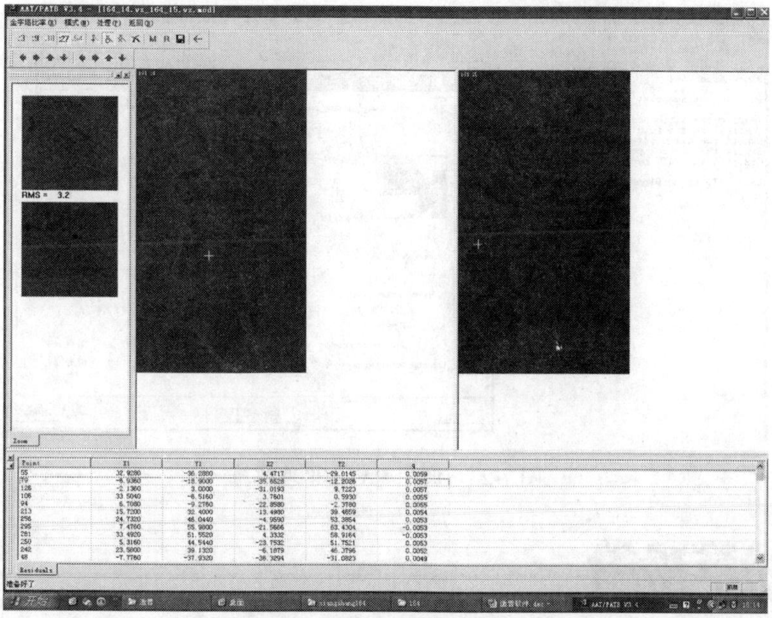

图 7-21 自动匹配连接点

点布局为 5＊3，为保证结果的稳定性，建议空中三角测量时选取点布局最少为 5＊3 的形式。

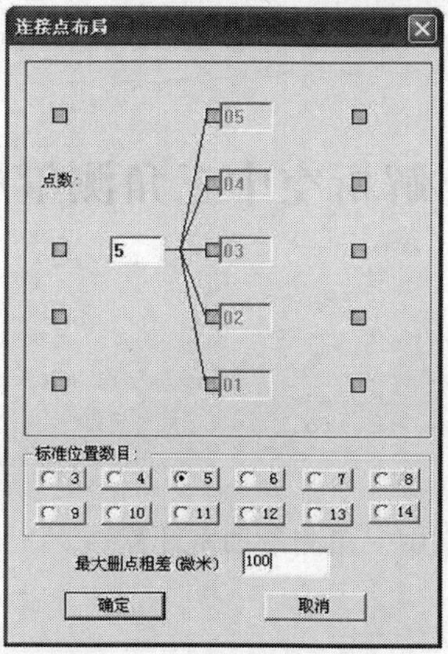

图 7-22 “连接点布局”对话框

如图 7-23 所示，程序会自动调用平差解算程序 PATB，进行自由网平差，点击 Execute PATB 剔除像点中存在的粗差点及误差较大的点。此解算过程为一循环过程，当使用 PATB 剔除一遍后退出，若仍存在部分像点超限，则程序还会自动调用程序 PATB 解算，此次循环过程最多执行 10 次，若仍存在像点超限，此时也不再调用程序 PATB，程序会提示解算结束，并按“连接点分布”中所设的情况保留连接点，连接点的取舍依照误差的大小来选取，若某标准点位附近存在许多连接点，而只要保留其中一个，则程序会将这些点按误差大小排序，选择误差最小的点作为保留点。

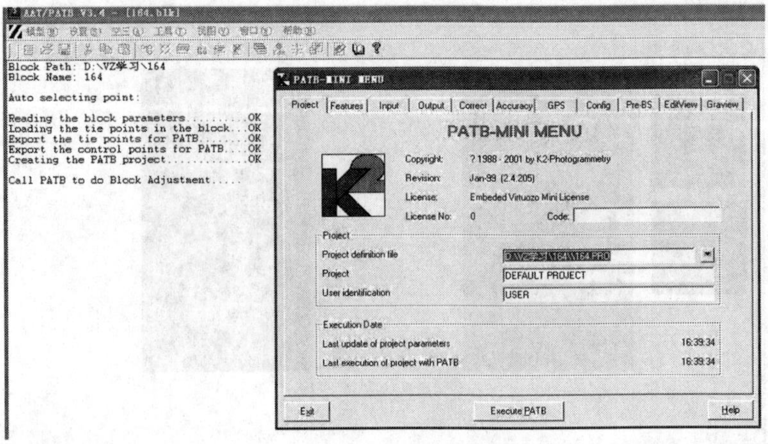

图 7-23　调用 PATB 平差解算

动手动脑

1. 请画出 VirtuoZoAAT 软件解析空中三角测量自动转点的作业流程图。
2. 请提交利用 VirtuoZoAAT 软件进行解析空中三角测量自动转点的成果报告。

任务四　解析空中三角测量加密计算

任务描述

一、学习型工作任务

通过上机练习,学会解析空中三角测量加密计算。

二、教学目标

(一)知识目标

掌握 VirtuoZoAAT 软件解析空中三角测量加密计算的作业流程。

(二)技能目标

(1)会编辑连接点。
(2)会使用 PATB 进行平差计算。
(3)会进行测区接边。

(三)态度目标

(1)培养学生团结协作、爱岗敬业的职业道德。
(2)培养学生吃苦耐劳、认真细致的职业精神。

三、教学组织设计

(1)学生角色:扮演摄影测量内业加密员。

(2)教学情景:由企业提供摄影资料,学生根据这些相关数据资料进行解析空中三角测量的加密计算。

(3)教学材料:教学课件、摄影资料、解析空中三角测量软件、航空摄影测量规范。

(4)教学内容过程设计:首先教师在机房利用 VirtuoZoAAT 软件讲授加密计算的作业流程,并指导学生上机练习操作。

由学生编写解析空中三角测量加密计算的成果报告,教师根据上交的成果情况,给予评价。

四、其他说明

在教学组织过程中,教师必须引导学生在概念认识的基础上进行相互答疑,并对其效果进行评定。

相关知识

在完成自动转点之后,开始进入空中三角测量加密作业的最后一步,即编辑连接点并进行平差。一般来说,加密作业的步骤如下:

(1)量测控制点。

(2)在标准点位增加像点。

(3)调用平差程序进行平差计算。

(4)删除或编辑粗差像点。

(5)重复(3)、(4)直至满足加密要求。

(6)输出加密成果。

①交互式编辑。

点击【空三】|【交互式编辑】,可以查看点位分布,此时要求标准位置必须有点,也就是每个像片的蓝框点位处必须有量测点,若没有,在此处进行加点(见图 7-24)。

②添加控制点。

在交互式编辑中,找到控制点所在像对,然后在航线的首尾至少加入 4 个点。加完 4 个点后,进行平差解算,然后点击工具栏上的预测控制点选项,程序可预测出其他控制点的位置,再逐像对加入控制点。

注意:在加点过程中,必须要选择右边工具栏里的"Ctrl"(见图 7-25 圈处)选项,而且控制点点号必须一致。如果不需要某一像片,可以点击空格键排除(显示很多横条)。

(1)带控制点的平差解算。

在 PATB 中选择【平差】|【平差解算】。控制点精度预设为 10,进行解算。如果图 7-26 中圈标记中不是全为零,则点击左下角的被挑出的粗差点(见图 7-27),修测标有星号的点(见图 7-28),直接点击该点号,开始编辑。

编辑完成后,重复上述步骤,直到圈标记中全为 0(见图 7-29)。

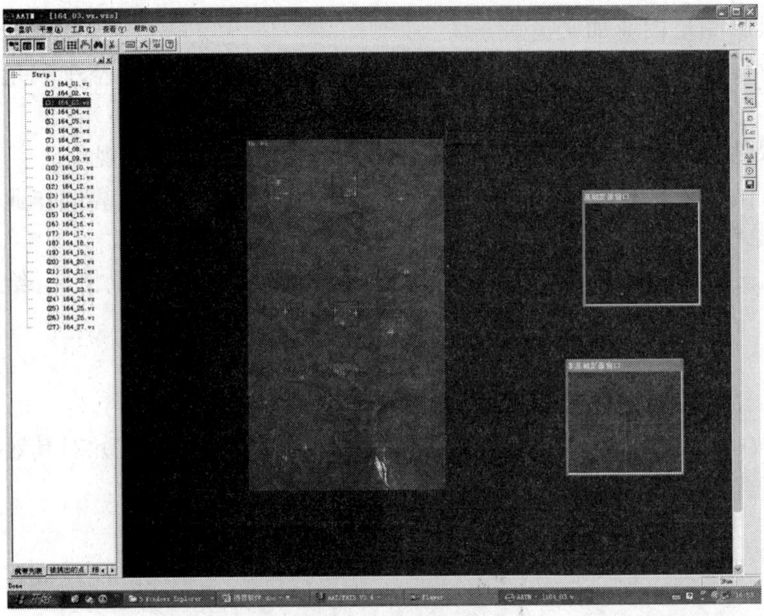

图 7-24　交互式编辑

图 7-25　交互式编辑工具栏

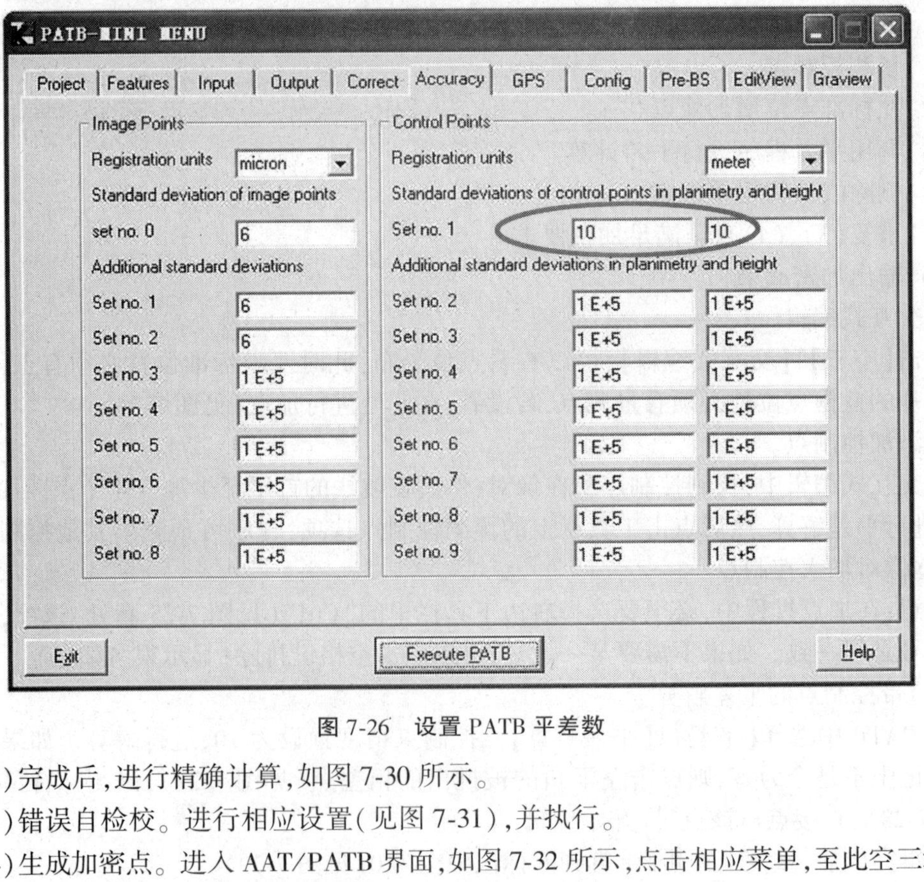

图 7-26　设置 PATB 平差数

(2)完成后,进行精确计算,如图 7-30 所示。

(3)错误自检校。进行相应设置(见图 7-31),并执行。

(4)生成加密点。进入 AAT/PATB 界面,如图 7-32 所示,点击相应菜单,至此空三结束。

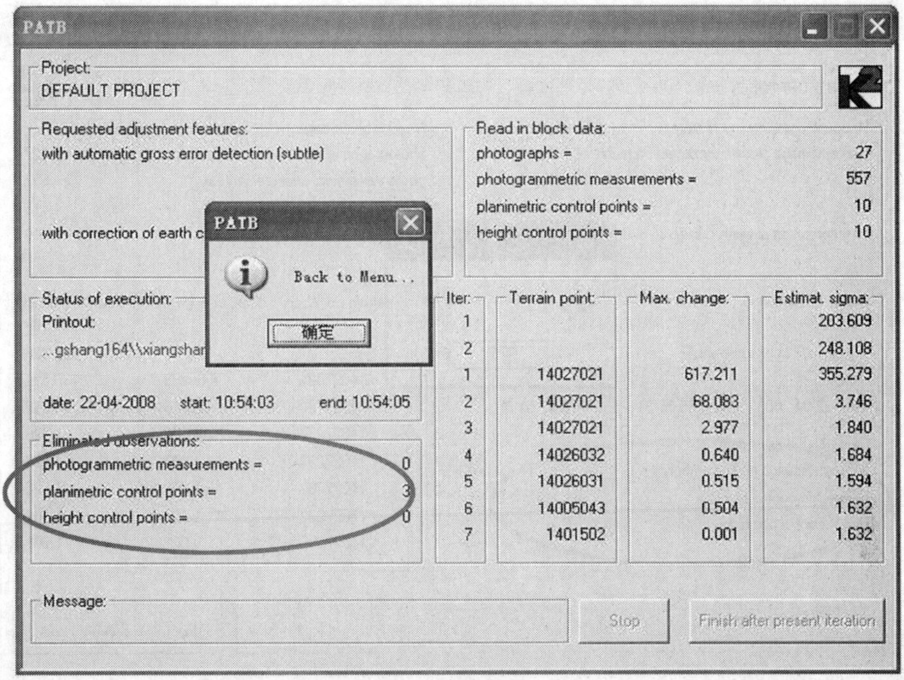

图 7-27 平差结果示意

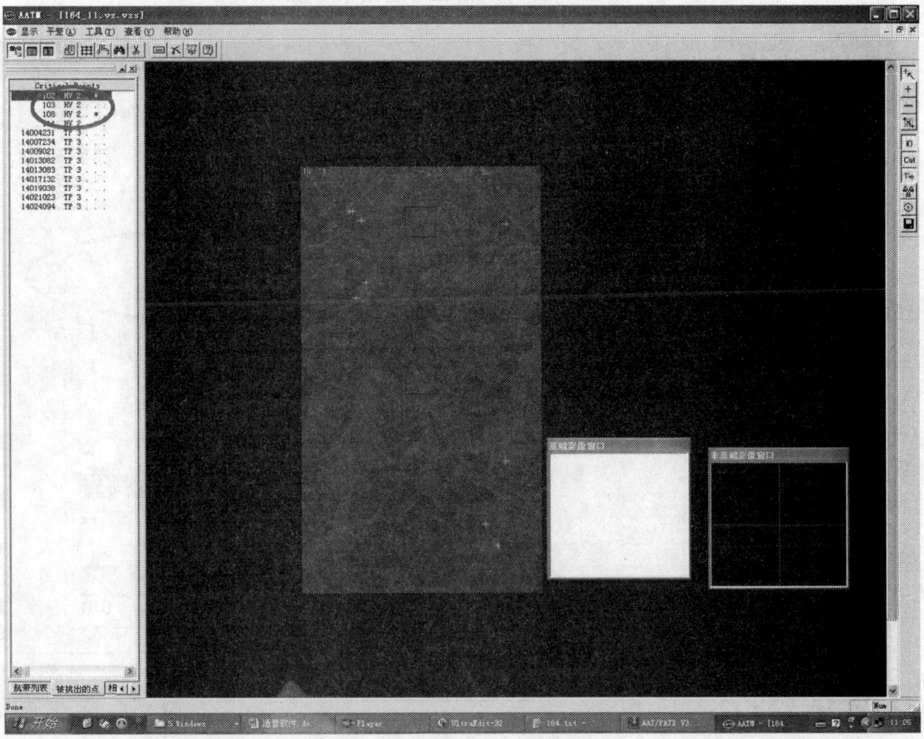

图 7-28 连接点交互式编辑

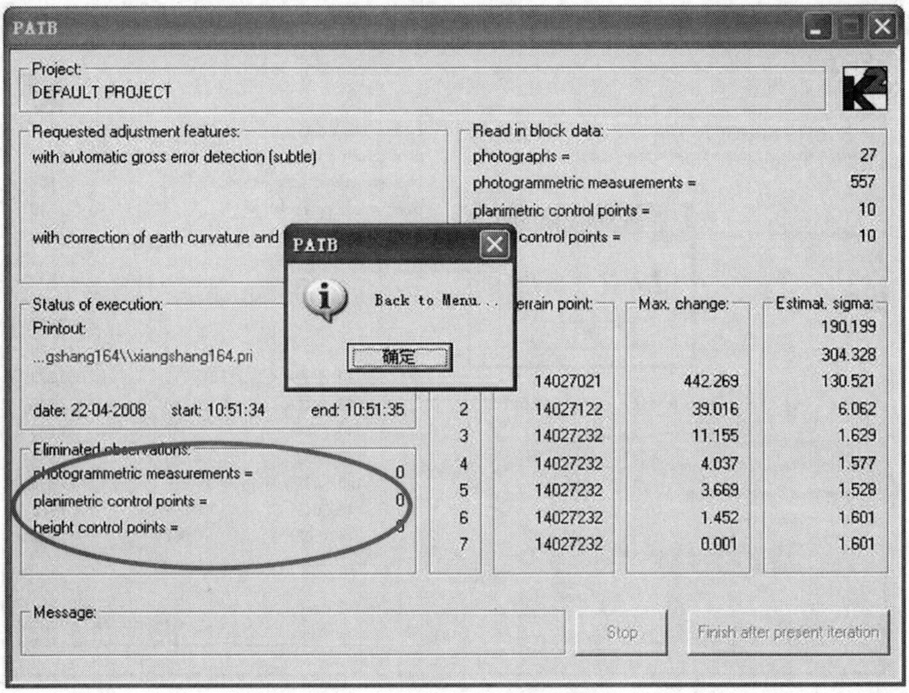

图 7-29 编辑后平差结果示意

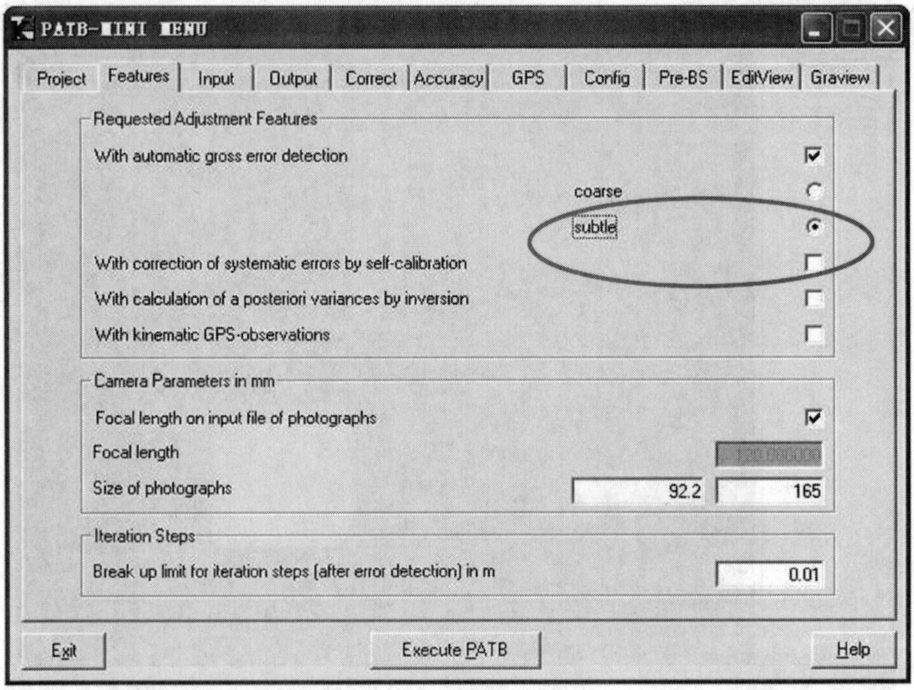

图 7-30 精确平差设置

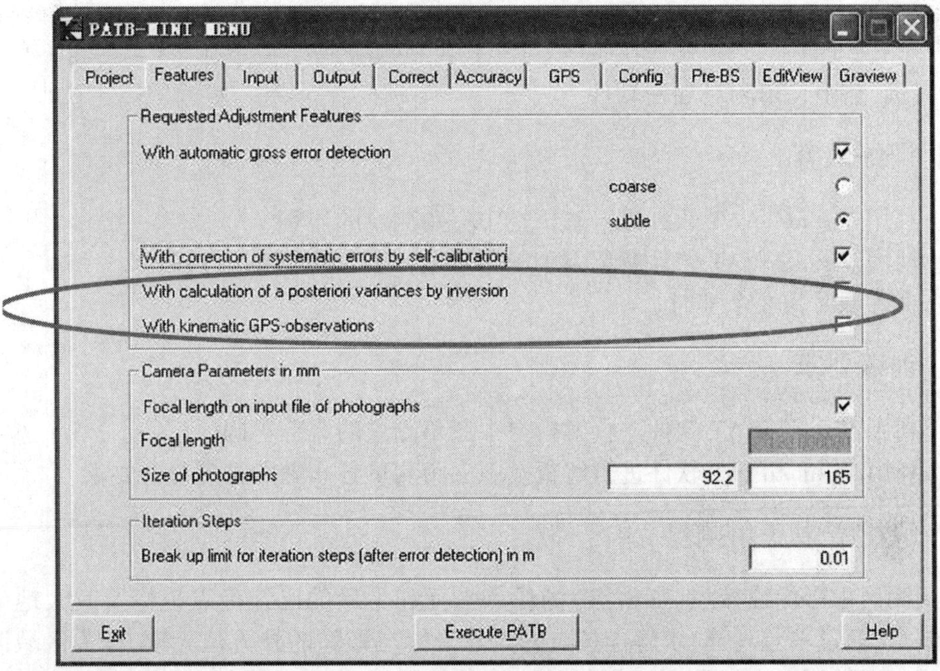

图 7-31　错误自检校设置

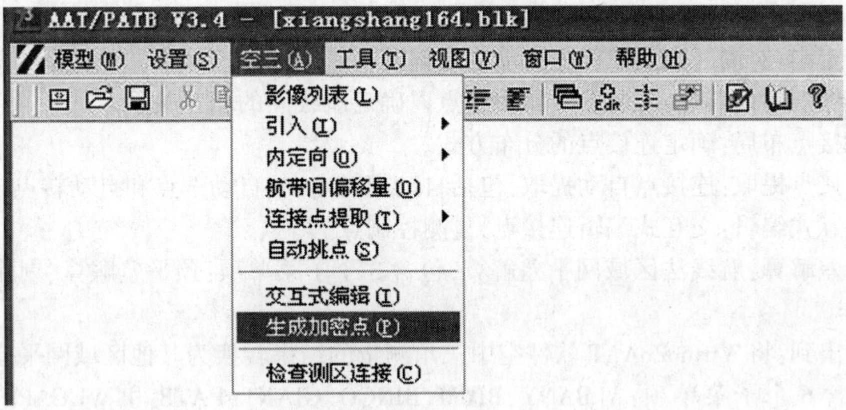

图 7-32　生成加密点

单项技能训练

一、训练项目

解析空中三角测量。

二、训练目的

能利用 VirtuoZoAAT 软件进行解析空中三角测量。

三、训练器具

计算机、空中三角测量加密软件。

四、训练内容

(1)利用 VirtuoZoAAT 软件进行解析空中三角测量的流程。
(2)利用 VirtuoZoAAT 软件解析空中三角测量各步骤的精度。
(3)训练课时为 8 个学时。

五、训练要求

(1)利用 VirtuoZoAAT 软件进行解析空中三角测量的流程正确。
(2)利用 VirtuoZoAAT 软件进行解析空中三角测量各步骤的精度符合要求。

六、解析空中三角测量

利用测区中影像连接点(加密点)的像点坐标和少量的已知像点坐标及其大地坐标的地面控制点,通过平差计算,求解连接点的大地坐标与影像的外方位元素,称为区域网空中三角测量。区域网空中三角测量提供的平差结果是后续的一系列摄影测量处理与应用的基础。

(1)影像列表:指定测区内各航线影像,建立影像索引列表。

(2)内定向:对测区内的影像做自动内定向处理。

(3)航线间的偏移量:转测航线间偏移点以确定航线间的相互关系。

(4)连接点布局:确定连接点的分布方式。

(5)连接点提取:连接点自动提取,包括自动相对定向、自动选点和自动转点。

(6)交互式编辑:交互式编辑连接点,量测控制点。

(7)平差解算:航线法区域网平差解算,包含 3 个子菜单项:预平差解算、剔除粗差和取消上次操作。

(8)输出到:将 VirtuoZoAAT 软件空中三角测量的结果转换为其他区域网平差软件的数据格式,包含 6 个子菜单项:ALBANY、BIUM、BINGO、GIANT、PATB 和 WUCAPS(BIUM 和 GIANT 目前暂不支持)。

(9)输入自:将其他区域网平差软件的解算结果输入到 VirtuoZoAAT 软件中,包含 7 个子菜单项:ALBANY、BIUM、BINGO、GIANT、PATB、…、WUCAPS 和 JX-4C(BIUM 和 GIANT 目前暂不支持)。

(10)创建立体模型:根据空中三角测量加密的成果,自动创建测区内的所有立体模型。

(11)全测区匹配:用户使用 VirtuoZoAAT 软件空中三角测量加密的成果直接创建了立体模型后,单击空中三角测量全测区匹配菜单项,程序将自动对该测区中的所有模型生成核线影像(非水平核线方式),并进行自动匹配。该过程为批处理过程,批处理结束后即可查看处理结果。

七、考核方法

(一)时间要求

要求该项目的训练时间为 8 个学时。

(二)操作要求

(1)利用 VirtuoZoAAT 软件进行解析空中三角测量的流程。

(2)利用 VirtuoZoAAT 软件进行解析空中三角测量各步骤的精度。

(3)实习小结编写应符合要求。

一、填空题

解析空中三角测量根据平差计算范围的大小,可分为(　　)、(　　)和(　　)三类。

二、名词解释

1. 辅助空中三角测量。

2. 自检校光束法区域网平差。

三、简答题

1. 解析空中三角测量有哪些方法。

2. 辅助空中三角测量有何优点?论述其基本原理。

3. 请画出 VirtuoZoAAT 软件解析空中三角测量加密计算的作业流程图。

4. 请提交利用 VirtuoZoAAT 软件进行解析空中三角测量加密计算的成果报告。

附　录　摄影测量与遥感小词典

1. 摄影测量

利用摄影影像信息测定目标物的形状、大小、空间位置、性质和相互关系的科学技术。

2. 航空摄影测量

利用航空飞行器上拍摄的航空像片进行的摄影测量。

3. 地面摄影测量

利用地面摄影的像片对所摄目标物进行的摄影测量。

4. 非地形摄影测量

不以测制地图为目的的摄影测量。

5. 全息摄影测量

利用一定方向的激光光束投射到全息图上获取原物体的三维结构图像的摄影测量。

6. 扫描电子显微摄影测量

利用扫描电子显微镜摄取的立体显微像片,对微观世界进行的摄影测量。

7. 双介质摄影测量

被摄物体与摄影机处于不同介质的摄影测量。

8. 近景摄影测量

利用对物距不大于 300 m 的目标物摄取的立体像对进行的摄影测量。

9. 超近摄影测量

对物距在 0.1~0.01 m 的目标物进行的摄影测量。同义词:微距摄影测量。

10. 弹道摄影测量

利用弹道摄影机,以星空为背景,摄取弹丸在空中的飞行状态,用来研究弹丸飞行轨迹的摄影测量。

11. 工程摄影测量

用于现代建筑、水利、铁路、公路、桥梁、隧道等工程建设的摄影测量。

12. 工业摄影测量

用于采矿、冶金、机械、车辆和船舶制造等方面的静态或动态工业目标的摄影测量。

13. 建筑摄影测量

用于对古建筑物的建筑特点和状况的研究、文物的修复、雕塑像的复制等古建筑领域中的摄影测量。

14. 考古摄影测量

用于出土文物及其挖掘现场的摄影测量。

15. 生物医学摄影测量

用于生物医学研究和临床诊断等方面的摄影测量。

16. X 射线摄影测量

利用 X 光摄取的立体像对或更多像片,确定被摄物体肉眼不能直接看到的部分的摄影测量。

17. 水下摄影测量

用于测绘水下地形或研究水中物体的摄影测量。

18. 实时摄影测量

将数据获取、处理和成果输出集为一体,实时快速完成的摄影测量。

19. 莫尔条纹测量

利用莫尔效应直接在被测物体表面形成等值条纹的摄影测量。

20. 侧视雷达测量

利用侧视雷达获取地面目标影像信息的摄影测量。

21. 解析摄影测量

利用摄影测量与遥感手段获取的像片或图像,根据像点与相应地面点间的数学关系,借助计算机用数学解算方法进行的摄影测量。

22. 数字摄影测量

利用摄影测量与遥感手段获取数字影像或数字图形并进行计算机处理的摄影测量。

23. 全数字化摄影测量

基于数字像元,用栅格扫描图像进行的数字摄影测量。

24. 遥感

不接触物体本身,用遥感器收集目标物的电磁波信息,经处理、分析后,识别目标物、揭示目标物几何形状大小、相互关系及其变化规律的科学技术。

25. 航空遥感

以空中的飞机、直升机、飞艇、气球等航空飞行器为平台的遥感。

26. 航天遥感

在地球大气层以外的宇宙空间,以人造卫星、宇宙飞船、航天飞机、火箭等航天飞行器为平台的遥感。

27. 地面遥感

遥感器位于地面的遥感。

28. 多谱段遥感

将物体反射或辐射的电磁波信息分成若干波谱段进行接收和记录的遥感。

29. 可见光遥感

遥感器工作波段限于可见光波段范围之内的遥感。

30. 红外遥感

遥感器工作波段限于红外波段范围之内的遥感。

31. 微波遥感

遥感器工作波段限于微波波段范围之内的遥感。

32. 主动式遥感

由遥感器向目标物发射一定频率的电磁辐射波,然后接收从目标物返回的辐射信息进行的遥感。

33. 被动式遥感

直接接收来自目标物的辐射信息,依赖于外部能源进行的遥感。

34. 遥感制图

通过对遥感图像目视判读或利用图像处理系统对各种遥感信息进行增强与几何纠正并加以识别、分类和制图的过程。

35. 摄影

利用遥感器获取物体影像和其他信息的一门技术。

36. 航天摄影

利用人造卫星、宇宙飞船、航天飞机和轨道空间站等航天飞行器,从地球大气层以外的宇宙空间对星球(主要是地球)及其环境的摄影。

37. 卫星摄影

利用人造卫星从宇宙空间对星球(主要是地球)及其环境的摄影。

38. 航空摄影

利用飞机、直升飞机、飞艇、气球等航空飞行器,从空中对地球表面的摄影。

39. 缝隙摄影

利用缝隙快门及软片的连续移动进行曝光的航空摄影。

40. 竖直摄影

摄影机主光轴处于铅垂线方向的航空摄影。

41. 倾斜摄影

摄影机主光轴偏离铅垂线或水平方向并按一定倾斜角进行的摄影。

42. 高空摄影

摄影高度高于 6 000 m 的航空摄影。

43. 低空摄影

摄影高度低于 1 000 m 的航空摄影。

44. 显微摄影

将显微镜和摄影机相结合,用于摄取微小物体的摄影。

45. 多谱段摄影

利用响应不同波谱段的摄影机,同步记录同一景物不同波谱带影像的摄影。

46. 数字摄影

利用数字摄影机获取影像灰度阵列的摄影。

47. 框幅摄影

曝光瞬间对整个幅面同时成像的摄影。

48. 黑白摄影

以黑、灰、白的不同色调,表现被摄景物影像的摄影。

49. 彩色摄影

以丰富的色彩再现被摄景物彩色影像的摄影。

50. 红外摄影

利用红外感光胶片进行的摄影。

51. 彩红外摄影

利用彩红外感光胶片进行的摄影。

52. 正直摄影

在摄影基线两端,两摄影机主光轴保持水平,并都与摄影基线方向垂直的摄影。

53. 等偏摄影

在摄影基线两端,两摄影机主光轴保持水平,并都相对于摄影基线偏转相同角度的摄影。

54. 交向摄影

在摄影基线两端,两摄影机主光轴在物方相交成某一角度的摄影。

55. 等倾摄影

在摄影基线两端,两摄影机主光轴保持平行,相对于水平面倾斜相同角度的摄影。

56. 地物阴影倍数

地物的太阳阴影长度与地物高度之比。

57. 太阳高度角

观测点至太阳方向与水平面的夹角。

58. 航摄领航

利用领航图、地标或其他导航仪器(如 GPS 系统)保证飞机在设计的航线上,按要求进行航空摄影的工作过程。

59. 摄站

摄影瞬间物镜前节点所在的空间位置。同义词:摄影中心。

60. 摄影分区

对摄影区域按航摄要求划分的单元。同义词:航摄分区。

61. 像片比例尺

像片上某线段长度与地面相应水平长度之比。

62. 摄影航高

遥感平台相对摄影分区基准面的垂直距离。

63. 绝对航高

遥感平台相对平均海水面的垂直距离。

64. 相对航高

遥感平台相对于地面上某一基准面的垂直距离。

65. 摄影基线

摄取立体像对时,相邻摄站间的连线。

66. 像片基线

像片上相邻像主点间的连线。

67. 基高比

摄影基线长度与摄影航高或物距之比。

68. 航摄飞行质量

航摄像片的航向重叠度、旁向重叠度、像片倾斜角、旋偏角、航线弯曲度、实际航高与预定航高之差、摄区和摄影分区的边界覆盖等质量要求的总称。

69. 摄影航迹

航空飞行器投影在地面上的飞行轨迹。同义词:航迹线。

70. 航迹角

航空摄影中,摄影航迹与设计航线间的夹角。

71. 航线弯曲度

一条摄影航线内各张像片主点至首末两张像片主点连线的最大偏离度。

72. 航摄漏洞

航空摄影时,像片重叠度过小或没有重叠的部分。

73. 摄影质量

摄影底片的构像质量、几何质量和表观质量的总称。包括影像的密度、反差、分辨率,框标和数据记录,胶片的变形率和展平度,镜箱的内方位元素和畸变差的测定精度,框标点和格网点坐标的测定精度,胶片的制作工艺、机械和人为损伤等。

74. 航向重叠

航空摄影中,同一航线内相邻像片上具有同一地区影像的部分。

75. 旁向重叠

航空摄影中,相邻航线的相邻像片上具有同一地区影像的部分。

76. 测图航线

直接作为立体测图用的摄影航线。

77. 控制航线

摄影测区内,为减少像片控制点的布设,加飞的若干条与测图航线近似垂直的航线。

78. 像片倾斜角

航空摄影时航空摄影机主光轴与铅垂线的夹角,或地面摄影时航空摄影机主光轴相对于水平面的夹角。

79. 航向倾角

像片倾斜角在航线方向上的分量。

80. 旁向倾角

像片倾斜角在垂直于航线方向上的分量。

81. 像片旋角

在像片平面内,所选定的像片坐标轴绕主光轴旋转的角度。

82. 像主点

摄影物镜的后节点到像片平面的垂足。

83. 最佳对称主点

航摄仪检定时,使径向畸变尽可能对称的一个对称中心点。

84. 自准直主点

来自物方空间的一束垂直于像片平面的平行光线束通过物镜后成像在像片平面上的像点。

85. 像底点

过摄影物镜后节点的铅垂线与像片平面的交点。

86. 地底点

像底点在地面上的相应点。

87. 等角点

航空摄影机物镜的主光轴与过物镜后节点铅垂线的夹角的角平分线分别和像片平面与地面相交的两个点。

88. 像元

数字影像的基本单元。

89. 像幅

像片的构像幅面尺寸。

90. 等效主距

根据轴外平行光线在像片平面上的构像点与沿主光轴的平行光线在像片平面上的构像点的距离和入射角,计算求得的主距。

91. 检定主距

摄影机检定时,得到多个等效主距的一种平差值。

92. 框标

摄影机承片框上用于标定承影面中心位置的标志。

93. 框标距

对应框标间的距离。

94. 像片中心

像片上相对框标连线的交点。

95. 摄影机检定场

检定摄影机各种参数的专门场地。

96. 摄影分辨率

衡量成像系统对黑白相间宽度相等的线状目标影像分辨的能力,以每毫米线对数表示。

97. 地面分辨率

摄影分辨率的线对宽度所对应的地面距离。

98. 面积加权平均分辨率

以测试角所对应的像幅内环带面积与像幅总面积之比作为权计算的平均分辨率。

99. 角分辨率

镜头中心摄影分辨率线对宽度的张角。

100. 影像密度

影像明暗程度的度量,以阻光率常用对数表示。

101. 灰雾密度

胶片上未受光部分经显影后形成的一定密度值。同义词:膜留。

102. 感光度

感光材料产生光化还原作用的强弱能力,以规定基准密度的相应曝光量的倒数度量。

103. 影像反差

在负片或正片上影像的最大密度与最小密度之差。

104. 景物反差

被摄景物中最大亮度与最小亮度之比或对数之差。

105. 反差系数

感光材料特性曲线直线部分的斜率。

106. 胶片压平

曝光瞬间,使胶片密贴承片面的过程。同义词:软片展平。

107. 地面照度

阳光或人工光源通过大气层到达地面的光照程度。

108. 光谱感光

感光材料对光谱中某一波长光线的感光度。

109. 相对光谱感光度

光谱中以某一波长的感光度为准,与其他波长的感光度之比。

110. 感色性

感光材料对不同颜色光波敏感的特性。

111. 飞机地速

飞机相对于地面运动的速度。

112. 速高比

飞机地速与相对航高的比值。

113. 像点位移

目标点在像片上的构像点与其理想点位的差异。

114. 前移补偿

对遥感器平台相对于所摄目标的前移运动引起的像点位移的自动补偿改正。同义词:像移补偿。

115. 摄影材料变形

因制作过程、材料性质、摄影处理及环境引起的摄影材料几何变化。

116. 镜头畸变

轴外主光线通过物镜时由于入射角与出射角不能严格相等,使所摄物体影像出现的像差。

117. 摄影测量畸变

根据摄影测量的要求,按一定条件测算后所得像点对无畸变影像理想位置的偏离值。同义词:畸变差。

118. 影像数据采集

利用遥感器,获得所研究对象的模拟或数字影像的过程。

119. 波谱能量分布

能源在不同温度下辐射出的能量与波长的关系。

120. 波谱发射率

物体辐射电磁波的能量与同温度的黑体的发射能量之比。

121. 波谱反射率

物体对某一波长电磁波的反射辐射通量与其入射辐射通量之比。

122. 波谱透射率

透过物体的电磁波辐射通量与其入射辐射通量之比。

123. **辐射分辨力**

遥感器感测(敏感)元件在接收波谱辐射信号时能分辨的最小辐射度差,或对两个不同的辐射源的辐射量的分辨能力。

124. **瞬时视场**

在扫描成像过程中,一个光敏探测元件通过望远镜系统投影到地面上的直径或边长。同义词:空间分辨率。

125. **时间分辨力**

遥感器能够重复获得同一地区影像的最短时间间隔。

126. **波谱分辨力**

遥感器或波谱测量仪器能够区分或分辨的最小波段范围或波长间隔。

127. **扫描分辨力**

影像输入、输出设备中扫描点的尺寸,以每毫米点数表示。

128. **太阳辐射波谱**

太阳辐射波谱表示太阳辐射能量按波长分布规律的图表。

129. **电磁波谱**

电磁波谱表示电磁辐射波长或频率分布的图谱。

130. **大气窗口**

地球大气对电磁波传输不产生强烈的吸收和散射衰减作用的透过率较高的一些特定的电磁波段。

131. **大气噪声**

大气对被测电磁波的干扰。

132. **大气传输特性**

电磁波辐射在大气中的衰减随波长变化的特性。

133. **大气透过率**

电磁波通过大气中某个给定路径长度后的辐射能与入射辐射能之比。

134. **地物波诺特性**

地物发射、反射和透射电磁波的强度与地物本身特征有关的特性。

135. **卫星轨道参数**

描述在太空中卫星运行的位置、形状和取向的各种参数。同义词:卫星轨道根数。

136. **卫星摄动**

由于地球质量分布不均匀和非球形对称性、日月及其他星体的引力、大气阻力、太阳光压等因素引起卫星在理想轨道上的抖动。

137. **卫星姿态**

卫星本体在其运行轨道上所处的空间状态。

138. **卫星覆盖范围**

地面上能同时观察到同一颗卫星的区域,一般以该地区所对应的地心张角表示。

139. **卫星运行周期**

卫星绕地球一周所需要的时间。

140. 卫星重复周期

卫星为覆盖全球回到上次地面轨迹上空时运行所需要的天数。

141. 地球同步轨道

卫星一天绕地球一周并回到原来位置的轨道。

142. 全景畸变

全景摄影机的像距不变,物距随扫描角增大而增大,由此所产生影像由中心到两边比例尺逐渐缩小的畸变。

143. 卫星影像偏斜

由于地球自转,造成扫描行西移,卫星影像呈平行四边形的偏斜现象。

144. 像片控制测量

实地测定像片控制点的方法。同义词:像片控制点联测。

145. 像片控制点

直接为摄影测量加密或测图需要,在实地测定的控制点。

146. 像片平高控制点

具有地面平面坐标和高程的像片控制点。同义词:平高控制点。

147. 像片平面控制点

仅具有地面平面坐标的像片控制点。同义词:平面控制点。

148. 像片高程控制点

仅具有地面高程的像片控制点。同义词:高程控制点。

149. 明显地物点

在像片上和实地能准确辨认的地物点。

150. 人工标志(点)

摄影前,地面上人工设置的在像片上有构像的目标点。

151. 像片标准点

像主点和位于过像主点且垂直于像片基线的直线上,距离像主点为一条像片基线长度处的像点。同义词:像片标准配置点、格鲁伯点。

152. 航线网布点

以一条航线段为单位布设像片控制点的方案。

153. 区域网布点

以几条航线段或几幅因为一个区域布设像片控制点的方案。

154. 全野外布点

以一张像片或一个立体像对为单位布设像片控制点的方案。

155. 控制航线布点

控制航线按航线网布点,并在控制航线与测图航线相交重叠的区域内由控制航线加密测图航线像片控制点的方案。同义词:构架航线布点、骨架航线布点。

156. 航向控制点跨度

同一航线段内相邻像片控制点之间跨越像片基线的数量。

157. 旁向控制点跨度

垂直于摄影航线方向,相邻像片控制点之间跨越摄影航线的数量。

158. 综合法单张像片测图

在一张未经纠正的航摄像片上实地进行像片调绘和测绘等高线,然后通过投影转绘或纠正、镶嵌成图的测图方法。

159. 综合法像片图测图

在像片平面图或其复制图上实地进行像片调绘和测绘等高线的测图方法。

160. 桩点法测图

由外业或内业加密地形特征点和地物点的平面位置和高程,借助像对立体模型描绘等高线的测图方法。

161. 像片判读

根据地物的光谱特性、空间特征、时间特征和成像规律,识别出与像片影像相应的地物类别、特性和某些要素或者测算某种数据指标的过程。同义词:像片解译。

162. 目视判读

判读者通过直接观察或借助判读仪以研究地物在遥感图像或其他像片上反映的各种影像特征,并通过地物间的相互关系来推理分析,识别所需地物信息的过程。

163. 像片调绘

利用像片进行判读、调查和绘注等工作的总称。

164. 单站时间视差法

在同一摄站,对运动或变形物体按一定时间间隔摄取立体像对,根据量测视差的变化规律来测量物体运动的位移或变形的方法。同义词:时间基线视差法。

165. 相对控制

利用位于物方空间某些未知点间的已知几何条件关系作为摄影测量控制的依据。

166. 摄影纵距

在地面摄影或近景摄影测量中摄影机物镜前节点到目标物投影面的距离。

167. 摄影系数

摄影纵距与摄影基线长度之比。

168. 摄影处理

将已曝光的感光材料按一定的冲洗工艺显现成可见影像的处理过程。

169. 反转摄影处理

将已曝光的感光材料不经负片过程,直接得到正像的摄影处理过程。

170. 正片

影像色调与景物的明暗程度一致,其左右、上下的位置也与景物一致的像片。

171. 负片

影像色调与景物的明暗程度相反,其左右、上下的位置也与景物相反的像片。

172. 裱板像片

裱糊在某种硬质基板上的像片。

173. 接触晒印

感光材料的乳剂面与负片的药膜面完全接触的晒像过程。

174. 投影晒印

将底片与感光材料分别置于放大机或投影仪的底片盘和承片盘内,经投影曝光得到正片的晒像过程。

175. 反光缩小

利用灯光照亮资料的反射光制作缩小影像的方法。

176. 透光缩小

利用航摄负片进行投影以规定倍数制作缩小透明正片的方法。

177. 电子印像

利用阴极射线管扫描曝光并进行自动匀光的一种晒像方法。

178. 像片纠正

通过投影转换,将倾斜像片变换成规定比例尺水平像片的作业过程。

179. 像片内方位元素

确定摄影光束在像方几何关系的基本数据。同义词:像片内定向元素。

180. 像片外方位元素

确定摄影光束在物方几何关系的基本数据。同义词:像片外定向元素。

181. 纠正点

用于像片纠正的控制点。

182. 图解纠正

根据透视理论,利用像片平面和图面的复比或透视对应关系,建立相应的射线束或透视格网进行转绘的作业过程。

183. 光学图解纠正

使用投影转绘仪,将需纠正的影像投影到图板上,进行纠正及转绘的作业过程。同义词:投影转绘。

184. 仿射纠正

纠正前后保持图形中直线平行性不变的像片纠正。

185. 投影差

因地形起伏引起的像点位移。

186. 纠正带距

在分带纠正中,相邻两带平面间的高差。

187. 分带纠正

为使丘陵地和山地的航摄像片影像的投影差限制在允许范围内,按不同高程面进行的像片纠正。同义词:分层纠正。

188. 多级纠正

使用纠正仪将大倾斜角航摄像片,分几次(每次相同)安置纠正元素进行的像片纠正。

189. 光距条件

沿主光轴的物距和像距需符合光学共轭的条件。

190. 交线条件

为保证整个承影面上有清晰的构像,使底片面、物镜面和承影面相交于同一直线的条件。同义词:向甫鲁条件。

191. 纠正光学条件

纠正仪上纠正像片时应满足的光学共轭条件,包括光距条件和交线条件。

192. 纠正几何条件

纠正仪纠正像片时,满足投影的影像图形与相应地面图形相似,并符合一定比例尺的几何关系。

193. 纠正仪自由度

纠正仪上的独立机械动作。

194. 合点

由投影中心作物方直线的平行线与投影面(像片面)的交点。

195. 主合点

在主垂面内,由投影中心作地平面上任意直线的平行线与像片平面的交点。

196. 主遁点

在主垂面内,过投影中心作像片平面的平行线与地平面的交点。

197. 透视旋转定律

利用平行四边形原理,在纠正仪或其他摄影测量仪器上,转动底片面或承影面,底片面与承影面间的透视对应关系不变的规律。同义词:沙尔定律。

198. 透视变换

利用透视中心、像点、目标点三点共线的条件,按透视旋转定律使承影面(透视面)绕迹线(透视轴)旋转某一角度,破坏原有的投影光线束,仍能保持承影面上投影几何图形不变的变换。

199. 像片镶嵌

将有重叠影像的多张像片经过纠正,根据控制点或同名影像进行拼接,切去重叠部分的边条,将中央部分拼接和粘贴在图板上的作业过程。同义词:切割镶嵌。

200. 光学镶嵌

将有重叠的遥感图像或其他像片的纠正影像,依次拼接,逐一晒印在同一张感光材料上的作业过程。